现代仪器分析方法及应用研究

吕玉光　郝凤岭　张同艳　著

中国纺织出版社

图书在版编目(CIP)数据

现代仪器分析方法及应用研究 / 吕玉光,郝凤岭,张同艳著. -- 北京：中国纺织出版社，2018.1（2025.7重印）
ISBN 978-7-5180-3955-5

Ⅰ.①现… Ⅱ.①吕… ②郝… ③张… Ⅲ.①仪器分析－分析方法－研究 Ⅳ.①O657

中国版本图书馆 CIP 数据核字(2017)第 206273 号

责任编辑：姚　君　　　　　　　　责任印制：储志伟

中国纺织出版社出版发行
地址：北京市朝阳区百子湾东里 A407 号楼　邮政编码：100124
销售电话：010—67004422　　传真：010—87155801
http://www.c-textilep.com
E-mail:faxing@c-textilep.com
中国纺织出版社天猫旗舰店
官方微博 http://www.weibo.com/2119887771
北京虎彩文化传播有限公司印刷　各地新华书店经销
2018 年 1 月第 1 版　2025 年 7 月第 13 次印刷
开本：787×1092　1/16　印张：16.25
字数：395 千字　定价：79.50 元

凡购本书，如有缺页、倒页、脱页，由本社图书营销中心调换

前　言

分析化学是化学的一个重要分支，是建立在化学、物理和生物等科学技术之上的一门边缘性和交叉性学科，成为一门关于物质的信息科学。随着科学技术的发展，分析化学由过去的以经典方法为主转向以仪器分析方法为主，而且仪器分析对科学技术的发展和国民经济的繁荣越来越重要。

仪器分析是基于待测物质的物化性质对物质进行定性和定量分析的方法，是对复杂物质进行分离的技术。近年来，仪器分析飞速发展，新方法、新技术、新仪器层出不穷，并不断完善，其应用也日益普遍。随着科学技术的日新月异，现代仪器分析技术逐渐面临巨大的挑战和机遇。基于此，作者在多年教学实践与科学研究的基础上，参阅近年来国内外有关文献和技术资料，编撰了《现代仪器分析方法及应用研究》一书。

本书从系统性、新颖性、实用性和可操作性原则出发，按由浅入深、循序渐进的原则编撰，力求做到理论严谨、内容丰富、重点突出、层次清晰。全书共11章：第1章为引言，对仪器分析方法做了简要的介绍；第2章对几种电化学分析方法（电位分析法、极谱分析法、伏安分析法、库仑分析法和新型电化学分析法）进行了研究；第3、4章对色谱分析方法进行了研究，分别为气相色谱法和高效液相色谱法；第5、6章对原子光谱分析法进行了研究，分别为原子发射光谱法和原子吸收光谱法；第7～9章对分子光谱分析法进行了研究，分别为紫外-可见吸收光谱法、分子发光光谱法和红外吸收光谱法；第10、11章分别对核磁共振波谱法与质谱分析法进行了研究。

本书在编撰过程中，参考了大量有价值的文献与资料，吸取了许多人的宝贵经验，在此向这些文献的作者表示敬意。此外，本书的编撰还得到了学校领导的支持和鼓励，在此一并表示感谢。由于仪器分析方法发展日新月异，加之作者自身水平及时间有限，书中难免有错误和疏漏之处，敬请广大读者和专家给予批评指正。

编　者
2017年7月

目 录

第1章 引 言 ·········· 1
1.1 仪器分析方法的分类 ·········· 1
1.2 仪器分析方法的特点 ·········· 2
1.3 仪器分析方法的校正 ·········· 2
1.4 仪器分析方法的发展趋势 ·········· 5

第2章 电化学分析法 ·········· 7
2.1 电化学分析法概述 ·········· 7
2.2 电位分析法 ·········· 7
2.3 极谱分析法 ·········· 21
2.4 伏安分析法 ·········· 30
2.5 库仑分析法 ·········· 33
2.6 新型电化学分析法 ·········· 39

第3章 气相色谱法 ·········· 43
3.1 气相色谱法概述 ·········· 43
3.2 气相色谱法的分离原理 ·········· 44
3.3 气相色谱法的理论基础 ·········· 44
3.4 气相色谱固定相 ·········· 47
3.5 气相色谱仪 ·········· 51
3.6 气相色谱实验技术 ·········· 59
3.7 气相色谱法的应用 ·········· 62

第4章 高效液相色谱法 ·········· 66
4.1 高效液相色谱法概述 ·········· 66
4.2 高效液相色谱法的分离原理与类型 ·········· 67
4.3 高效液相色谱固定相和流动相 ·········· 74
4.4 高效液相色谱仪 ·········· 76
4.5 高效液相色谱实验技术 ·········· 82

第 5 章　原子发射光谱法 … 89
5.1　原子发射光谱法概述 … 89
5.2　原子发射光谱法的原理 … 90
5.3　原子发射光谱仪 … 93
5.4　原子发射光谱法的应用 … 105

第 6 章　原子吸收光谱法 … 110
6.1　原子吸收光谱法概述 … 110
6.2　原子吸收光谱法的原理 … 111
6.3　原子吸收分光光度计 … 118
6.4　原子吸收光谱法的应用 … 127

第 7 章　紫外-可见吸收光谱法 … 129
7.1　紫外-可见吸收光谱法概述 … 129
7.2　紫外-可见吸收光谱法的原理 … 130
7.3　紫外-可见分光光度计 … 142
7.4　紫外-可见吸收光谱法的应用 … 150

第 8 章　分子发光光谱法 … 156
8.1　分子发光分析法概述 … 156
8.2　分子荧光分析法 … 157
8.3　分子磷光分析法 … 169
8.4　化学发光分析法 … 173

第 9 章　红外吸收光谱法 … 180
9.1　红外吸收光谱法概述 … 180
9.2　红外吸收光谱法的原理 … 181
9.3　红外吸收光谱仪 … 189
9.4　红外吸收光谱实验技术 … 191
9.5　几种有机化合物的红外光谱 … 193
9.6　红外吸收光谱法的应用 … 198

第 10 章　核磁共振波谱法 … 202
10.1　核磁共振波谱法的原理 … 202
10.2　核磁共振波谱仪 … 208
10.3　氢核的化学位移及其影响因素 … 210
10.4　核磁共振碳谱解析 … 217

第 11 章　质谱分析法 ··· 222
　11.1　质谱分析法的产生机理 ··· 222
　11.2　质谱仪 ··· 223
　11.3　质谱中离子的类型 ··· 235
　11.4　离子的裂解方式 ·· 238
　11.5　几种有机化合物的质谱 ·· 240
　11.6　质谱分析法的应用 ··· 248

参考文献 ··· 251

第1章 引 言

1.1 仪器分析方法的分类

仪器分析是分析化学的一部分,同样面临着"门类繁多,方法千差万别,对象五花八门"的问题,但它总是朝着方法更灵敏、更有选择性和专一性,获取的数据更准确、更快速,涉及的时空尺度更广阔,得到的信息更多维,测定的系统、环境更微小,所用的样品更微量等方向发展。依据分析方法的特征,可将仪器分析分为电化学分析法、色谱分析法、光学分析法和其他分析技术。

(1)电化学分析法

电化学分析法是根据物质在溶液中的电化学性质及其变化来进行分析的方法。依据测量的参数,电化学分析法可分为电位分析、伏安分析、极谱分析、库仑分析、电导分析等。电化学生物传感器、化学修饰电极、超微电极等是电分析化学十分活跃的研究领域。

(2)色谱分析法

色谱分析法是根据物质在两相间的分配差异进行混合物分离的分析方法,特别适合于结构和性质十分相似的化合物的快速高效分离分析。根据流动相和固定相的使用可分为气相色谱、液相色谱、离子色谱等。复杂样品组成—结构—功能的多模式多柱色谱以及联用技术的多维分析是色谱分析法研究的焦点。

(3)光学分析法

光学分析法是根据物质与光波相互作用产生的辐射信号的变化来进行分析的一类仪器分析法。一般根据辐射信号变化是否与能级跃迁有关将光学分析法分为光谱法和非光谱法两类。

光谱法依据物质与光波相互作用后,引起能级跃迁产生辐射信号变化进行分析。测量辐射波长可以进行物质的定性分析,测量辐射强度可以进行物质的定量分析。从辐射作用的本质上将光谱法分为原子光谱和分子光谱两类。从辐射能量传递的方式上又将光谱法分为发射光谱、吸收光谱、荧光光谱等。非光谱法依据物质与光波相互作用后,不涉及能级跃迁的辐射信号变化进行分析,如折射、反射、衍射、色散、散射、干涉及偏振等。

光学分析法是常用的一类仪器分析方法,它正向着联用、原位、在体、实时、在线的多元多参数的检测方向迈进。

(4)其他分析方法

质谱分析法是根据离子或分子离子的质量与电荷的比值来进行分析的,质谱与色谱技术、光谱技术、生物技术的联用成为分析仪器自动化、微型化、特征化、传感化和仿生化的趋势。

热分析法是通过测定物质的质量、体积、热导或反应热与温度之间的变化关系来进行分析的方法。热分析法可用于成分分析、热力学分析和化学反应机理研究。

此外,还有折光分析法、旋光分析法和极谱分析法等特殊分析方法。

1.2 仪器分析方法的特点

仪器分析之所以近年来能获得迅速发展,得到广泛应用,是因为它具有以下特点。

(1)分析速度快

分析速度非常快,通常适用于批量试样的分析。许多仪器配有连续自动进样装置,采用数字显示和电子计算机技术,可在短时间内分析几十个样品,适于批量分析。有的仪器可同时测定多种组分,如 Leeman Labs 公司的 PS 3000 扫描/直读联合 ICP 发射光谱仪,直读部分采用阵列式光电倍增管设计,扫描分析和直读分析共享同一光学系统,可同时测定 45 个元素。

(2)灵敏度高,适于微量成分的测定

相对灵敏度由 10^{-6} 发展到 10^{-9},甚至到 10^{-12},绝对灵敏度由 1×10^{-4} g 发展到 1×10^{-10} g,甚至到 1×10^{-14} g,可进行微量分析和痕量分析。

(3)容易实现在线分析和遥控监测

在线分析以其独特的技术和显著的经济效果引起人们的关注与重视,现已研制出适用于不同生产过程的各种不同类型的在线分析仪器。例如,中子水分计就是一种较先进的在线测水仪器,可在不破坏物料结构和不影响物料正常运行状态的基础上准确测量,并用于钢铁、水泥和造纸等工业流程的在线分析。

(4)用途广泛,能适应各种分析要求

除能进行定性分析及定量分析外,还能进行结构分析、物相分析、微区分析、价态分析和剥层分析等。

(5)其他特点

样品用量少且常可进行不破坏样品的分析,并适用于复杂组成样品的分析。

各类仪器分析方法都有其优点和使用范围,但也存在不足之处,仪器分析的局限性在于:

①仪器设备复杂,价格昂贵,对维护及环境要求高。

②仪器分析是一种相对分析方法,需要用已知组成的标准物质来做对照,而标准物质的获得常常是限制仪器分析广泛应用的问题之一。

③相对误差较大,一般不适于常量和高含量分析。

1.3 仪器分析方法的校正

在定量分析中,除重量分析法和库仑分析法外,所有的分析方法都需要与被分析物质相同

的标准试样进行校正,即建立测定的响应信号与被分析物浓度之间的线性关系,即
$$S = Kc \tag{1-1}$$
式中,S 为测得的响应信号;c 为被测物质的浓度(或含量);K 为条件常数。

仪器分析中最常用的校正方法有三种,即标准曲线法、标准加入法和内标法。根据仪器和分析对象的条件选择适当的校正方法,以保证分析结果的准确度。

(1)标准曲线法

标准曲线法又称为工作曲线法。首先绘制相应的 S-c 标准曲线,然后在相同条件下测定试样的响应信号值。有线性响应关系时,可从标准曲线(图 1-1)上找到待测组分对应的含量,该曲线的曲线方程为 $S = K_1 c$。对于非线性响应关系,可从标准曲线(图 1-2)上找到待测组分的含量与分析信号间的函数关系,再通过计算求出待测组分的含量,该曲线的曲线方程为
$$S = b + K_2 a$$

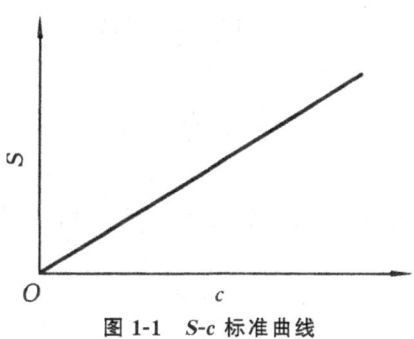

图 1-1　S-c 标准曲线

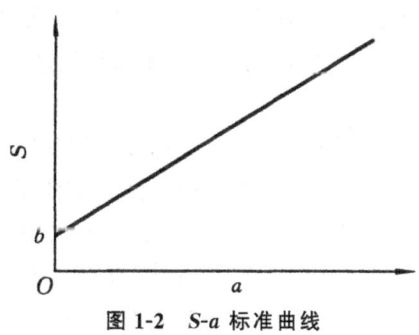

图 1-2　S-a 标准曲线

标准曲线法适用范围较广,是常用的仪器分析校正方法,也是常用的仪器分析定量方法。使用标准曲线法时,待测组分的含量应在标准曲线线性范围之内。

(2)标准加入法

标准加入法又称为添加法、增量法。为了减小待测试样中基体效应带来的影响,不仅标准试样的浓度应与待测试样浓度相近,而且在基体组成上应尽量与待测试样相似。但是当测定矿物、土壤等试样时,配制与待测试样相似的基体物是极其困难,甚至是不可能的。因此,常采用标准加入法来减小或消除基体效应的影响。

总的来说,标准加入法是将已知量的标准试样加入一定量的待测试样中后,测得待测试样量和标准试样量的总响应值,进行定量分析。标准试样加入待测试样中的方法有多种方式。最常用的一种是在数个等分的试样中分别加入成比例的标准试样,然后稀释到一定体积,根据测得的净响应值 S,绘制 $S\text{-}c$ 曲线,用外推法即可求出稀释后待测试样中待测物的浓度,如图1-3所示。

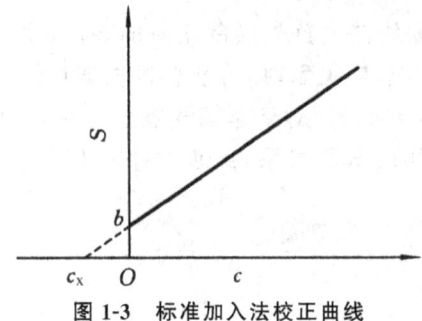

图1-3 标准加入法校正曲线

显然,根据式(1-1)有

$$S_x = Kc_x$$
$$S_s = K(c_x + c_s)$$

式中,c_x 为稀释后试样中待测物的浓度;c_s 为所加标准试样的浓度;S_x 和 S_s 分别为所测得的待测物和标准试样的响应。将两式合并得

$$c_x = \frac{c_s S_x}{S_s - S_x} \tag{1-2}$$

当 $S_s = 0$ 时,有 $c_x = -c_s$。即浓度的外延线与横坐标相交的一点是稀释后试样的浓度(或含量)。若已证实上述方法得到的校正曲线是一直线,则在分析其他试样时,只需测定一份加入了标准试样的试液和未加入标准试样的试液,在测得其对应的响应值 S_s 和 S_x 后,代入式(1-2),可求得 c_x。

常用的另一种加入法是在把大浓度、小体积的标准试样逐次加入同一份待测试液中,分别测定其对应的净响应值。与上述相同,可以逐次加入标准试样以绘制工作曲线,也可只加入一次,然后仿照式(1-2)的推导过程,得到相应的关系式,进而通过计算得到所需结果。显然,多次加入的方法可以提高精度,但当试样量受到限制时,用一次加入的方法较为合适。

在大多数方式的标准加入法中,每次添加标准试液后,试样的基体几乎都是相同的,只是分析物的浓度不同,或者因添加过量的分析试剂,使试剂的浓度不同。本法特别适用于原子吸收和火焰发射光谱法以及伏安分析法等方法的定量分析。

(3)内标法

内标法是在一系列已知量的待测试样中加入固定量的纯物质作为内标物,根据待测试样和内标物响应信号的比值 S_i/S_s 与待测试样含量 c 的关系作图,得到 $S_i/S_s\text{-}c$ 校正曲线,如图1-4所示。实际分析时,通过待测组分与内标物的响应信号比值在 $S_i/S_s\text{-}c$ 标准曲线上得到相应的待测组分含量。

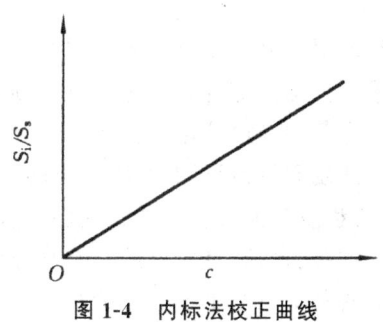

图 1-4 内标法校正曲线

内标法是通过测量待测组分与内标物响应信号的相对值来进行定量的,当操作条件变化引起误差时,会同时反映在待测组分和内标物上,使误差得以抵消,得到比较准确的结果。在仪器操作参数较多的分析方法中,为了获得准确的数据,经常采用内标法。

1.4 仪器分析方法的发展趋势

仪器分析已成为现代分析化学的主要组成部分,其发展趋势可归纳为以下几个方面。

(1) 提高仪器的灵敏度

提高仪器的灵敏度是各种仪器分析方法长期以来所追求的目标之一。例如,激光技术的引入,促进了诸如激光拉曼光谱、激光诱导荧光光谱、激光质谱等的开展,使得检测单个原子或单个分子成为可能;多元配合物、有机显色剂和各种增效试剂的研究与应用,使吸收光谱、荧光光谱、发光光谱、电化学及色谱等分析方法的灵敏度得到大幅度提高。

(2) 解决复杂体系的分离问题并提高分析方法的选择性

复杂体系的分离和测定已成为分析化学家所面临的艰巨任务。由液相色谱、气相色谱、超临界流体色谱和毛细管电泳等组成的色谱学是现代分离方法的主要组成部分并获得了迅速发展。应用色谱、光谱和质谱技术发展的各种联用、接口及样品引入技术已成为当今研究的热点之一。关于提高方法选择性方面,各种选择性试剂、选择性检测技术以及化学计量学方法是当前研究工作的重要课题。

(3) 非破坏性检测及遥测

现今的许多物理和物理化学分析方法都已发展为非破坏性检测,这对于生产流程控制、自动分析及难于取样的分析都是极其重要的。遥测技术应用较多的是激光雷达、激光散射、共振荧光以及傅里叶变换红外光谱等。

(4) 自动化及智能化

微电子工业、大规模集成电路、微处理器和微型计算机的发展,使得仪器分析进入了自动化和智能化阶段。机器人是实现基本化学操作自动化的重要工具,专家系统是人工智能的最前沿。在仪器分析中,专家系统主要用作设计实验、进行谱图说明和结构解释等。现代分析仪器和机器人作为"硬件",化学计量学和各种计算机程序作为"软件",它们对仪器分析所带来的影响将是十分深远的。

(5)扩展时空多维信息

现代仪器分析的发展已不只局限于将待测组分分离出来进行表征和测量,而是成为一门为物质提供尽可能多的化学信息的科学。随着人们对客观物质认识的深入,某些过去所不甚熟悉的领域,如多维、不稳态和边界条件等也被逐渐提到分析化学家的日程上来。例如,现代核磁共振光谱、红外光谱、质谱等的发展,可提供有机物分子的精细结构、空间排列构型及瞬态变化等信息,为人们对化学反应历程及生命过程的认识提供了重要基础。

总之,仪器分析正在向快速、准确、自动、灵敏及适应特殊分析的方向迅速发展。仪器分析还将不断地汲取数学、物理、计算机科学以及生物学中的新思想、新概念、新方法和新技术,改进和完善现有的仪器分析方法,并建立起一批新的仪器分析方法,这就是当今仪器分析发展的总趋势。

第 2 章　电化学分析法

2.1　电化学分析法概述

研究化学变化与电现象之间联系的学科称为电化学。应用电化学原理分析确定物质组成及含量的方法称为电化学分析法。电化学分析法是仪器分析的一个重要组成部分，具有仪器装置简单、选择性好、灵敏度高及电信号便于传送等特点，已成为分析化学中应用最广泛的技术之一，特别适合工业生产在线检测和实时控制，在原位、活体分析方面更是其他分析方法所无法替代的。

电化学分析法区别于其他分析方法的重要特征是将待测物制成溶液，根据其电化学特性构建一个适当的化学电池，通过测定电池的电流、电位、电导、电阻或电荷量等物理量，来完成对待测物的定量分析。

在电化学分析中，为达到分析目的，既可采用某单项电参数的测量，也可同时测定多项电参数，如通过测定电解质溶液的电位变化来确定物质的量的方法称为电位分析法；同时测定电解质溶液电流和电位变化以确定物质的组成及含量的方法是极谱和伏安分析法；如果以这些电参数作为时间和浓度的函数还可以衍生出其他的电化学分析法，如库仑分析法，等等。在各种电化学分析中，依据使用方式的不同，还可分为直接法和间接法。直接法是由测量的电参数值直接求得待测物的物理量，如溶液 pH 的测定；而间接法是将电化学仪器作为滴定终点指示装置的电化学滴定分析法，如电位滴定、电流滴定、电导滴定等。

电化学分析法具有设备简单、操作方便、应用广泛等特点，其中许多方法便于实现自动化，非常适合于化工生产中的自动控制和在线分析。此外，电化学分析法还具有灵敏度与准确度高、重现性好的优点，被测物的最低检测量可以达到 10^{-12} mol/L 数量级。传统的电化学分析法多用于无机离子的分析，现如今电化学分析在有机物的分析测定方面也得到了广泛的应用，生物电化学分析及活体电化学检测也得到较大的进展。

2.2　电位分析法

电位分析法是在通过电池的电流为零的条件下测定电池的电动势或电极电位，从而利用电极电位与浓度的关系来测定物质浓度的一种电化学分析方法。

2.2.1 电位分析法的原理

2.2.1.1 化学电池

化学电池是实现化学反应能与电能相互转换的装置,它是由两个电极、电解质溶液和外电路组成。化学电池可分为无液接界电池和有液接界电池,液接界指的是两溶液间的界面,也称为液接界面。无液接界电池是将两个电极插入同一电解质溶液中组成的电池;有液接界电池是将两个电极分别插在两种组成不同或组成相同而浓度不同的分隔开的电解质溶液中组成的电池。两电解质溶液用离子可透过的隔膜分开,隔膜可以是多孔陶瓷或多孔玻璃、多孔纸等,也可是盐桥。通常采用较多的是有液接界电池。化学电池也可根据电极反应是否自发进行,分为原电池和电解池两类。

原电池是一种将化学能转变为电能的装置,其电极反应可自发进行。电解池是一种将电能转变为化学能的装置,只在有外加电压的情况下其电极反应才能进行。同一结构的电池,在改变实验条件时,能相互转化。

现以 Daniell 电池(铜-锌原电池)为例,讨论原电池电位是如何产生的。Daniell 电池的结构如图 2-1 所示。

在 Zn 和 $ZnSO_4$ 与 Cu 和 $CuSO_4$ 两个半电池之间,以盐桥沟通两种溶液中的离子,以导线连接两极,就得到了 Daniell 电池。

锌电极是负极,发生氧化反应,它不断给出电子转变为 Zn^{2+} 而进入溶液;铜电极是正极,发生还原反应,溶液中的 Cu^{2+} 从 Cu 电极获得由 Zn 电极转移来的过剩的电子而变成 Cu 沉积在 Cu 电极上。即

锌极(负极):$Zn \rightleftharpoons Zn^{2+} + 2e$

铜极(正极):$Cu^{2+} + 2e \rightleftharpoons Cu$

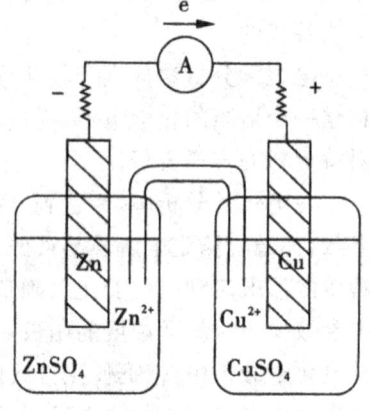

图 2-1 Daniell 电池的结构示意图

在电池内部,两电解质溶液通过 KCl 盐桥相连。当电极发生氧化还原反应时,$ZnSO_4$ 烧杯中溶液正电荷过剩,$CuSO_4$ 烧杯中溶液负电荷过剩,这时盐桥中的 Cl^- 向 $ZnSO_4$ 溶液中迁移,K^+ 向 $CuSO_4$ 溶液中迁移,由此构成电流回路。原电池的总反应为

$$Cu^{2+} + Zn \rightleftharpoons Cu + Zn^{2+}$$

按照习惯,把负极及与其相接触的溶液写在左边,把与正极相关的部分写在右边;半电池中的相界面以单竖线"|"表示;两个半电池通过盐桥连接时以双竖线"∥"表示;溶液注明活(浓)度,气体注明压力,若不特别说明,温度系指 25℃。铜-锌原电池的符号可表示为:

$$(-)Zn | ZnSO_4(1\ mol/L) \| CuSO_4(1\ mol/L) | Cu(+)$$

如果外加电压大于原电池的电动势,则铜-锌原电池变成电解池:

锌极(阴极):$Zn^{2+} + 2e \rightleftharpoons Zn$

铜极(阳极):$Cu \rightleftharpoons Cu^{2+} + 2e$

电解池的总反应为:$Zn^{2+} + Cu \xrightarrow{电解} Zn + Cu^{2+}$

上述反应是铜-锌原电池反应的逆反应。显然,原电池的电池反应自发进行;电解池的电池反应不能自发进行。在电位法中使用的测量电池均为原电池;而在永停电流滴定法使用的测量电池均为电解池。

2.2.1.2 液接电位

液体接界电位简称液接电位,又称为扩散电位,是指两种组成不同或组成相同浓度不同的电解质溶液接触形成界面时,在界面两侧产生的电位差,记为 E_j。液接电位由于离子在通过界面时扩散速率不同而形成。

例如,0.01 mol/L HCl(Ⅰ)与 0.1 mol/L HCl(Ⅱ)相接触时,由于扩散作用,如图 2-2(A)所示,产生的 E_j 大约为 40 mV。E_j 的大小与界面两侧溶液中离子的种类和浓度有关。在常见的电解质溶液中,凡是与 KCl 或 KNO_3 浓溶液接触的溶液界面,其 E_j 都较小。例如,将图 2-2(A)中左边的溶液更换为 3.5 mol/L KCl 溶液时,平衡时的 E_j 仅有 3 mV。

由于 E_j 很难准确测量,而进行电位法测量的电化学电池多为有液接的电池,因此在实验中应尽量减小液接电位,通常采用的方法是用盐桥将两溶液相连。盐桥内充高浓度 KCl 溶液或其他适宜电解质溶液。用盐桥连接两个浓度不同的溶液时扩散作用以高浓度的 K^+ 和 Cl^- 为主,由于 K^+ 和 Cl^- 的扩散速率几乎相等,如图 2-2(B)所示,盐桥(Ⅲ)中 K^+ 和 Cl^- 将以绝对优势扩散,几乎同时进入Ⅰ相和Ⅱ相,所以形成的液接电位极小(1~2 mV),一般可以忽略不计。

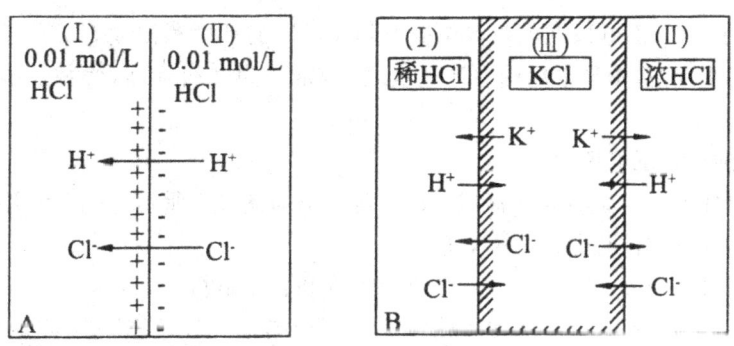

图 2-2 液接电位的形成及消除的示意图

2.2.2 参比电极与指示电极

2.2.2.1 参比电极

参比电极是指在一定条件下,其电极电位基本恒定的电极。参比电极应满足可逆性好,且电极电位稳定,重现性好,简单耐用的要求。

(1)饱和甘汞电极

饱和甘汞电极(SCE)的底部有少量纯汞,上面覆盖一层 $Hg-Hg_2Cl_2$ 的糊状物,浸在 KCl

溶液中,其构造如图 2-3 所示。

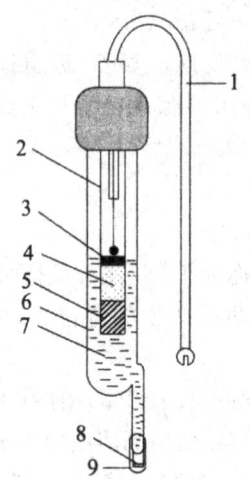

图 2-3 饱和甘汞电极的示意图

1—电极引线;2—玻璃管;3—汞;4—甘汞糊(Hg_2Cl_2 和 Hg 研成的糊);
5—石棉或纸浆;6—玻璃管外套;7—饱和 KCl;8—素烧瓷片;9—小橡皮塞

电极组成:$Hg|Hg_2Cl_2(s)|KCl(a_{Cl^-})$

电极反应:$Hg_2Cl_2(s)+2e \rightleftharpoons 2Hg(l)+2Cl^-(a_{Cl^-})$

电极电位:$\varphi_{Hg_2Cl_2/Hg} = \varphi^\ominus_{Hg_2Cl_2/Hg} - \dfrac{2.303RT}{F}\lg a_{Cl^-}$ (2-1)

由式(2-1)可知,甘汞电极的电极电位与溶液中 Cl^- 的活度和温度有关。甘汞电池构造简单,电位稳定,使用方便,是最常用的参比电极之一,常作为二级标准,代替氢电极来测定其他电极的电位。

(2)双盐桥饱和甘汞电极

双盐桥饱和甘汞电极又称为双液接 SCE,其结构如图 2-4 所示,是在 SCE 下端接一玻璃管,内充适当的电解质溶液(通常为 KNO_3)。

当使用 SCE 遇到下列情况时,应采用双盐桥饱和甘汞电极:

①SCE 中 Cl^- 与试液中的离子发生化学反应。如测 Ag^+ 时,SCE 中 Cl^- 与 Ag^+ 反应,生成 AgCl 沉淀。

②当被测离子为 Cl^- 或 K^+ 时,SCE 中 KCl 渗透到试液中将引起干扰。

③当测定试液中含有 I^-、CN^-、Hg^{2+} 和 S^{2-} 等离子时,使 SCE 的电位随时间而发生漂移,甚至破坏 SCE 电极功能。

④当 SCE 与试液间的残余液接电位大且不稳定时,如在非水滴定中使用较多。

⑤当试液温度较高或较低时,为了减少 SCE 的温度滞后效应,采用双盐桥饱和甘汞电极可保持一定的温度梯度,保证 SCE 在正常温度下工作。

(3)银-氯化银电极

银-氯化银电极(SSE)是由 AgCl 沉积在 Ag 电极上,并浸入含有 Cl^- 的溶液中构成的。构造如图 2-5 所示。

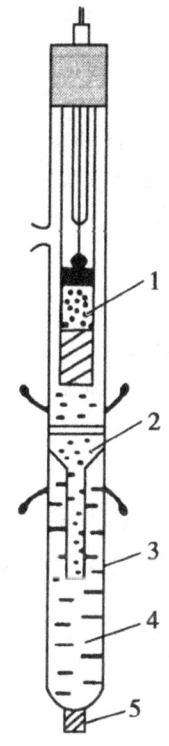
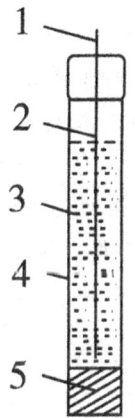

图 2-4 双盐桥饱和甘汞电极的示意图
1—饱和甘汞电极;2—磨砂接口;3—玻璃套管;
4—硝酸钾溶液;5—素烧瓷芯

图 2-5 银-氯化银电极的示意图
1—银丝;2—银-氯化银;3—饱和 KCl 溶液;
4—玻璃管;5—素烧瓷芯

电极组成:Ag|AgCl(s)|KCl(a_{Cl^-})

电极反应:AgCl(s)+e $\Longleftrightarrow$ Ag(s)+Cl$^-$(a_{Cl^-})

电极电位:$\varphi_{AgCl/Ag}=\varphi^{\ominus}_{AgCl/Ag}+\dfrac{2.303RT}{F}\lg a_{Cl^-}$ (2-2)

由式(2-2)可知,银-氯化银电极的电极电位与溶液中 Cl$^-$ 的活度和温度有关。Ag-AgCl 电极构造更为简单,常用作玻璃电极和其他离子选择性电极的内参比电极。此外,Ag-AgCl 电极可以制成很小的体积,并可在高于 60℃ 的温度下使用。

2.2.2.2 指示电极

指示电极是电极电位随溶液中待测离子的活度的变化而变化的电极。按其组成体系及作用机理的不同,可以分为以下几类。

(1)第一类电极

由金属与其离子的溶液组成,可用于测定金属离子的活度。有一个液接相故称为第一类电极。

电极组成:M(a_M)|M^{n+}($a_{M^{n+}}$)

电极反应:M^{n+}($a_{M^{n+}}$)+ne $\Longleftrightarrow$ M(a_M)

电极电位：$\varphi_{M^{n+}/M} = \varphi^{\ominus}_{M^{n+}/M} + \dfrac{2.303RT}{nF} \lg a_{M^{n+}}$

(2) 第二类电极

①金属－金属难溶性盐电极。由表面涂有同一种金属难溶性盐的金属，插入该难溶性盐的阴离子溶液中构成，其电极电位随阴离子浓度变化而变化。常用于测定难溶盐的阴离子的活度。此类电极有两个相界面，称为第二类电极。如 Ag-AgCl 电极：

电极组成：$Ag|AgCl(s)|KCl(a_{Cl^-})$

电极反应：$AgCl(s) + e \rightleftharpoons Ag(s) + Cl^-(a_{Cl^-})$

由于电极反应是 $AgCl(s) + e \rightleftharpoons Ag(a_{Ag^+}) + Cl^-(a_{Cl^-})$ 和 $Ag(a_{Ag^+}) + e \rightleftharpoons Ag(s)$ 两步反应的总和，通过沉淀平衡 $a_{Ag^+} \cdot a_{Cl^-} = K_{sp}$，即可建立 Ag-AgCl 电极标准电极电位与银电极标准电极电位和 AgCl 溶度积之间的关系。

$$\varphi^{\ominus}_{AgCl/Ag} = \varphi^{\ominus}_{Ag^+/Ag} + 0.059\ 2\lg K_{sp,AgCl}$$

②金属-金属难溶氧化物电极。金属上涂该金属的难溶氧化物制成，可用于指示溶液中 H^+ 的活度。此类电极有两个相界面，称为第二类电极。如锑电极 $Sb,Sb_2O_3|H^+(a)$，是由高纯锑涂一层 Sb_2O_3 制成。其电极反应和电极电位为

$$Sb_2O_3 + 6H^+ + 6e \rightleftharpoons 2Sb + 3H_2O$$

$$\varphi = \varphi^{\ominus}_{Sb_2O_3/Sb} + \dfrac{2.303RT}{6F} \lg a^6_{H^+} = \varphi^{\ominus}_{Sb_2O_3/Sb} - \dfrac{2.303RT}{F} pH$$

(3) 离子选择电极（膜电极）

具有敏感膜（固体膜或液体膜）且能产生膜电位的电极，它能指示溶液中某种离子的活度，测量体系如下：

$$\text{参比电极 1} | \text{溶液 1} | \text{膜} | \text{溶液 2} | \text{参比电极 2}$$

测量时需用两个参比电极，体系的电位差取决于膜的性质和溶液 1 和溶液 2 的离子活度，膜电位的产生不同于上述各类电极，不存在电子的传递与转移过程，而是由于离子在膜与溶液两相界上扩散的结果。各种离子选择电极和测量溶液 pH 的玻璃电极均属于膜电极。

(4) 零类电极（惰性电极）

由惰性材料（Pt，Au，C）作为电极，插入含有两种不同氧化态电对的溶液中组成。它能指示同时存在于溶液中的氧化态和还原态活度的比值，而本身不参与电极反应，只起传导电子的作用。如 $Fe^{3+},Fe^{2+}|Pt,H^+|H_2,Pt$。

2.2.3　离子选择电极

2.2.3.1　离子选择电极的概念及分类

离子选择电极（ISE）是一种电化学传感器，它由敏感膜以及电极帽、电极杆、内参比电极和内参比溶液等部分组成，如图 2-6 所示。敏感膜是指一个能分开两种电解质溶液并能对某类物质有选择性响应的连续层，它是离子选择电极性能好坏

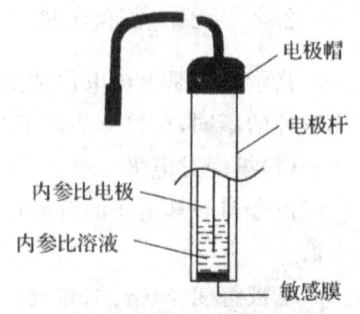

图 2-6　离子选择电极的示意图

的关键。内参比电极通常用银-氯化银电极或用银丝。内参比溶液由离子选择电极的种类决定。也有不使用内参比溶液的离子选择电极。

同时，IUPAC 还建议将离子选择性电极按敏感膜组成和结构分为两大类，如图 2-7 所示。

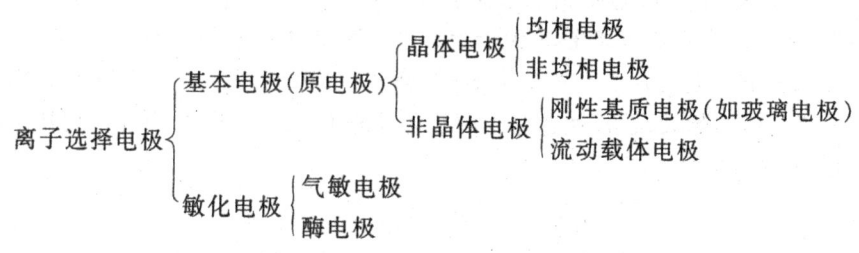

图 2-7　离子选择性电极按敏感膜组成和结构分类

(1) 原电极

原电极是电极膜直接响应被测离子的离子选择电极。它又分为晶体电极和非晶体电极。晶体膜电极的电极膜是由导电性的电活性物质（如难溶性盐晶体）制成的电极，是目前常用的离子选择电极。根据膜的状态，晶体电极又可分为均相电极和非均相电极。电极膜由难溶盐单晶、多晶或混晶化合物均匀混合而制成的电极为均相电极。非晶体电极的电极膜由非晶体材料组成，根据膜的物理状态，又可分为刚性基质电极和流动载体电极。

(2) 敏化电极

敏化电极为通过界面反应，将有关物质转换为可供基本电极响应的离子，间接测定有关物质活度（浓度）的离子电极。又可分为气敏电极和酶电极。

气敏电极是一种气体传感器，能用于测定溶液中气体的含量。它的作用原理是利用待测气体对某一化学平衡的影响，使平衡中的某特定离子的活度发生变化，再用离子选择电极来反映该特定离子的活度变化，从而求得试液中被测气体的分压（含量）。

酶电极的工作原理是将生物酶涂布在电极（离子选择电极或其他电流型传感器）的敏感膜上，通过酶催化作用，使待测物质产生能在该电极上响应的离子或化合物，来间接测定该物质。由于酶的作用具有很高的选择性，所以酶电极的选择性是相当高的。

2.2.3.2　离子选择电极的性能参数

(1) Nernst 响应，线性范围，检测下限

以离子选择电极的电位对响应离子活度的对数作图（图 2-8），所得曲线称为校准曲线。若这种响应变化服从于 Nernst 方程，则称它为 Nernst 响应。此校准曲线的直线部分所对应的离子活度范围称为离子选择电极响应的线性范围，该直线的斜率称为级差。当活度较低时，曲线就逐渐弯曲，CD 和 FG 延长线的交点 A 所对应的活度 a_i 称为检测下限。

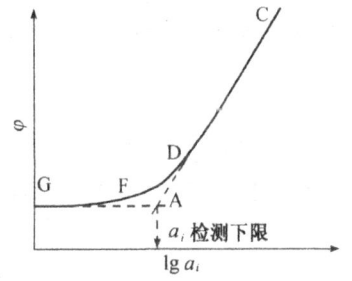

图 2-8　电极校准曲线

(2) 电位选择系数

任何一支离子选择电极不可能只对某特定离子有响应，对溶液中其他离子也可能会有响应。为了表明共存离子对电动

势(或电位)的贡献,可用一个更适用的能斯特方程来表示:

$$\varphi = 常数 \pm \frac{2.303}{z_iF}\lg(a_i + \sum_j K_{ij}^{pot}a_j^{z_i/z_j})$$

式中,φ 为电池电动势,常数项包括离子选择电极的内外参比电极电位;a 为离子的活度;z 为离子的电荷数;下标 i 为主响应离子;j 为干扰离子;K_{ij}^{pot} 为电位选择系数。

电位选择系数 K_{ij}^{pot} 表明 i 离子选择电极抗 j 离子干扰的能力。K_{ij}^{pot} 值越小,i 离子选择电极抗 j 离子干扰的能力越大,选择性越好。利用电位选择系数可以大致估算在某主响应离子的活度下,由干扰离子所引起的误差

$$误差 = \frac{K_{ij}a_j^{z_i/z_j}}{a_i} \times 100\%$$

电位选择系数随溶液浓度和测量方法的不同而异,它不是一个常数,数值可在手册中查到。电位选择系数可以用分别溶液法或混合溶液法等测定。

①分别溶液法。分别配置活度相同的响应离子 i 和干扰离子 j 的标准溶液,然后用离子电极分别测量其电位值。

$$\varphi_i = K + S\lg a_i$$
$$\varphi_j = K + S\lg K_{ij}a_j$$

将两式相减,且 $a_i = a_j$,则有

$$\lg K_{ij} = \frac{\varphi_j - \varphi_i}{S}$$

式中,S 为电极实际斜率。对不同价数的离子,则

$$\lg K_{ij} = \frac{\varphi_j - \varphi_i}{S} + \lg \frac{a_i}{a_j^{z_i/z_j}}$$

②混合溶液法。混合溶液法是在被测离子与干扰离子共存时,求出电位选择系数,它包括固定干扰法和固定主响应离子法两种。

a. 固定干扰法。固定干扰法是配制一系列含固定活度的干扰离子 j 和不同活度的主响应离子 i 的标准混合溶液,分别测量电位值,然后将电位值 φ 对 $\lg a_i$ 或 pa_i 作图,如图2-9所示。

如果 i,j 为一价阳离子,则在校准曲线的直线部分(不考虑 j 离子的干扰)的能斯特方程为

$$\varphi_i = 常数 + \frac{RT}{z_iF}\ln a_i$$

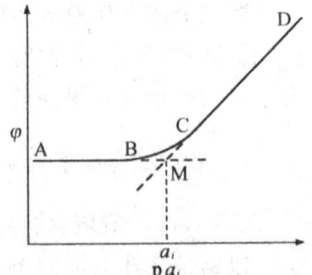

图2-9 固定干扰法

在校准曲线的水平线部分,即 $a_j > a_i$,电位值完全由干扰离子决定,则

$$\varphi_j = 常数 + \frac{RT}{z_iF}\ln K_{ij}a_j^{z_i/z_j}$$

直线 AB 与 CD 的延长线线交点 M 处,$\varphi_i = \varphi_j$,可得

$$a_i = K_{ij}a_j^{z_i/z_j}$$

$$K_{ij} = \frac{a_i}{a_j^{z_i/z_j}}$$

b. 固定主响应离子法。固定主响应离子法是配制一系列含固定活度的主响应离子 i 和不同活度的干扰离子 j 的标准混合溶液,分别测定它们的电位值,然后用 φ 对 $\ln a_j$ 作图,可以求得 K_{ij},利用该法可确定离子选择电极适用的 pH 范围。

(3) 电极的响应时间

IUPAC 规定响应时间是指从电极接触试液时起,到电极电位变化达到稳定状态后所需要的时间。但相差 1 mV 而引起的响应浓度的相对误差变化太大,一般采用达到稳定电位 95% 时所用的时间更合适。凡是影响电池中各部分达到平衡的因素都会影响响应时间。主要有敏感膜的组成和性质、参比电极电位的稳定性、测量对象及实验条件等。在实际测量中通常采用搅拌来缩短响应时间。

(4) 稳定性

在同一溶液中,离子选择电极的电位值随时间的变化称为漂移。稳定性以 8h 或 24 h 内漂移的毫伏数表示。漂移的大小与膜的稳定性、电极的结构和绝缘性有关。测定时液膜电极的漂移较大。

(5) 内阻

离子选择电极的内阻,主要是膜内阻,也包括内充液和内参比电极的内阻。各种类型的电极,其数值不同。晶体膜的内阻较低,玻璃膜则较高。该值的大小直接影响测量仪器输入阻抗的要求。如玻璃电极的内阻为 10^8 Ω,因此与离子选择电极配用的离子计要有较高的输入阻抗,通常在 10^{11} Ω 以上。

2.2.4 直接电位法

根据待测组分的电化学性质,选择合适的指示电极和参比电极插入试液中组成原电池,测量原电池的电动势;根据能斯特(Nernst)方程式给定的电极电位与待测组分活度的关系,求出待测组分含量的方法称为直接电位法。

2.2.4.1 测定溶液的 pH

pH 是氢离子活度的负对数,即 $pH = -\lg a_{H^+}$。测定溶液的 pH 通常用 pH 玻璃电极作为指示电极(负极),饱和甘汞电极(SCE)作为参比电极(正极),与待测溶液组成工作电池,用精密毫伏计测量电池的电动势(图 2-10)。

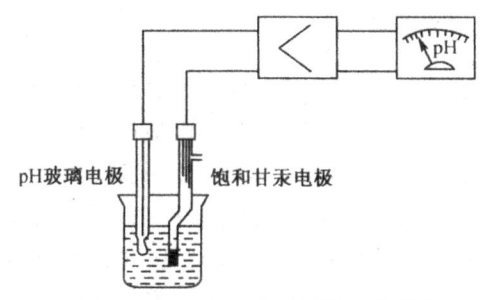

图 2-10　pH 的电位法测定示意图

工作电池可表示为

$$pH玻璃电极(-)|试液\|饱和甘汞电极(+)$$

25℃时,工作电池的电动势为

$$E=\varphi_{SCE}-\varphi_{玻}=\varphi_{SCE}-K_{玻}+0.059pH$$

由于式中 φ_{SCE}、$\varphi_{玻}$ 在一定条件下是常数,所以上式可表示为

$$E=K'+0.059pH$$

只要测出工作电池电动势 E,并求出 K',就可以计算出溶液的pH。其中电动势 E 可由仪器测出,但 K' 总是一个十分复杂的项目,它包括了饱和甘汞电极的电位、参比电极电位、玻璃膜的不对称电位及参比电极与溶液间的液接电位,它们在一定条件下虽有定值却是难以测量和计算的。要是用已知pH的标准缓冲溶液为基准,分别测定标准溶液(pH_s)的电动势 E_s 和待测试液(pH_x)的电动势 E_x。

25℃时,E_s 和 E_x 分别为

$$E_s=K_s'+0.059pH_s$$
$$E_x=K_x'+0.059pH_x$$

在同一测量条件下,采用同一支pH玻璃电极和SCE,则上两式中 $K_s'\approx K_x'$,将两式相减并整理得

$$pH_x=pH_s+\frac{E_x-E_s}{0.059}$$

式中,pH_s 为已知值,测出 E_s 和 E_x 即可求出 pH_x。实际测定中,将pH玻璃电极和SCE插入 pH_s 标准溶液中,通过调节测量仪器的"定位"旋钮使仪器显示出测量温度下的 pH_s 值,就可以消除 K' 值,达到校正仪器的目的,然后将两电极浸入试液中,直接读取溶液pH。

E_x 和 E_s 的差值与 pH_x 和 pH_s 的差值呈线性关系,在25℃时直线斜率为0.059,直线斜率 $\left(S=\frac{2.303RT}{F}\right)$ 是温度函数。为保证在不同温度下测量精度符合要求,在测量中要进行温度补偿。用于测量溶液pH的仪器设有此功能。另外,E_x 和 E_s 的差值改变0.059 V,溶液的pH也相应改变了1个pH单位。测量pH的仪器表头即按此间隔刻出读数。

在实际测量过程中往往因为试液与标准缓冲溶液的pH或成分的变化、温度的变化等因素的改变而导致 K' 发生改变。为减小测量误差,测量过程中应尽可能使溶液的温度保持恒定,并且应选用pH与待测溶液相接近的标准缓冲溶液。

2.2.4.2 测定溶液的活(浓)度

与直接电位法测定溶液的pH相似,直接电位法测定溶液中离子的活(浓)度也是将对待测离子有响应的离子选择性电极(指示电极)和甘汞电极或其他电极(参比电极)浸入待测溶液中组成工作电池,用仪器测出其电动势,从而求出溶液中待测离子的活(浓)度。如图2-11所示是离子活度的电位测定装置。

例如,用氟离子选择性电极测定氟离子的活度时,其工作电池为

$$(-)甘汞电极\|试液\|氟离子选择性电极(+)$$

则25℃时,电池电动势与 a_{F^-} 或pF的关系为

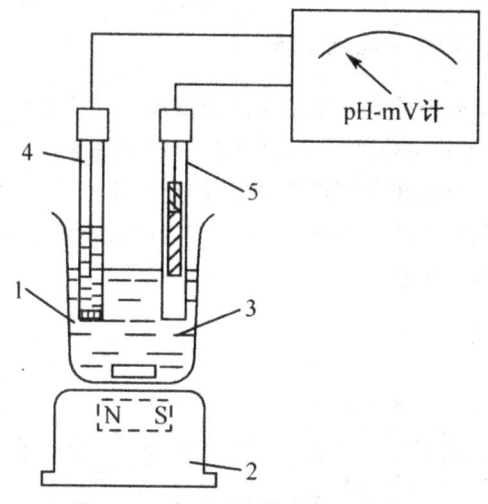

图 2-11 离子活度的电位测定装置
1—容器；2—电磁搅拌器；3—待测离子试液；4—指示电极；5—参比电极

$$E = K - 0.059 \lg a_{F^-}$$

或

$$E = K + 0.059 pF$$

式中，K 在一定条件下为一常数。

用各种离子选择性电极测定与其响应的相应离子活度时，可用下列通式表示：

$$E = K \pm \frac{2.303RT}{nF} \lg \alpha$$

与测定 pH 一样，K 的数值也取决于离子选择性电极的薄膜、内外参比电极的电位、参比溶液与待测溶液间的液接电位，在一定条件下虽有定值但难以计算和测量，所以也需要采用两次测量法进行测定。即离子浓度的电位测定装置组装好后，先以一种已知离子活度的标准溶液为基准对仪器进行校正，再在此装置中测定待测溶液的 pX，但目前能提供的离子选择性电极校正用的标准活度溶液，除用于校正 Cl^-、Na^+、Ca^{2+}、F^- 电极用的标准参比溶液 NaCl、KF、$CaCl_2$ 以外，其他离子活度标准溶液尚无标准。通常在要求不高并保证离子活度系数不变的情况下，用浓度代替活度进行测定。

2.2.5 电位滴定法

电位滴定法是利用滴定过程中指示电极电位变化来确定滴定终点的滴定分析法。它可以用于酸碱、沉淀、配位、氧化还原及非水等各类滴定法。电位滴定法所得结果的准确度比直接电位法高；与用指示剂法确定终点的滴定相比，具有客观性强、准确度高、不受溶液有色、浑浊等限制，易于实现滴定分析自动化等优点；对于使用指示剂难以判断终点的场合电位滴定法更为有利；在制定新的指示剂滴定方法时，也常需借助电位滴定法进行对照，确定指示剂的变色终点，检查新方法的可靠性；应用电位滴定法还可以确定一些热力学常数。

2.2.5.1 电位滴定法的原理及装置

电位滴定法基于滴定反应中待测物或滴定剂的浓度变化通过指示电极的电位变化反映出来,计量点前后浓度的突变导致电位的突变,从而确定滴定终点,完成滴定分析。由此可见,电位滴定法与直接电位法的相同点在于都是测量电极电位,不同的是对电位测量准确性的要求。直接电位法要求电位测量准确性高;而电位滴定法则以测量电位变化为基础,电位测量绝对准确性高低对定量分析结果的影响较小。

电位滴定典型装置如图 2-12 所示。

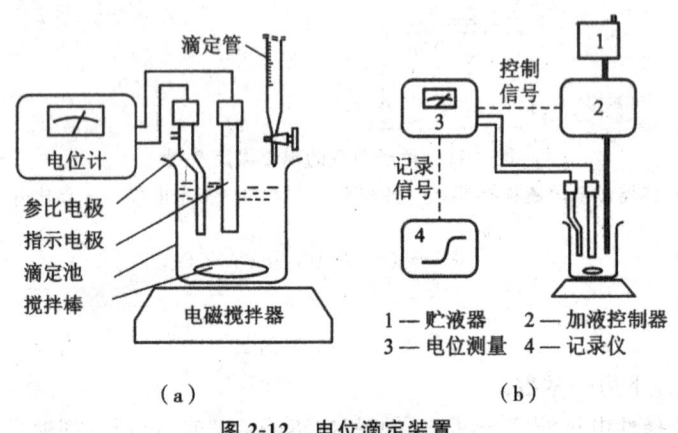

图 2-12 电位滴定装置
(a)手动电位滴定装置;(b)自动电位滴定装置

2.2.5.2 电位滴定终点的确定方法

在电位滴定时,边滴定边记录滴定剂体积(V)及电位计(或 pH 计)读数 E(或 pH),直到化学计量点以后。为了滴定曲线的测量准确和数据处理简便,一般在远离化学计量点处滴定剂滴加体积稍大;在计量点附近,应减小滴定剂的加入体积,最好每加一小份(0.10~0.05 mL)记录一次数据,并保持每次加入滴定剂的体积相等。表 2-1 为 0.100 0 mol/L $AgNO_3$ 滴定 NaCl 的电位滴定数据记录和处理表。现以该表数据为例,讨论电位滴定终点确定方法。

(1)E-V 曲线法

以加入的滴定剂体积 V 为横坐标,测得的电池电动势 E 为纵坐标作图,得如图 2-13(a)所示的 E-V 曲线(即滴定曲线)。曲线的转折点(拐点)所对应的横坐标值即滴定终点。该法应用简便,但要求滴定曲线对称,滴定突跃明显;如果滴定曲线的滴定突跃不明显又不对称,则可用一阶或二阶微商法。

(2)$\Delta E/\Delta V$-$\overline{V}$ 曲线法(一级微商法)

以连续滴定各点相对之间电动势的相对变化值 ΔV,求出一阶微商($\Delta E/\Delta V$),绘制 $\Delta E/\Delta V$-$\overline{V}$ 曲线,如图 2-13(b)所示。根据函数微商性质可知,该曲线的最高点所对应的横坐标应与 E-V 曲线拐点对应的横坐标一致,即峰值横坐标为滴定终点。因为极值点较拐点容易准确判断,所以用 $\Delta E/\Delta V$-$\overline{V}$ 曲线法确定终点也较为准确。

表 2-1 0.100 0 mol/L AgNO₃ 滴定 NaCl 的电位滴定数据记录和处理表

1 V/mL	2 E/V	3 ΔE/V	4 ΔV/mL	5 ΔE/ΔV/ (V/mL)	6 V/mL	7 Δ(ΔE/ΔV)/ (V/mL)/mL	8 ΔV/mL	9 Δ²E/ΔV²/ (V/mL²)	10 V'/mL
22.00	0.123								
		0.015	1.00	0.015	22.50				
23.00	0.138					0.021	1.00	0.021	23.00
		0.036	1.00	0.036	23.50				
24.00	0.174					0.054	0.55	0.098	23.78
		0.009	0.10	0.09	24.05				
24.10	0.183					0.02	0.10	0.2	24.10
		0.011	0.10	0.11	24.15				
24.20	0.194					0.28	0.10	2.8	24.20
		0.039	0.10	0.39	24.25				
24.30	0.233					0.44	0.10	4.4	24.30
		0.083	0.10	0.83	24.35				
24.40	0.316					−0.59	0.10	−5.9	24.40
		0.024	0.10	0.24	24.45				
24.50	0.340					−0.13	0.10	−1.3	24.50
		0.011	0.10	0.11	24.55				
24.60	0.351								
		0.024	0.40	0.06	24.80	−0.05	0.25	−0.2	24.68
25.00	0.375								

(3) $\Delta^2E/\Delta V^2$-V 曲线法（二级微商法）

以 $\Delta^2E/\Delta V^2$ 为纵坐标，V 为横坐标作图，得到一条具有两个极值的曲线，如图 2-13(c)所示。该法的依据是函数曲线的拐点在一阶微商图上是极值点，在二阶微商图上则是等于零的点，即 $\Delta^2E/\Delta V^2=0$ 时的横坐标为确定终点。

用二阶微商作图法求滴定终点比较烦琐，由于计量点附近的曲线近似于直线，所以实际工作时应用该方法可以通过简单的计算得到滴定终点，称为二阶微商内插法。

从上面讨论知道，$\Delta^2E/\Delta V^2=0$ 时所对应的体积为滴定终点。例如，表 2-1 中，加入滴定剂 24.30 mL 时，$\Delta^2E/\Delta V^2=4.4$（极大值点），加入滴定剂 24.40 mL 时，$\Delta^2E/\Delta V^2=-5.9$（极小值点），按照下图进行内插法运算：

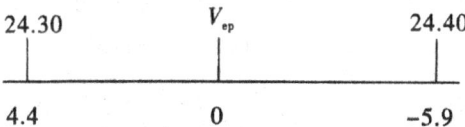

根据线段的比例关系，即可计算出终点时所用滴定剂的体积（V_{ep}）。

$$\frac{V_{ep}-24.30}{0-4.4}=\frac{24.40-24.30}{-5.9-4.4}$$

得
$$V_{ep} = 24.34 \text{ mL}$$

在简化电位滴定操作和数据处理的研究中,人们还发现一些方法,如 Gran 作图法、两点电位滴定法及使用 Excel 软件处理电位滴定数据等。如果对一个滴定反应预先测得终点电位,还可以通过自动电位滴定仪实现自动电位滴定。常用的自动电位滴定仪有两种类型:一类是自动控制滴定终点,当到达终点电位时,自动关闭滴定装置,显示滴定剂用量;另一类则可以在滴定过程中自动绘制滴定曲线,并给出滴定终点。

2.2.5.3 应用示例

电位滴定反应的类型和普通滴定分析完全相同,如酸碱滴定、沉淀滴定、配位滴定、氧化还原滴定。只要有合适的指示电极,这些普通的滴定分析均可被用于电位滴定法,各种电位滴定中常用的电极系统见表 2-2。

相对于普通滴定分析,电位滴定法操作和数据处理较费时,通常只在水相滴定分析无合适指示剂,或指示剂指示终点现象不明显等情况下使用。从《中国药典》(2005 版)将电位滴定法作为核对指示剂正确终点颜色的法定方法。在非水滴定中,电位滴定法是一个基本的方法,其中以酸碱滴定应用最多。在非水电

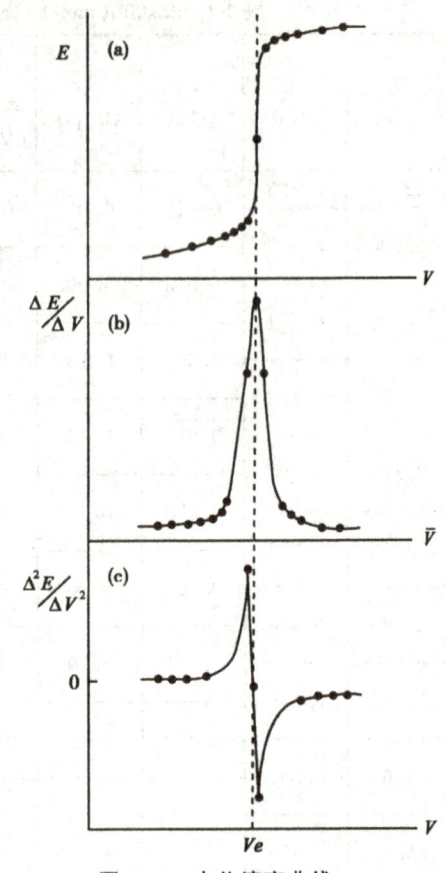

图 2-13 电位滴定曲线
(a)E-V 曲线法;(b)$\Delta E/\Delta V$-$\overline{V}$ 曲线法;
(c)$\Delta^2 E/\Delta V^2$-V 曲线法

位滴定时,常在介电常数较大的溶剂中加入一定比例的介电常数较小的溶剂,这样既易得到较稳定的电动势,又能获得较大的电位突跃范围。

表 2-2 各类电位滴定中常用的电极系统

方法	电极系统	使用说明
酸碱滴定	pH 玻璃电极-饱和甘汞电极	pH 玻璃电极用后即清洗并浸在纯水中保存
非水(酸碱)滴定	pH 玻璃电极-饱和甘汞电极 银电极-硝酸钾盐桥-饱和甘汞电极	SCE 套管内装 KCl 饱和无水甲醇溶液而避免水渗出的干扰,pH 玻璃电极处理同上 采用双盐桥法,因为甘汞电极中的 Cl^- 对测定有干扰,因此需要用硝酸钾盐桥将试液与甘汞电极隔开
沉淀滴定(银量法)	银电极-pH 玻璃电极 离子选择电极-参比电极	pH 玻璃电极作参比电极。试液中加入少量 HNO_3,可使玻璃电极的电位保持恒定
氧化还原滴定	铂电极-饱和甘汞电极	使用前铂电极用加少量 $FeCl_3$ 的 HNO_3 溶液或铬酸清洁液浸洗

(续)

方法	电极系统	使用说明
配位滴定	pM 汞电极-饱和甘汞电极 离子选择电极-参比电极	预先在试液中滴加 3～5 滴 0.05 mol/L HgY^{2-} 溶液,适用于 $K_{MY}<K_{HgY}$ 的金属离子,pM 汞电极适用 pH 的范围为 2～11,pH<2 时,HgY^{2-} 不稳定;pH>11 时,HgY^{2-} 转为 HgO 沉淀

电位滴定法除了用于定量分析,还可以用来测量某些酸碱的解离常数、配合物的稳定常数和沉淀的溶度积。例如,利用表 2-1,作 E-V 曲线,在图上查出终点电位;或由二级微商"内插法"计算终点电位。根据终点电位,便可计算 AgCl 的溶度积。

由上面的计算可知,滴定终点在 24.30 mL 和 24.40 mL 之间,加入 $AgNO_3$ 溶液的体积自 24.30 mL 和 24.40 mL 时,$\Delta^2 E/\Delta V^2$ 的变化为 $4.4-(-5.9)=10.3$,假设滴定体积为 $(24.30+x)$ mL 时,$\Delta^2 E/\Delta V^2=0$,则 $\dfrac{0.10}{10.3}=\dfrac{x}{4.4}$,计算得 $x=0.04$,即滴定终点为 $(24.30+0.04)$ mL=24.34 mL,和内插法计算的结果相同。

与滴定终点相对应的终点电位为

$$E_{ep}=0.233+(0.316-0.233)\times\frac{4.4}{10.3}=0.268(V)(vs.\ SCE)$$

根据滴定过程中电位的变化,可以判断银电极是正极。因此,有

$$\varphi_{Ag^+/Ag}=0.268+0.241=0.509(V)$$

终点时银离子的浓度 $[Ag^+]=\sqrt{K_{sp}}$ 由

$$\varphi_{Ag^+/Ag}=\varphi^0_{Ag^+/Ag}+0.052\,921\lg[Ag^+]$$

即得 AgCl 的溶度积为

$$K_{sp}=7.56\times10^{-10}$$

2.3 极谱分析法

用液态电极作为工作电极,如滴汞电极,且其电极表面做周期性的连续更新,称为极谱分析法。

2.3.1 极谱分析法的装置

极谱分析法的装置如图 2-14 所示。滴汞电极作工作电极,参比电极常采用饱和甘汞电极。通常使用时滴汞电极作负极,饱和甘汞电极为正极。直流电源 C,可变电阻 R 和滑线电阻 AB 构成电位计线路。移动接触键,在 0～-2 V 范围内,以 100～200 mV/min 的速率连续改变加于两电极间的电位差。G 是灵敏检流计,用来测量通过电解池的电流。记录得到的是电流-电压曲线,称为极谱图,如图 2-15 所示。

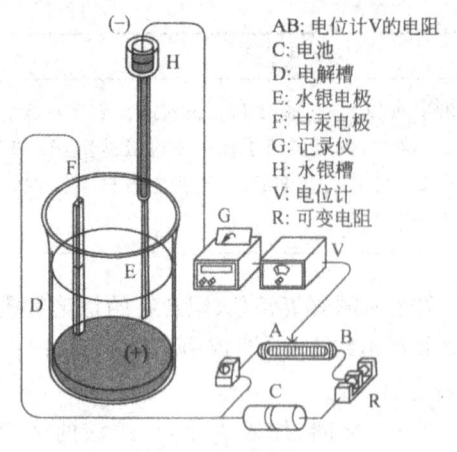
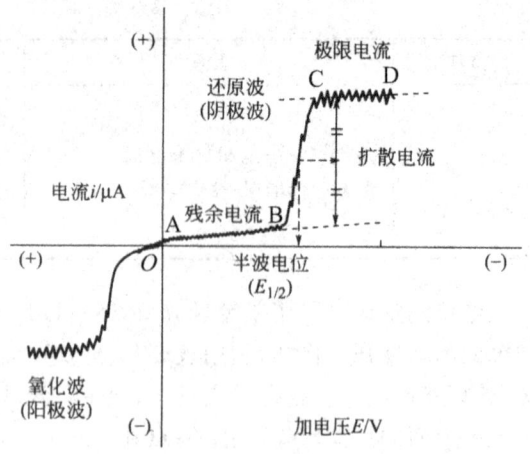

图 2-14 极谱分析法的装置　　　　图 2-15 极谱图

2.3.2 极谱法分析过程

现以测定 5×10^{-4} mol/L 的 $CdCl_2$ 溶液(其中含已除氧的 0.1 mol/L KCl 及少量动物胶)为例来说明极谱分析法的过程。以 3~4 s/d 的滴加速度滴加汞液,移动接触点 C,使两电极上的电压自零逐渐增加。在外加电压未达到 Cd^{2+} 的分解电压时,滴汞电极电位较 Cd^{2+} 的析出电位为正,电极表面没有 Cd^{2+} 还原,此时应该没有电流,但实际上仍有微小的电流通过电流表,该电流称为残余电流,即图 2-16 中的 AB 段。它包括溶液中的微量可还原杂质和未除净的微量氧在滴汞电极上还原产生的电解电流以及滴汞电极充放电引起的电容电流。

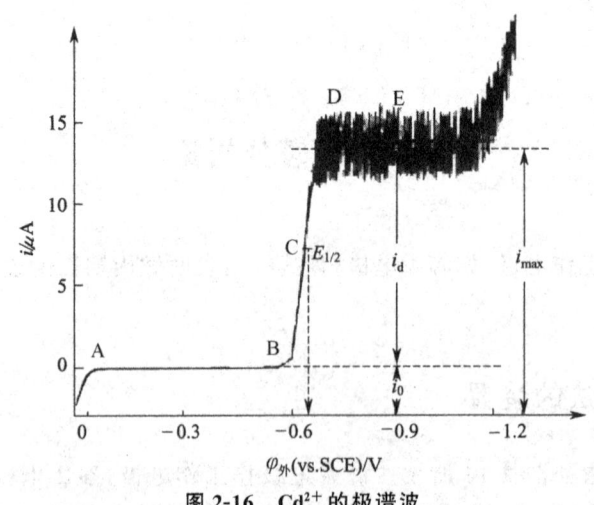

图 2-16 Cd^{2+} 的极谱波

当外电压增加到 Cd^{2+} 的分解电压时,滴汞电极电位变负到 Cd^{2+} 的析出电位,Cd^{2+} 开始在滴汞电极上还原成金属镉并与汞结合生成镉汞齐:

$$Cd^{2+} + 2e^- + Hg \rightleftharpoons Cd(Hg)$$

此时,电解池中开始有 Cd^{2+} 的电解电流通过,即图 2-16 中的 B 点。此后,电压的微小增加就会引起电流的迅速增加,即图 2-16 中的 BD 段。当外加电压增加到一定数值时,由于发生浓差极化而使电流不再随外加电压的增加而增加,即图 2-16 中的 DE 段,此时的电流称为极限电流。由极限电流减去残余电流后的电流称为扩散电流(i_d),这是由于滴汞面积较小,反应开始后,电极表面的 Cd^{2+} 浓度会迅速降低,溶液本体中的 Cd^{2+} 开始向电极表面扩散,在电极上发生反应而产生的电流。

在极谱分析中,外加电压 V 与滴汞电极电位 φ_{de} 的关系为

$$V = \varphi_{SCE} - \varphi_{de} + iR$$

式中,i 为通过电解池的电流;R 为电解线路中总电阻。

由于通过电解池的电流很小,电解液中因加入了大量支持电解质,故线路中 R 值也很小,所以 iR 项可忽略不计。因此

$$V = \varphi_{SCE} - \varphi_{de}$$

因为饱和甘汞电极的电极电位实际为恒定值,当滴汞电极的电极电位以饱和甘汞电极为基准计算时,则

$$V = -\varphi_{de}$$

由此可见,滴汞电极的电极电位受外加电压控制,外加电压越大,滴汞电极的电位为负数,其绝对值越大。这样,便可通过调节外加电压来控制滴汞电极的电位,从而使各种离子可以在各自所需电极电位处析出。离子的 i-φ_{de} 曲线称为该离子的极谱波。因为 $V = -\varphi_{de}$ 故同一离子的极谱波和其电流-电压曲线实际上是相同的。

2.3.3 扩散电流及 Ilkovic 方程式

以滴汞电极做工作电极,施加扫描速率较慢,如 200 mV/min 的线性变化的电位。溶液中加入支持电解质,其电迁移和 iR 降可忽略不计。测量时溶液静止(不搅拌),又可消除对流扩散的影响。这时在滴汞电极上所获得电流为扩散电流,典型的极谱图如图 2-15 所示。离子的扩散速率与离子在溶液中的浓度 c 及离子在电极表面的浓度 c^s 之差呈正比。当电位到一定值时,c^s 实际上为零。扩散电流大小与溶液中离子浓度 c 呈正比,它不随电位的增加而增加。这时电流达到最大值,称为极限扩散电流 i_d。它的大小由尤考维奇(Ilkovic)方程式表示

$$i_d = 708 n D^{1/2} m^{2/3} t^{1/6} c$$

式中,i_d 为最大极限扩散电流,μA;D 为扩散系数,cm^2/s;n 为电极反应的电子转移数;m 为汞的流速,mg/s;t 为汞滴寿命,s;c 为本体溶液物质的量浓度,$mmol/L$。

最大极限扩散电流是在每滴汞寿命的最后时刻获得的,实际测量得到的是每滴汞上的平均电流,其大小为

$$i_d = \frac{1}{t}\int_0^t i_d dt \, 607 n D^{1/2} m^{2/3} t^{1/6} c$$

上式称为 Ilkovic 方程式,是极谱定量分析的基本公式。式中,$m^{2/3} t^{1/6}$ 与毛细管特性有关,称为毛细管常数。因为汞滴流速 m 与汞柱高度呈正比,而滴下的时间与汞柱高呈反比,代

入方程,可得 $i_d = kh^{\frac{1}{2}}$,即 i_d 与汞柱高 h 的平方根呈正比,i_d 与电活性物质的浓度 c 呈正比,这是极谱定量分析的依据。

滴汞电极上的扩散过程有3个特点:汞滴面积不断增长,压向溶液具有对流特性,汞滴不断滴落、更新,再现性好。

2.3.4 扩散电流的影响因素

被测物质的浓度是影响扩散电流的主要因素,其他如毛细管特性、滴汞电极电位、溶液组成及温度等也都对扩散电流有影响。

2.3.4.1 毛细管特性

从 Ilkovic 方程式可知,i_d 与 $m^{2/3}$、$\tau^{1/6}$ 成正比(这里 τ 代表滴汞周期),因此 m 与 τ 的任何改变都会引起扩散电流 i_d 的相应变化。汞流出毛细管的速度 m 与汞柱压力 p 成正比,即 $m = kp$。

另外,滴汞周期 τ 与汞柱压力 p 成反比,即 $\tau = k'/p$,所以

$$m^{2/3}\tau^{1/6} = (kp)^{2/3}(k'/p)^{1/6} = k''p^{1/2}$$

因为 $i_d \propto m^{2/3}\tau^{1/6}$,所以 $i_d \propto p^{1/2}$,即扩散电流与汞柱压力的平方根成正比。一般作用于每一滴汞上的压力是以贮汞瓶中的汞面与滴汞电极末端之间的汞柱高度 h 来表示,则 $i_d \propto h^{1/2}$。由此可知,在极谱定量分析过程中,不仅应使用同一支毛细管,而且还应该保持汞柱高度一致。

2.3.4.2 滴汞电极电位

从滴汞电极的毛细管滴出的汞滴在溶液中受向下的重力、向上的浮力和界面张力3种力的作用,由于浮力远小于界面张力和重力,因而可忽略不计,当汞滴所受的重力与界面张力相等时汞滴下落。由此可见,汞滴与溶液之间界面张力的大小决定了汞滴的大小。界面张力对汞流出速度的影响很小,主要影响滴汞周期 τ,而界面张力又受滴汞电极电位的影响。

滴汞电极电位对滴汞周期 τ 及 $m^{2/3}\tau^{1/6}$ 的影响如图2-17所示。

由图2-17可见,$m^{2/3}\tau^{1/6}$ 也随电极电位的变化有所改变,但其变化程度比 τ 小得多,这是因为它只与 $\tau^{1/6}$ 有关。在实际测定时,电位在 $0 \sim -1.0$ V 的范围内可以认为 $m^{2/3}\tau^{1/6}$ 基本不变,但在更负的电位下,$m^{2/3}\tau^{1/6}$-φ 曲线的下降较为显著,对 i_d 产生的影响必须考虑。

2.3.4.3 溶液组成

从 Ilkovic 方程式可知,扩散电流 i_d 与被测物质在溶液中的扩散系数 D 的 1/2 次方成正比,而扩散系数 D 与溶液的黏度有关。黏度越大,物质的扩散系数就越小,因此 i_d 也随之减小。溶液组成不同其黏度也不同,对 i_d 的影响也随之不同。

同时物质的扩散系数还与其是否生成配合

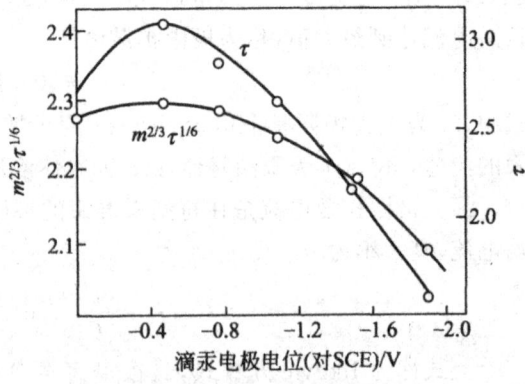

图 2-17 滴汞电极电位对扩散电流的影响

物有关。若溶液中有与被测物生成配合物的组分,则会由于生成配合物,使其大小发生变化,这样扩散系数也随之发生变化,从而影响 i_d 的数值。因此,在极谱分析中,需保持标准溶液与试样溶液的组成基本一致。

2.3.4.4　温度

在 Ilkovic 方程式中,除 n 之外,其余各项都受温度的影响,尤其对 D 的影响更大。因此,在极谱分析过程中需尽可能地使温度保持不变。如果将温度变化控制在 ±0.5℃ 的范围内,则可保证扩散电流因温度变化而产生的误差小于 ±1%。

其他实验条件,如离子强度、介电常数等也影响 i_d 的大小。因此,在实验过程中应尽量保持实验条件一致。

2.3.5　干扰电流及消除

极谱分析中的干扰电流包括迁移电流、残余电流、氧电流和极谱极大等。这些干扰电流与扩散电流的本质区别是,它们与被测物质浓度之间无定量关系,因此它们的存在严重干扰极谱分析,必须设法除去。

2.3.5.1　迁移电流

迁移电流来源于电解池的正极和负极对被测离子的静电引力或排斥力。在受扩散速度控制的电解过程中,产生浓差的同时必然产生电位差,使被测离子向电极迁移,并在电极上还原而产生电流,因此观察到的电解电流为扩散电流与迁移电流之和,而迁移电流与被测物质无定量关系,必须消除,一般向电解池加入大量电解质,由于负极对溶液中所有正离子都有静电引力,所以用于被测离子的静电引力就大大地减弱了,从而使由静电引力引起的迁移电流趋近于零,达到消除迁移电流的目的,所加入的电解质称为支持电解质,只起导电作用,不参加电极反应,因此也称为惰性电解质,如 KCl、NH_4Cl 等。

2.3.5.2　残余电流

残余电流的产生有以下两个方面的原因。

① 由于溶液中存在可还原的微量杂质,如 O_2、Cu^{2+}、Fe^{3+} 等,这些物质在没有达到被测物质的分解电压以前就在滴汞电极上还原,并产生小的电解电流。

② 由于汞滴不断地生成和下落,汞滴表面与溶液间存在的双电层不断充电而产生的充电电流,其数值一般在 10^{-7} 数量级,相当于 10^{-5} mol/L 物质的还原电流。

第一个原因产生的残余电流可以借助纯化去离子水和试剂的办法来消除,第二个原因产生的残余电流由于不是电极反应的结果,难以消除,一般采用作图法消除。

2.3.5.3　氧电流

在试液中溶解的少量氧也很容易在滴汞电极上还原,并产生两个极谱波,由于它们的波形很倾斜,延伸很长,占据了 $-1.2\sim 0$ V 极谱分析最有用的电位区间,重叠在被测物质的极谱波上,干扰很大,称其为氧电流或氧波。消除氧电流的方法有通入难被氧化的气体(如 N_2),驱除溶解氧,或在中性和碱性溶液中加入亚硫酸钠还原氧,或在酸性溶液中加入还原性铁粉与酸作用生成氢来驱除氧。

2.3.5.4 极谱极大

极谱分析中,经常出现一种特殊现象,当电解开始时,电流随电压增加而迅速地上升到一个很大的值,随后才降到扩散电流区域,这种比扩散电流大得多的不正常电流峰,称为极谱极大,峰高与被测物质之间无简单关系,影响扩散电流和半波电位的测量,应加以消除,通常是通过在被测溶液中加入少量的表面活性物质来抑制极谱极大,例如,动物胶、聚乙烯醇、阿拉伯胶等,这些物质也称为极大抑制剂,但极大抑制剂也会降低扩散电流,用量不宜过多,并且每次用量要相等。

除上述干扰电流外,实际工作中,还有波的叠加、前放电物质、氢放电的影响等干扰因素,都应设法消除,为了消除这些干扰因素所加入的试剂,以及为了改善波形、控制酸度所加入的其他一些辅助试剂的溶液,称为极谱分析的底液。

2.3.6 定量分析

极谱定量分析的依据是 Ilkovic 方程式,但在实验中,由于扩散电流(i_d)与记录的波高(h)成正比,即 $i_d = k'h$,且波高很直观,很容易测量,所以常常利用 $h = kc$ 来进行定量分析。

2.3.6.1 波高的测量

在极谱图上,扩散电流 I_d 由波高来表示,而不必测量扩散电流的绝对值。测定波高的方法有很多种,但最常用的是三切线法,它适用于各种极谱图形的测量。测量方法如下:先通过残余电流、极限电流和扩散电流的锯齿形振荡中心分别作出它们的切线 AB、CD 和 EF,使它们相交于 G 和 P 点,再通过 G 和 P 点分别作平行于横坐标的平行线,平行线间的距离 h 即为波高,如图 2-18 所示。

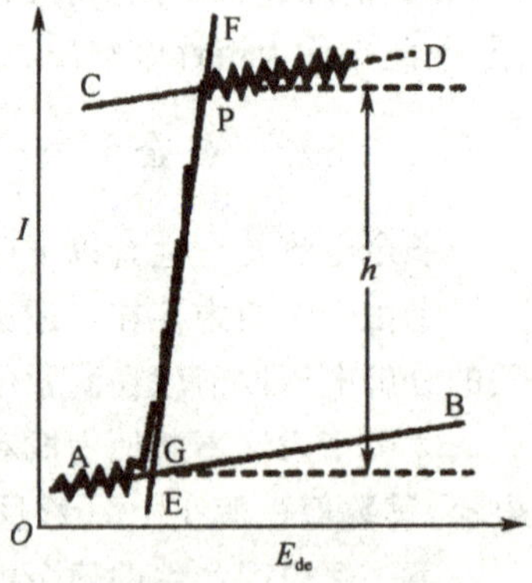

2.3.6.2 直接比较法

将浓度为 c_s 的标准溶液与浓度为 0 的未知溶液在相同的实验条件下,分别作出极谱图,测得其波高分别为 h_s 和 h_x,由

$$h_s = kc_s$$
$$h_x = kc_x$$

在相同条件下,k 值相同,两式相除得

图 2-18 三切线法测定波高

$$c_x = \frac{h_x}{h_s} c_s$$

由此可求得物质浓度。

2.3.6.3 工作曲线法

配制一系列含有不同浓度的被测离子的标准溶液,在相同实验条件下作极谱图,测得波高 h。以波高 h 为纵坐标,浓度为横坐标作图,可得一直线。然后在上述条件下测定未知溶液的波高 h,从标准曲线上查得未知溶液的浓度。

2.3.6.4 标准加入法

取一定体积为 V_x 的未知溶液,设其浓度为 c_x,作出极谱图。然后加入浓度为 c_s、体积为 V_s 的标准溶液,再在相同条件下作出极谱图。分别测量加入前、后的波高为 h、H,则有

$$h = kc_x$$

$$H = k\frac{c_x V_x + c_s V_s}{V_x + V_s}$$

两式相除得

$$c_x = k\frac{c_s V_s h}{H(V_x + V_s) - V_x h}$$

标准加入法的准确度高,适用于组成复杂的少量试样的分析。

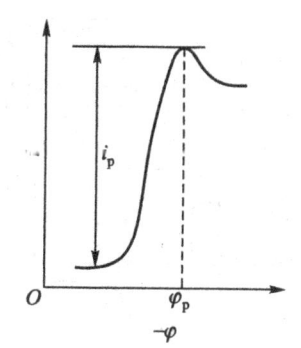

2.3.7 单扫描示波极谱分析法

单扫描示波极谱分析法是根据经典极谱原理而建立起来的一种快速极谱分析方法。单扫描示波极谱则在单个汞滴的形成后期进行快速扫描,在每个汞滴上生成一次极谱曲线,并使用示波器来快速显示。单扫描示波极谱的工作原理如图 2-19 所示,其扫描电压是在直流可调电压上叠加周期性的锯齿形扫描电压(极化电压),在示波器的 x 轴坐标显示的是扫描电压,y 轴坐标显示扩散电流(R 一定,电压信号转变为电流信号),荧光屏显示的将是一条完整的 i-φ 曲线,如图 2-20 所示。

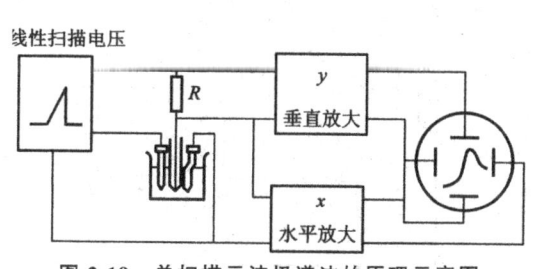

图 2-19 单扫描示波极谱法的原理示意图

图 2-20 单扫描示波极谱法

由图 2-20 可见,快速扫描时,汞滴附近的待测物质瞬间被还原,产生较大的电流,随着电压继续增加,扩散层厚度增加,电极表面物质浓度降低而又使电流迅速下降,达到扩散平衡后,电流稳定,此时完全受扩散控制。图 2-20 中的 i_p 为峰电流,φ_p 为峰电位。单扫描极谱装置中使用了三电极系统,即在滴汞电极和参比电极外,另加了一支辅助电极(Pt 电极),极谱电流在

滴汞电极(工作电极)和辅助电极间流过。参比电极与工作电极组成了电位监控体系,可使其间没有明显的电流通过,以确保滴汞电极的电位完全受外加电压控制,而参比电极保持恒定。

2.3.8 脉冲极谱法

每一汞滴后期的某一时刻,在线性变化的直流电压上叠加一个方波电压,振幅 ΔE 为 $2\sim 100$ mV,并在方波电压半周期的后期记录电解电流的方法称为脉冲极谱法。由于方波电压的宽度为 $5\sim 100$ ms,因此充电电流和毛细管噪声电流得到充分的衰减。脉冲极谱法是极谱法中灵敏度较高的方法之一。

脉冲极谱法是在滴汞生成后期即将滴下之前的很短时间间隔中,施加一个矩形的脉冲电压,然后记录脉冲电流与电位的关系曲线。按施加脉冲电压的形式和电流取样的方式不同,分为常规脉冲极谱法和示差脉冲极谱法。

2.3.8.1 常规脉冲极谱法

常规脉冲极谱法是在每滴汞生长到一定时间,滴汞面积几乎不变时,在恒定直流电压 E 上叠加一个振幅随时间作线性增长的矩形脉冲电压,如图 2-21 E-t 曲线。滴汞生长一定时间后,对滴汞双电层的充电所产生的电容电流已经衰减至可忽略不计。此时外加电压保持为 E,被测物不能发生电极反应,没有电解电流。当加入脉冲电压后,使电压突然跃至 E_1,并持续短暂时间,由于此时电压能够使被测物质发生电极反应,并产生电解电流,同时有电容电流和毛细管噪声等背景电流的存在。在脉冲末期某一时刻,各种背景电流都已衰减趋近于零,如图 2-22 中插图。这时开始测量电解电流,于是可以尽量减少或消除电容电流的干扰,借以提高极谱分析的灵敏度。

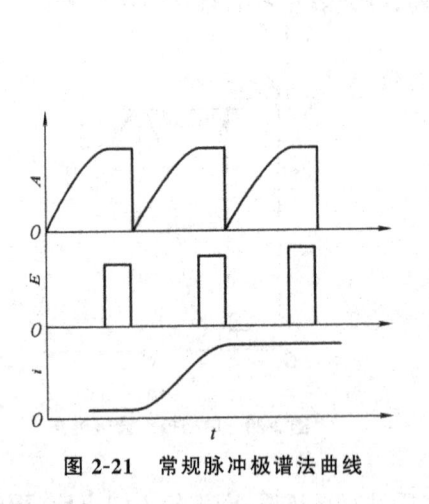

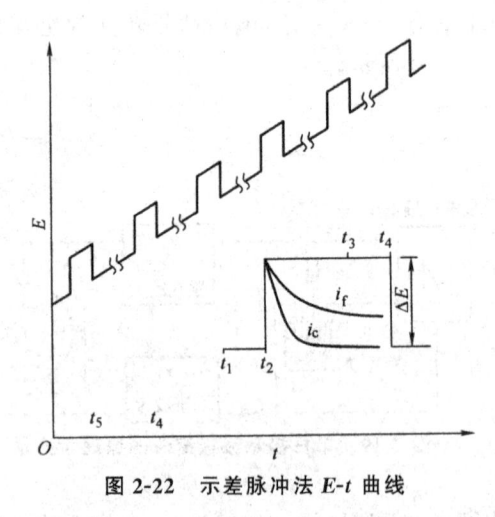

图 2-21 常规脉冲极谱法曲线

图 2-22 示差脉冲法 E-t 曲线

脉冲结束后,外加电压又恢复到 E,开始下一个循环。每个循环外加电压要保持 E 的时间、加脉冲电压的时间、测量电流的时间以及汞滴的滴落时间都完全相同,仅脉冲电压随时间有线性的增长。采用这种形式的脉冲电压,每一个脉冲提供的电解电流都是受扩散过程所控制的,所记录的电流为扩散电流。因此,脉冲极谱波与直流极谱波类似,为一平台图形,如图 2-21 中的 i-t 曲线。通过测量平台的波高可进行定量分析。

2.3.8.2 示差脉冲极谱法

示差脉冲极谱法是在滴汞电极每一汞滴生长到一定时刻,在线性变化的直流电压上叠加一个恒定振幅的脉冲电压,如图 2-23 所示。脉冲持续时间与常规脉冲极谱法相似。

示差脉冲极谱法记录电流的方法是在每滴汞生长期间记录两次电流,一次是在叠加脉冲前的 20 ms 时,另一次是在脉冲结束前 20 ms 时。第一次记录的是直流电压的背景电流,第二次记录的是叠加脉冲电压后的电解电流,取两次电流值的差作为电流数据。因此,所得的电流数据能很好地扣除由于直流电压所引起的背景电流。

当脉冲电压叠加在直流极谱波的残余电流或极限电流部分时,都不会使电解电流发生显著变化,故两次记录取样的差值都很小。当脉冲电压叠加在半波电位附近时,将使电解电流发生很大的变化,故两次电流取样值就比较大。于是示差脉冲极谱法所得到的脉冲电流与直流电压的关系曲线呈峰状,其峰所对应的电位是半波电位,如图 2-23 所示。通过测量峰高可以进行定量分析。

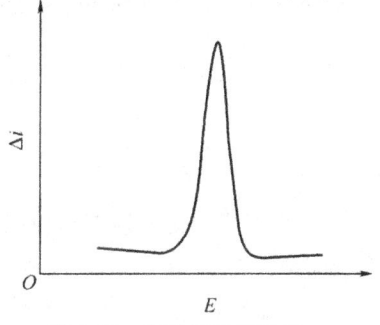

图 2-23 示差脉冲极谱图

2.3.9 极谱分析法的应用

2.3.9.1 有机化合物的测定

凡是能在电极上进行氧化或还原反应的有机物均可用极谱法进行测定。

能被还原的物质有:

①含共轭双键的化合物。

②含硝基、亚硝基、偶氮、偶氮羟基的化合物。

③醛、酮、醌类化合物。

④卤化物。

⑤其他,如含有氧或氮的杂环化合物、过氧化物、硫化合物、砷化合物等。

能被氧化的物质有:

①氢醌及其有关化合物。

②有机酸。

③含硫化合物。

极谱分析法还可用于鉴别某些对位、间位、邻位有机化合物,因为这 3 种有机化合物的半波电位不同。在药物分析方面,极谱法可用于抗生素、激素、生物碱、磺胺类、呋喃类和异烟肼等的测定。另外,极谱法对农药分析也很有用。

2.3.9.2 无机化合物的测定

极谱分析法可以测定元素周期表中的大多数元素。最常用极谱法测定的元素有 Cr、Mn、

Fe、Co、Ni、Cu、Zn、Cd、In、Tl、Sn、Pb、As、Sb、Bi 等。这些元素的还原电位均在 $0\sim-1.6$ V 的范围内,往往可以在极谱图上同时得到几种元素的极谱波。

极谱分析法还可用于许多含氧酸根的测定,如 BrO_3^-、IO_3^-、SeO_3^{2-}、TeO_3^{2-} 等。另外,还可以利用汞的氧化波测定能与 Hg^+ 或 Hg^{2+} 生成稳定的沉淀或配合物的物质,如 Cl^-、Br^-、I^-、S^{2-}、CN^-、OH^-、$S_2O_3^{2-}$ 等。

对于无机物,极谱分析法主要用于纯金属、合金或矿石中金属元素的测定,工业制品、药物、食品中金属元素的测定,以及动植物体内和海水中的微量金属元素的测定等。

2.3.9.3 在理论研究中的应用

极谱法除用以分析检测外,还可用于测定一些化学或物理化学常数,如溶解度、配合物的组成和稳定常数等;还可通过半波电位测量一些有机和无机物的标准电极电位。另外,极谱法还是研究氧化还原过程、表面吸附过程以及电极过程动力学的重要工具。

2.4 伏安分析法

用表面积固定的液态电极或固态电极作工作电极,如悬汞滴、石墨、铂、金电极等,称为伏安分析法。

2.4.1 伏安分析法的装置

伏安仪是伏安分析法的测量装置,目前大多采用三电极系统,如图 2-24 所示,除工作电极 W、参比电极 R 外,尚有一个辅助电极 C(又称为对电极)。辅助电极一般为铂丝电极。三电极的作用如下:当回路的电阻较大或电解电流较大时,电解池的 iR 降便相当大,此时工作电极的电位就不能简单地用外加电压来表示了。引入辅助电极,在电解池系统中,外加电压 U_0 加到工作电极 W 和对电极 C 之间,则 $U_0 = \varphi - \varphi_W + iR$。

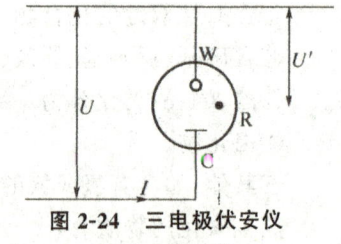

图 2-24 三电极伏安仪的电路示意图

伏安图是 i 与 φ_W 的关系曲线,i 很容易由 W 和 C 电路中求得,困难的是如何准确测定 φ_W,不受 φ_W 和 iR 降的影响。因此,在电解池中放置第三个电极,即参比电极,将它与工作电极组成一个电位监测回路。此回路的阻抗甚高,实际上没有明显的电流通过,回路中的电压降可以忽略。监测回路随时显示电解过程中工作电极相对于参比电极的电位 φ_W。

2.4.2 工作电极

在伏安分析法中,可以使用多种不同性能和结构的电极作为工作电极。

2.4.2.1 汞电极

汞电极具有很高的氢超电位(1.2 V)及很好的重现性。最原始的汞电极是滴汞电极,滴汞的增长速度和寿命受地球重力控制,滴汞电极由内径为 0.05~0.08 mm 的毛细管、储汞瓶及连接软管组成。每滴汞的滴落速度为 2~5 s,其表面周期性地更新可消除电极表面的污染。同时,汞能与很多金属形成汞齐,从而降低了它们的还原电位,其扩散电流也能很快地达到稳定值,并具有很好的重现性。在非水溶液中,用四丁基铵盐作支持电解质,滴汞电极的电位窗口为 +0.3~−2.7 V(vs. SCE)。当电位正于 +0.3 V 时,汞将被氧化,产生一个阳极波。

与滴汞电极不同,静态汞滴电极(SMDE)是通过一个阀门在毛细管尖端得到一静态汞滴,它只能通过敲击来更换汞滴。悬汞电极是一个广泛应用的静态电极,汞滴是由计算机控制的快速调节阀生成的。在玻璃碳电极、金电极、银电极或铂电极表面镀上一层汞膜就可制成汞膜电极,它可用于浓度低于 10^{-7} mol/L 的样品分析中,但主要用于高灵敏度的溶出分析及作为液相色谱的电流检测器。随着人们对环境保护认识的不断提高,现在汞电极已经不常使用。

2.4.2.2 固体电极

固体电极一般有铂电极、金电极或玻璃碳电极。玻璃碳电极可检测电极上发生的氧化反应,特别适用于在线分析,如用于液相色谱中。把铂丝、金丝或玻璃碳密封于绝缘材料中,再把垂直于轴体的尖端平面抛光即可制得圆盘电极。

2.4.2.3 旋转圆盘电极

旋转圆盘电极最基本的用途是用于痕量分析及电极过程动力学研究,它还可应用于阳极溶出伏安分析法及安培滴定中。

2.4.3 溶出伏安法

溶出伏安法是以电解富集和溶出测定相结合的一种电化学测定方法。它首先将工作电极固定在产生极限电流的电位进行电解,使被测物质富集在电极上,再反方向改变电位,让富集在电极上的物质重新溶出而形成峰电流,然后根据峰电流与被测物质浓度成正比而进行定量分析。溶出伏安法按照溶出时工作电极发生氧化反应或还原反应,可以分为阳极溶出伏安法和阴极溶出伏安法。

2.4.3.1 阳极溶出伏安法

将待测离子先在阴极上预电解富集,溶出时发生氧化反应而重新溶出。溶出时,工作电极上发生的是氧化反应,这种方法称为阳极溶出伏安法。

阴极
$$M^+ + ne^- + Hg \Longrightarrow M(Hg)$$

阳极
$$M(Hg) \Longrightarrow M^+ + ne^- + Hg$$

在测定条件一定时，峰电流与待测物浓度成正比。

2.4.3.2 阴极溶出伏安法

将待测离子先在阳极上预电解富集，溶出时发生还原反应而重新溶出。溶出时，工作电极上发生的是还原反应，这种方法称为阴极溶出伏安法。

溶出伏安法的全部过程都可以在普通极谱仪上进行，也可与单扫描极谱法和脉冲极谱法结合使用。溶出伏安法最大的优点是由于这种方法将待测物质的浓缩和测定有效地结合在一起，使测定的灵敏度大大提高。阳极溶出法检出限可达 10^{-12} mol/L，阴极溶出法检出限可达 10^{-9} mol/L。溶出伏安法测定精密度良好，能同时进行多组分测定，且不需要贵重仪器。

2.4.4 循环伏安法

循环伏安法是将线性扫描电压施加在电极上，电压与扫描时间的关系如图 2-25 所示。开始时，从起始电压 E_i 扫描至某一电压 E 后，再反向回扫至起始电压，成等腰三角形。

如果溶液中存在氧化态 O，则当电位从正向负扫描时，电极上发生还原反应：

$$O + ze \rightleftharpoons R$$

反向回扫时，电极上生成的还原态 R 又发生氧化反应：

$$R \rightleftharpoons O + ze$$

循环伏安图如图 2-26 所示。从循环伏安图上，可以测得阴极峰电流 i_{pc} 和阳极峰电流 i_{pa}；阴极峰电位 φ_{pc} 和阳极峰电位 φ_{pa} 等重要参数。需要注意的是，测量峰电流不是从零电流线而是从背景电流线作为起始值。

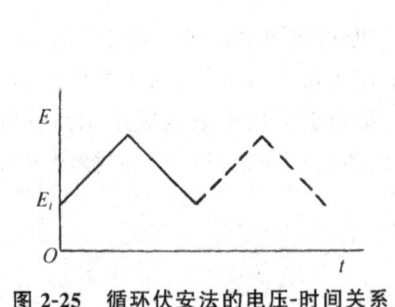

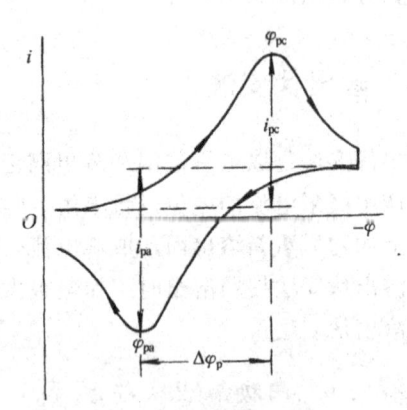

图 2-25　循环伏安法的电压-时间关系

图 2-26　循环伏安图

对于可逆电极过程有

$$\frac{i_{pc}}{i_{pa}} \approx 1$$

$$\Delta\varphi_p = \varphi_{pa} - \varphi_{pc} \approx \frac{56}{z}\ \text{mV}$$

它与循环扫描时的换向电位有关,换向电位比 φ_{pc} 负 $\dfrac{100}{z}$ mV 时,$\Delta\varphi_p$ 为 $\dfrac{56}{z}$ mV。通常,$\Delta\varphi_p$ 值在 55~65 V 之间。可逆电极过程 φ_p 与扫描速率无关。

峰电位与条件电位的关系为

$$\varphi^{\circ\prime} = \frac{\varphi_{pa} + \varphi_{pc}}{2}$$

通常循环伏安法采用三电极系统。使用的指示电极有悬汞电极、汞膜电极和固体电极,如 Pt 圆盘电极、玻璃碳电极、碳糊电极等。

2.5 库仑分析法

库仑分析法是根据电解过程中消耗的电量,由法拉第定律来确定被测物质含量的方法。库仑分析法分为恒电位库仑分析法和恒电流库仑分析法两种。前者是建立在控制电流电解过程的基础上,后者是建立在控制电位电解过程的基础上。不论哪种库仑分析法,都要求电极反应单一,电流效率达 100%(电量全部消耗在待测物上),这是库仑分析法的先决条件。库仑分析法的定量依据是法拉第定律。

2.5.1 法拉第定律

法拉第发现的电解定律奠定了库仑分析法的理论基础。电流通过电解池时,物质发生氧化还原的量(m)与通过的电荷量(Q)成正比,其数学表达式为

$$m = \frac{MQ}{nF}$$

恒电流电解时,$Q = it$,所以

$$m = \frac{MQ}{nF} = \frac{M}{n} \cdot \frac{it}{96\,487}$$

式中,m 为电解时在电极上发生反应的物质的质量,g;M 为发生反应物质的相对原子质量或相对分子质量;Q 为电解时通过的电荷量,C;n 为电极反应中转移的电子数;i 为电解时的电流强度,A;t 为电解时间,s;$F = 96\,487$ C/mol,为法拉第常数,表示 1 mol 电子所带电荷量的绝对值为 96 487 C。

由法拉第电解定律的表达式可以看出:

电极上发生反应的物质的质量与通过的电荷量成正比,即 m 与 Q 成正比;通过相同电荷量时,电极上发生反应(生成或消耗)的各物质的质量与该物质的 $\dfrac{M}{n}$ 成正比。

这就是法拉第电解定律,它是自然科学中最严格的定律之一,不受温度、压力、电解质浓度、电极材料和形状、溶剂性质等因素的影响。

2.5.2 恒电位库仑分析法

2.5.2.1 方法原理及装置

恒电位库仑分析法是在电解过程中,用恒电位装置控制阴极电位在待测组分的析出电位上,使待测物质以100%的电流效率进行电解,当电解电流趋于零时,表明该物质已被完全电解,此时可利用串联在电解电路中的库仑计,测量从电解开始到待测组分完全分解析出时所消耗的电量,由法拉第电解定律求出被测物质的含量。

控制电位库仑分析法的基本装置包括4个单元,即库仑计、直流电源、恒电位装置和电解池系统。如图2-27所示。用恒电位装置控制工作电极(阴极)电位在恒定值,工作电极与对电极之间构成电流回路系统。工作电极与参比电极之间构成电位测定及控制系统。常用的工作电极有铂、银、汞、碳电极等,常用的参比电极有饱和甘汞电极(SCE)、Ag-AgCl电极等。

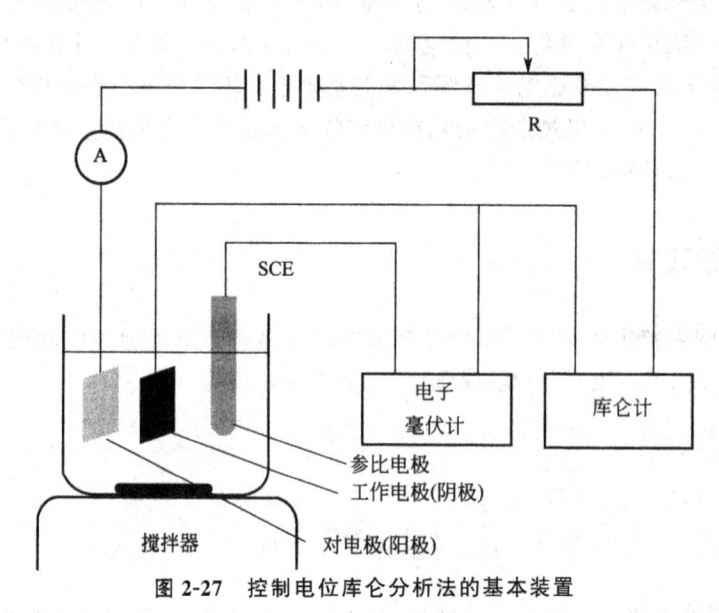

图2-27 控制电位库仑分析法的基本装置

2.5.2.2 电量的测定

控制电位库仑分析法的电量主要由库仑计测定,常用的库仑计有气体库仑计、重量库仑计和电子积分库仑计。

(1)气体库仑计法

气体库仑计有氢氧和氮氧气体库仑计,常用的为氢氧气体库仑计。氢氧库仑计是一个电解水的装置,电解液可用0.5 mol/L的K_2SO_4或Na_2SO_4溶液,装入电解管中,管外为恒温水浴套,电解管与刻度管用橡皮管连接,电解管中焊两片铂电极,串联到电解回路中。电解时,两铂电极上分别析出H_2和O_2。

阴极析氢反应

$$2H^+ + 2e \longrightarrow H_2$$

阳极析氧反应

$$2H_2O \longrightarrow O_2\uparrow + 4H^+ + 4e$$

从电极反应式及气体定律可知,在标准状况(273 K、101.3kPa 压力)下,每库仑电量可析出 0.1741 mL 氢、氧混合气体。将实际测得的混合气体总量换算为标准状况下的体积 V(mL),即可求出电解所消耗的总电量 Q(C)。

$$Q = \frac{V}{0.1741}$$

然后由法拉第电解定律得出待测物的质量:

$$m = \frac{MQ}{nF} = \frac{MV}{0.1741nF}$$

氢氧库仑计使用简便,能测量 10C 以上的电量,准确度达 0.1% 以上,但灵敏度较差。

(2) 重量库仑计法

重量库仑计有钼库仑计、铜库仑计、汞库仑计等,常用的为银库仑计。以铂坩埚为阴极,银棒为阳极,用多孔瓷管把两极分开,坩埚内盛有 1~2 mol/L 的 $AgNO_3$ 溶液,串联到电解回路上,电解时发生如下反应:

阳极反应

$$Ag \longrightarrow Ag^+ + e$$

阴极反应

$$Ag^+ + e \longrightarrow Ag$$

电解结束后,称量坩埚的增重,由析出银的量 m_{Ag} 算出所消耗的电量:

$$Q = \frac{m_{Ag}}{M_{Ag}}F$$

(3) 电子积分库仑计法

现代仪器多采用积分运算放大器库仑计或数字库仑计测定电量。恒电位库仑分析过程中电解电流 I_t 随电解时间 t 不断变化,从电解开始到电解完全通过电解池的总电量为

$$Q = \int_0^t I_t dt$$

电子积分库仑计采用电流线路积分总电量并直接从仪表中读出,非常方便、准确,精确度可达 0.01~0.001 μC。电解过程中可用 x-y 记录器自动绘出 I_t-Q 曲线。

2.5.2.3 特点及应用

恒电位库仑分析法的主要特点如下:

① 不需要使用基准物质,准确度高。因为它是根据对电量的测量而计算分析结果的,而测量电量的准确度极高。

② 灵敏度高。可测定至 0.01 μg 级的物质。

③ 对于电解产物不是固态的物质也可以测定。例如,可以利用亚砷酸在铂阳极上氧化成砷酸的反应测定砷。

恒电位库仑分析法的诸多优点使其应用广泛。目前这种分析方法已成功地用于 50 多种元素的测定和研究,这些元素包括氢、氧、卤素、银、铜、锑、铋、砷、铁、铅、锌、镉、镍、锂、铂族以

及锎、锫、铜、稀土元素、元素铀和钚等。它还可以测定一些阴离子(如 Cl^-、Br^-、I^-、AsO_3^{3-} 等离子)和有机化合物(如苦味酸、三氯乙酸等),此外,恒电位库仑分析法还常用于电极过程反应机理的研究,及测定反应中电子转移数等。

2.5.3 恒电流库仑分析法

2.5.3.1 方法原理及装置

恒电流库仑分析法是在恒定电流的条件下电解,由电极反应产生的电生"滴定剂"与被测物质发生反应,用化学指示剂或电化学的方法确定"滴定"的终点,由恒电流的大小和到达终点需要的时间计算出消耗的电量,由此求得被测物质的含量。这种滴定方法与滴定分析中用标准溶液滴定被测物质的方法相似,因此,恒电流库仑分析法也称为库仑滴定法。

在图 2-28 所示的装置中,以强度一定的电流通过电解池,在 100% 的电流效率下由电极反应产生的电生滴定剂与被测物质发生定量反应,当到达终点时,由指示终点系统发出信号,立即停止电解。由电流强度和电解时间按法拉第定律计算出被测物质的质量,即

$$m = \frac{it}{96\ 487} \times \frac{M}{z}$$

或由库仑仪直接显示电量或被测物质的含量。

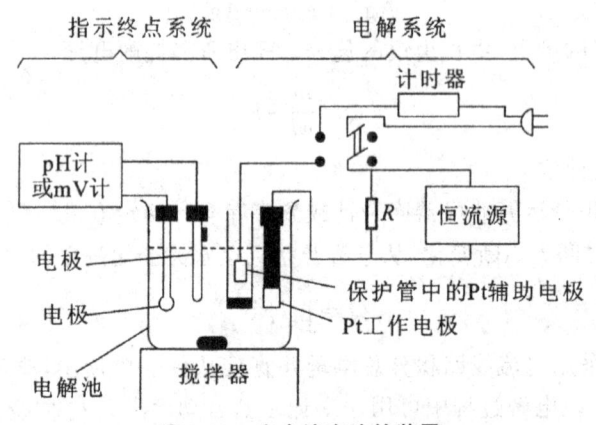

图 2-28 库仑滴定法的装置

在库仑滴定中,电解质溶液通过电极反应产生的滴定剂的种类很多,包括 H^+ 或 OH^-,氧化剂如 Br_2、Cl_2、$Ce(Ⅳ)$、$Mn(Ⅲ)$ 和 I_2,还原剂如 $Fe(Ⅱ)$、$Ti(Ⅲ)$ 和 $[Fe(CN)_6]^{4-}$,配位剂如 $EDTA(Y^{4-})$,沉淀剂如 Ag^+ 等。例如,用库仑滴定法测定 Ca^{2+} 时,可在除 O_2 的 $[Hg(NH_3)Y]^{2-}$ 和 NH_4NO_3 溶液中在阴极上产生滴定剂 HY^{3-},其电极反应为

$$[Hg(NH_3)Y]^{2-} + NH_4^+ + 2e \Longrightarrow Hg + 2NH_3 + HY^{3-}$$

又如,测定酸或碱时,可在 Na_2SO_4 溶液中,在 Pt 电极下产生滴定剂 OH^- 或 H^+,其电极反应为

阴极

$$2H_2O + 2e \Longrightarrow H_2 + 2OH^- \quad (滴定酸)$$

阳极

$$2H_2O =\!=\!= 2H^+ + \frac{1}{2}O_2 + 2e(滴定碱)$$

2.5.3.2 滴定终点的指示方法

库仑滴定中的终点指示方法主要有指示剂法、电位法、永停终点法等。

(1) 指示剂法

这种方法与普通滴定分析法中的一样,都是利用溶液颜色的变化来指示终点的到达。当电解产生的滴定剂略微过量时,溶液变色,说明终点到达。

例如,库仑滴定法测定肼时,可加入辅助电解质溴化钾,以甲基橙为指示剂。电极反应为

阳极反应

$$2Br^- \longrightarrow Br_2 + 2e$$

阴极反应

$$2H^+ + 2e \longrightarrow H_2$$

滴定反应

$$H_2NNH_2 + 2Br_2 \longrightarrow 4HBr + N_2$$

在滴定反应达到化学计量点后,过量的 Br_2 使甲基橙褪色,指示到达滴定终点。

指示剂法省去了库仑滴定装置中的指示系统,简便实用,常用于酸碱库仑滴定,也可用于氧化还原、络合和沉淀反应。由于指示剂的变色范围一般较宽,所以此法的灵敏度较低,不适合进行微量分析,对于常量的库仑滴定可得到满意的测定结果。

选择指示剂时应注意以下两点:

① 所选指示剂必须是在电解条件下的非电活性物质,即不能在电极上发生反应。

② 指示剂与电生滴定剂的反应,必须是在被测物质与电生滴定剂的反应之后,即前者反应速度要比后者慢。

(2) 电位法

① 电位法。与电位滴定法相同,库仑滴定也可用电位法来指示滴定终点。例如,测定钢铁中的碳时,可以采用库仑滴定的方法,用电位法确定终点,其方法原理如下:

钢样在 1 200 ℃左右通氧灼烧,试样中的碳经氧化后产生 CO_2,导入置有高氯酸钡溶液的电解池中,CO_2 被吸收,发生下列反应:

$$Ba(ClO_4)_2 + H_2O + CO_2 =\!=\!= BaCO_3 \downarrow + 2HClO_4$$

由于生成高氯酸,溶液浓度的酸度发生变化,在电解池中,用一对铂电极为工作电极及辅助电极,电解时阴极上产生氢氧根离子:

$$2H_2O + 2e =\!=\!= H_2 + 2OH^-$$

氢氧根离子与高氯酸反应,使溶液恢复到原来的酸度为止,根据消耗的电量可求得碳的含量。

(3) 永停终点法

永停终点法又称为双铂极电流指示法,它是在电解池中插入一对铂电极作指示电极,加上一个很小的直流电压,一般为几十毫伏至 200 mV,如图 2-29 所示。如在电解 KI 产生滴定剂

I_2 测定 AS(Ⅲ)的体系中,滴定终点前出现的是 As(Ⅴ)/As(Ⅲ)不可逆电对,终点后是可逆的 I_3^-/I^- 电对。从其极化曲线(即电流随外加电压而改变的曲线),即图 2-30 可见,不可逆体系曲线通过横轴是不连续的(电流很小),需要加更大的电压才能有明显的氧化还原电流。可逆体系在很小电压下就能产生明显的电流。

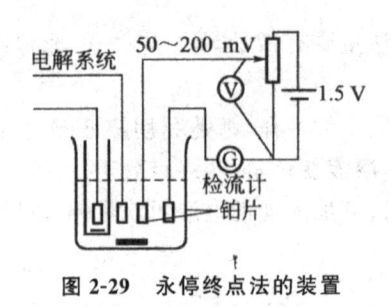

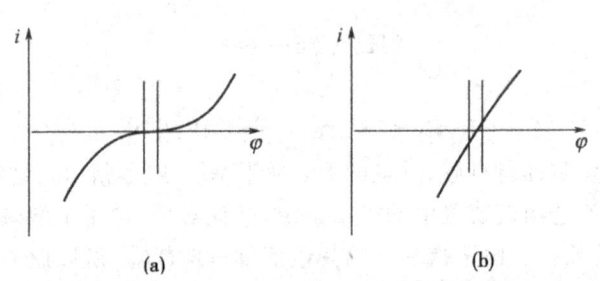

图 2-29　永停终点法的装置

图 2-30　I_2 滴定 As(Ⅲ)时,终点前后体系的极化曲线
(a)As(Ⅴ)/As(Ⅲ)体系;(b)I_3^-/I^- 体系

当然,体系不同也可能出现原来是可逆电对,终点后为不可逆电对,这时图 2-31 就出现相反的情况。Ce^{4+} 滴定 Fe^{2+} 体系中,滴定前后都是可逆体系。开始滴定时,溶液中只有 Fe^{2+},没有 Fe^{3+},所以流过电极的电流为零或只有微小的残余电流。随着滴定的进行,溶液中 Fe^{3+} 的浓度逐渐增大,所以通过电极的电流也将逐渐增大。在滴定百分数为 50% 之前,Fe^{3+} 的浓度是电流的限制因素。过了 50% 后,Fe^{2+} 的浓度逐渐变小,便成为电流的限制因素了,所以电流又逐渐下降。到达终点时,Fe^{2+} 浓度接近于零,溶液中只有 Fe^{3+} 和 Ce^{3+},所以电流又接近于零。过了终点以后,便有过量 Ce^{4+} 存在,在阳极上 Ce^{3+} 可被氧化,在阴极上 Ce^{4+} 可被还原,双铂电极的回路又出现了明显的电流,如图 2-32 所示。

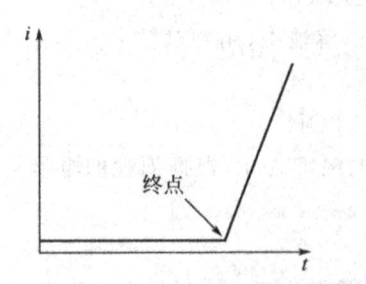

图 2-31　滴定亚砷酸的双铂电极的电流曲线　　图 2-32　Ce^{4+} 滴定 Fe^{2+} 的双铂电极电流曲线

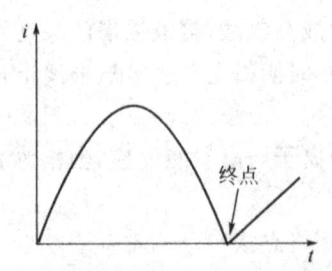

2.5.3.3 特点及应用

恒电流库仑分析法的主要特点如下：

①不需要使用基准物质,准确度高。一般相对误差为0.2%,甚至可以达到0.01%。因此,它可以用作标准方法或仲裁分析法。

②灵敏度高。检出限可达10^{-7} mol/L,既能测定常量物质,又能测定痕量物质。

③易实现自动化,数字化,并可作遥控分析。

④设备简单,容易安装,使用和操作方便。

但是,选择性不够好,不能用于复杂组分的分析。

凡是电解时所产生的试剂能迅速反应的物质,都可用库仑滴定法测定,故能用容量分析的种类测定,如酸碱滴定、氧化还原滴定、沉淀滴定、络合滴定等测定的物质都可应用库仑滴定测定。

2.6 新型电化学分析法

2.6.1 光谱电化学分析

光谱电化学分析是以电化学产生激发信号,以光谱技术测量物质变化的分析方法。该方法充分利用了电化学分析方法中容易控制物质的状态和光谱法有利于物质识别的特点。

光谱电化学分析法中需要使用透光电极和特殊的薄层电解池。透光电极既要有良好的透光性,又要电阻低,通常使用的有光电薄膜电极和金属网栅电极。

光电薄膜电极是将导电材料(SnO_2,In_2O_3,Au,Pt)涂或镀到玻璃(或石英)上,导电膜越薄,透光性越好,但导电性下降,电阻变大。金属网栅电极使用时,光从网格(如400条/cm Au丝)中透过,网孔径比扩散层厚度小得多,故可看作平板电极。薄层电解池要有利于光的透过,体积要小,可放入普通光谱仪的样品室中。如图2-33所示的是一种夹心式金网栅电解池。溶液可从贮液器吸到电解池顶端。液层厚度0.2 mm,金属网所覆盖的溶液体积仅有40 μL左右。电解很短的时间就可以观察到物质的明显变化。

2.6.2 生物电化学分析

2.6.2.1 生物小分子分析

生物小分子在生命过程中发挥着十分重要的作用。我国学者对它们的电分析化学行为进行了诸多探讨。

董绍俊等研究了基于石墨烯氧化物修饰电极的多种小分子传感器,测定乙醇和葡萄糖的介孔碳电极酶传感器及测定抗坏血酸、多巴胺的新方法。

程介克等将碳纤维纳米电极用于微流控芯片中检测了细胞提取液中的多巴胺。

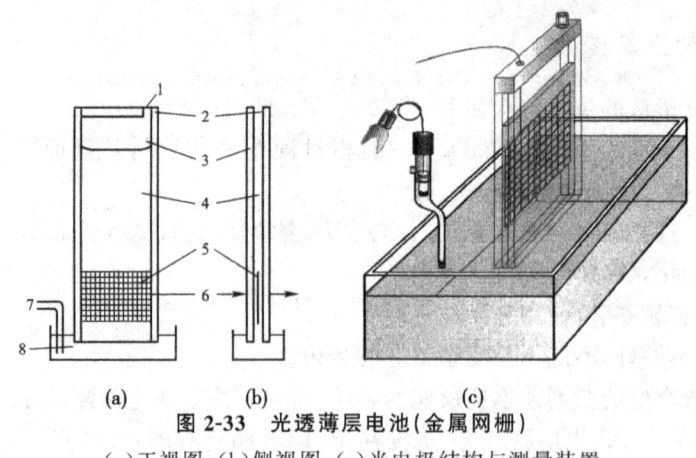

图 2-33 光透薄层电池(金属网栅)
(a)正视图；(b)侧视图；(c)光电极结构与测量装置
1—吸溶液口；2—聚四氟乙烯胶带；3—玻璃片；
4—溶液；5—透光金属网栅；6—入射光的光程；
7—参比电极和辅助电极；8—贮液器

汪尔康等研究了微流控芯片电化学测定人血浆中的葡萄糖和毛细管电泳电化学检测甲巯基咪唑的方法。

姚守拙等研究了通过化学氧化和电聚合二巯基化合物固定酶的方法，这种方法对葡萄糖有很高的灵敏度；发展了用电化学石英晶体微天平测定多巴胺的方法和用葡萄糖氧化酶/普鲁士蓝修饰电极测定葡萄糖的方法。

陈洪渊等用在通道中修饰葡萄糖氧化酶的微流控芯片分离测定了4种神经递质。

孔继烈等研究了测定手性氨基酸对映体的电容免疫传感器和电位传感器。

鞠熀先等研究了用微通道中分子印迹进行对映体分离和安培检测测定手性色氨酸的方法。

张书圣等用电活性苯并硒二唑与谷胱甘肽(GSH)反应生成非电活性产物的性质去测定 GSH。

牛利等报道了用石墨烯/离子液体/葡萄糖氧化酶构建的葡萄糖传感器。

李根喜等研究了测定谷胱甘肽的电化学方法。

由天艳等用电化学结合毛细管电泳分离同时测定了尿样中3种安非他明药物和植物中两种马兜铃酸。

毛兰群等对活体生物小分子的电分析化学作了较多的研究工作。具体如下：

①用多壁碳纳米管修饰碳纤维微电极测定了鼠脑中的抗坏血酸，鼠脑中其他可氧化物质不干扰抗坏血酸的测定。

②用修饰了葡萄糖氧化酶/普鲁士蓝和乳酸盐氧化酶/普鲁士蓝的双电极同时在线测定了鼠脑微透析液中葡萄糖和乳酸盐。

③用活体微透析结合在线电化学方法测定了在脑缺血及供血状态下细胞外抗坏血酸量的变化及全脑缺血状态下脑局部区域内细胞外抗坏血酸随时间的变化。

④用在线电化学方法测定了在脑缺血及供血状态下鼠脑中葡萄糖和乳酸盐。

近年来,测定生物小分子的各种新的电化学方法也有报道。例如,用分子印迹电化学传感器测定儿茶酚和多巴胺,用遥感电化学体系快速测定抗坏血酸,用纸质微流装置电化学检测葡萄糖、乳酸盐、尿酸,用基于核酸适体的传感器测定生物小分子。

此外,生物小分子也常用做检验一种新的电化学方法和技术的模型分子。

2.6.2.2 蛋白质分析

蛋白质是电分析化学的重要研究对象。我国学者对此做出了大量的研究工作。

董绍俊等研究了细胞色素 c 在胶体金修饰电极与溶液界面上的构型及定向,以及在二氧化硅修饰电极上的直接电化学;细胞色素 c 在聚合物三维管状网络电极上的直接电化学和电催化;过氧化物酶固定在碳纳米管修饰电极上及各种介质上的直接电化学;DNA 和 Zr^{4+} 构建的薄膜与细胞色素 c 的相互作用。

Aptamer 是对蛋白质或其他目标分子有选择性和高亲和性的短单链核酸分子。它与蛋白质结合后,那些已用在 DNA 分析中的各种放大策略均可用于高灵敏测定蛋白质。近年来该技术发展很快。姚守拙等研究了根据双功能 Aptamer 测定溶菌酶的生物传感器。俞汝勤等进行了许多研究工作,如测定蛋白质的 Aptamer 滚环放大方法和基于相邻表面杂交分析的电化学 Aptamer 传感器。陈洪渊等也用 Aptamer 将免疫球蛋白捕获到电极上测定电化学阻抗来测定免疫球蛋白。

俞汝勤等研究了用修饰了磷脂的碳纳米管作为电化学标记物的免疫分析法。在多壁碳纳米管(MWCNT)上涂上由两种双链磷脂(磷酸胆碱,磷酸乙醇胺)构成的混合单层后接上单克隆抗体(MAb1),再加入表面修饰另一抗体的磁珠(MAb2)。在抗原存在时,形成标记 MWCNT 的夹心免疫复合物。通过磁分离将这些有磁性的标记 MWCNT 的免疫复合物转移到修饰十八烷基硫醇的金电极上。再用二甲基甲酰胺(DMF)溶去 MWCNT 上磷脂涂层,使 MWCNT 沉淀到被修饰的电极上。再用磁铁将磁珠除去。此时,MWCNT 能介导电极与电活性的甲酸二茂铁(FcCOOH)之间的电子转移(ET)。由于单根 MWCNT 对大量 FcCOOH 的信号放大作用,得到强的氧化还原电流。因此,随着抗原浓度的增加,FcCOOH 的电化学信号增加。用这种方法他们研究了测定前列腺特异性抗原的方法。

俞汝勤等还提出了一种新的研究小分子与蛋白质相互作用和检测蛋白质的方法。金电极先用巯基十六烷酸(MHA)修饰。这层 MHA 使电极绝缘。将单壁碳纳米管(SWCNT)外捆缚一端接上小分子的单链 DNA。这个 DNA 能被核酸外切酶 I(ExoI)降解,使裸的 SWCNT 从溶液中沉淀到修饰 MHA 的电极上。此时 SWCNT 能介导电极与电活性的 FcCOOH 之间的 ET,得到强的氧化还原电流。当连在 DNA 上的小分子键合到蛋白质上后,此时 DNA 不被 Exo I 降解。由于静电和疏水排斥作用,捆缚着 DNA 的 SWCNT 不被吸附到带负电的 MHA 上。因此,随着蛋白质浓度的增加,FcCOOH 的电化学信号降低。用这种方法他们研究了定量分析叶酸和叶酸受体(FR)的相互作用及检测 FR 的方法。

近年来,测定蛋白质的各种新的传感器和方法也有报道。例如,测定黄曲霉毒素 M1 的微电极阵列免疫芯片、掺硼金刚石电极的电流蛋白免疫传感器和电化学原位荧光显微镜。Plaxco 研究组根据小分子与蛋白质相互作用设计了一种电化学蛋白质传感器。他们将小分子修饰在一个单链 DNA 一端。此 DNA 杂交到另一个一端固定在电极上而另一端修饰电活性亚甲基蓝(MB)的 DNA 上。在无目标蛋白质时,此双链 DNA 会与电极相碰。在电位扫描时,MB 有电流信号。当有目标蛋白质时,此小分子与目标蛋白质作用。此时由于蛋白质体积较大和与邻近的双链 DNA 上小分子相连,使此双链 DNA"挺"起来。这样 MB 与电极相碰的效率降低。在电位扫描时,MB 的电流信号降低。利用电流的变化可以检测相关的蛋白质。此外,他们还研究了根据电子逻辑门概念引申出的分子电子逻辑门生物传感器。

第 3 章 气相色谱法

3.1 气相色谱法概述

用气体作为流动相的色谱法称为气相色谱法(GC),是英国生物化学家马丁等在液液分配色谱的基础之上,于1952年创立的。根据固定相的状态不同,气相色谱法又可将其分为气-固色谱和气-液色谱。气-固色谱是采用多孔性固体为固定相,分离的主要对象是一些气体以及大部分低沸点的化合物。气-液色谱多用高沸点的有机化合物涂渍在惰性载体上作为固定相,一般只要在450℃以下,有1.5~10 kPa的蒸气压且热稳定性好的有机和无机化合物都可用气液色谱分离。由于在气-液色谱中可供选择的固定液种类很多,容易得到好的选择性,所以气-液色谱有广泛的实用价值。气-固色谱可供选择的固定相种类甚少,分离的对象不多,且色谱峰容易产生拖尾,因此实际应用相对不多。

气相色谱法具有以下几个特点。

(1)灵敏度高

可以分析10^{-11}~10^{-13} g的物质,可以检测出超纯气体、高分子单体和高纯试剂等数量级在10^{-10}数量级的杂质,非常适合于微量和痕量分析。

(2)选择性好

能分离分析性质极为相近的物质,如有机物中的手性物质,顺、反异构体,同位素,芳香烃中的邻、间、对位异构体、对映体积组成极复杂的混合物,如石油、污染水样和天然精油等。

(3)分析速度快

一般只需几分钟到几十分钟便可完成一次分析,如果用色谱工作站控制整个分析过程,自动化程度提高,分析速度更快。

(4)分离效能高

在较短时间内能够同时分离和测定极为复杂的混合物。例如,用空心毛细管柱能一次分析样品中的150个组分。

(5)应用范围广

可以分析气体、易挥发的液体和固体,包含在固体之中的气体。通常,只要沸点在500℃以下,且在操作条件下热稳定性良好的物质,理论上均可以采用气相色谱法进行分析。对于受热易分解或挥发性低的物质,通过化学衍生的方法使其转化为热稳定性或高挥发性的衍生物,同样可以实现气相色谱的分离和分析。

气相色谱法以其高效能的色谱柱、高灵敏的检测器以及计算机处理技术,在石油化工、生物技术、农副产品、食品工业、医药卫生等领域取得了广泛应用。

3.2 气相色谱法的分离原理

气相色谱的流动相一般为惰性气体,气-固色谱法中的固定相通常为表面积大且具有一定活性的吸附剂。当多组分的混合物样品进入色谱柱后,由于吸附剂对每个组分的吸附力不同,一段时间后,各组分在色谱柱中的运行速度也就不同。吸附力弱的组分容易被解吸下来,最先离开色谱柱进入检测器,而吸附力最强的组分最不容易被解吸下来,因此最后离开色谱柱。各组分在色谱柱中彼此分离,顺序进入检测器中被检测、记录下来。

气-液色谱中,以均匀涂在载体表面的液膜为固定相,这种液膜对各种有机物都具有一定的溶解度。当样品被载气带入柱中到达固定相表面时,就会溶解在固定相中。当样品中含有多个组分时,由于它们在固定相中的溶解度不同,一段时间后,各组分在柱中的运行速度也就不同。溶解度小的组分先离开色谱柱,溶解度大的组分后离开色谱柱。这样,各组分在色谱柱中彼此分离,再顺序进入检测器中被检测、记录下来。

3.3 气相色谱法的理论基础

3.3.1 塔板理论

3.3.1.1 塔板理论模型

在色谱分离技术发展的初期,马丁(Martin)和辛格(Synge)为解释色谱分离过程,将色谱柱比拟为由许多塔板组成的蒸馏塔,提出了半经验的塔板理论,即把一根连续的色谱柱设想成由许多小段组成。在每一小段内,一部分空间为固定相占据,另一部分空间充满流动相。组分随流动相进入色谱柱后,就在两相间进行分配。并假定在每一小段内组分可以很快地在两相中达到分配平衡,把这样一个小段称为一个理论塔板,一个理论塔板的长度称为理论塔板高度H。经过多次分配平衡,分配系数小的组分先离开蒸馏塔,分配系数大的组分后离开蒸馏塔。由于色谱柱内的塔板数相当多,即使组分的分配系数只有微小差异,仍可以获得好的分离效果。

虽然以上假设与实际色谱过程不符,如色谱过程是一个动态过程,很难达到分配平衡;组分沿色谱柱的轴向扩散是不可避免的。但是塔板理论导出了色谱流出曲线方程,成功地解释了流出曲线的形状(趋近于正态分布曲线)、浓度极大点的位置,并且能够评价色谱柱的柱效。

3.3.1.2 理论塔板数的计算

塔板理论中,每一块塔板的高度称为理论塔板高度,简称板高,用H表示。当色谱柱是直

的,色谱柱长为 L 时,理论塔板数 n 的表达式为

$$n = \frac{L}{H}$$

当 L 固定时,每次分配平衡需要的理论塔板高度 H 越小,则柱内理论塔板数 n 越多,组分在该柱内被分配于两相的次数就越多,柱效能就越高。

计算理论塔板数 n 的经验公式为

$$n = 5.54 \left(\frac{t_R}{W_{1/2}}\right)^2 = 16 \left(\frac{t_R}{W}\right)^2$$

可见,组分的保留时间越长,峰形越窄,理论塔板数 n 越大。

由于保留时间 t_R 中包括了死时间 t_M,而 t_M 不参与柱内的分配,即理论塔板数还不能真实地反映色谱柱的实际分离效能。因此实际应用中,计算出的 n 常常很大,但色谱柱的实际分离效能并不高。为此,常用 t'_R 代替 t_R 计算所得到的有效理论塔板数 $n_{有效}$ 来衡量色谱柱的柱效能。有效理论塔板数 $n_{有效}$ 的计算公式为

$$n_{有效} = \frac{L}{H_{有效}} = 5.54 \left(\frac{t'_R}{W_{1/2}}\right)^2 = 16 \left(\frac{t'_R}{W}\right)^2$$

式中,$n_{有效}$ 是有效理论塔板数;$H_{有效}$ 是有效理论塔板高度。

由于有效理论塔板数和有效理论塔板高度消除了死时间的影响,故用 $n_{有效}$ 和 $H_{有效}$ 来评价色谱柱的效能比较符合实际。但同一色谱柱对不同物质的柱效能是不一样的,当用这些指标来表示柱效能时必须说明是对什么物质来说的。

另外,由于分离的可能性只决定于试样混合物在固定相中分配系数的差别,而不决定于分配次数的多少,因此不能把有效理论塔板数看作能否实现分离的依据,只能看作是在一定条件下柱分离能力发挥程度的标志。

塔板理论成功地解释了流出曲线的形状、浓度极大点的位置并能合理地计算评价柱效能,但该理论的某些假设对实际色谱过程是不恰当的,塔板理论不能解释塔板高度受哪些因素影响、峰变宽的原因以及为什么在不同流速下可以测得不同的理论塔板数这一现象。

3.3.2 速率理论

1956 年,荷兰学者范·第姆特(Van Deemter)等在研究气液色谱时,提出了色谱过程动力学理论——速率理论。他们吸收了塔板理论中理论塔板高度的概念,并充分考虑了组分在两相间的扩散和传质过程,从而在动力学基础上较好地解释了影响理论塔板高度的各种因素。该理论模型对气相、液相色谱都适用。范·第姆特方程的数学简化式为

$$H = A + \frac{B}{u} + Cu$$

式中,u 为载气的线速度;A、B、C 为常数,分别代表涡流扩散项系数、分子扩散项系数及传质阻力项系数。现分别叙述各项所代表的物理意义。

3.3.2.1 涡流扩散项 A

在填充色谱柱中,当组分随流动相向柱出口迁移时,流动相由于受到固定相颗粒阻碍,不

断改变流动方向,使组分分子在前进中形成紊乱的类似涡流的流动,故称涡流扩散。涡流扩散现象如图 3-1 所示。

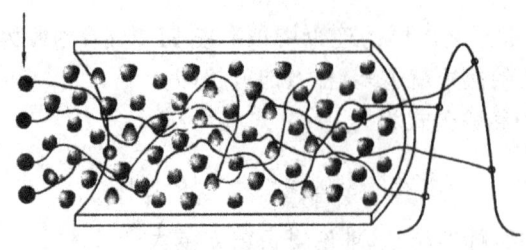

图 3-1 涡流扩散现象

由于填充物颗粒大小的不同及填充物的不均匀性,组分在色谱柱中路径长短不一,因而同时进色谱柱的相同组分到达柱口时间并不一致,引起了色谱峰的变宽。色谱峰变宽的程度由下式决定:

$$A = 2\lambda d_p \tag{3-1}$$

式中,d_p 为固定相的平均颗粒直径;λ 为固定相的填充不均匀因子。

式(3-1)表明,为了减少涡流扩散,提高柱效能,应使用细小的颗粒,并且填充均匀。但是 d_p 和 λ 之间又存在相互制约的关系。根据研究,如果颗粒较大,则装填时容易获得均匀密实的色谱柱,使 λ 减小。这样两者之间产生了矛盾。为了使 d_p 和 λ 之间得到协调,载体的粒度一般在 100~120 目为佳。对于空心毛细管,不存在涡流扩散,因此 $A=0$。

3.3.2.2 分子扩散项 $\dfrac{B}{u}$

样品随载气进入色谱柱后,以"塞子"的形式存在于色谱柱一小段空间内,在"塞子"的前后,样品组分由于存在浓度差而形成浓度梯度,使组分分子由高浓度向低浓度形成纵向扩散,因此该项也称为纵向扩散项。分子扩散现象如图 3-2 所示。分子扩散项系数可表示为:

$$\frac{B}{u} = 2\gamma D_g$$

式中,γ 为弯曲因子;D_g 为组分在气相中的扩散系数,m^2/s。

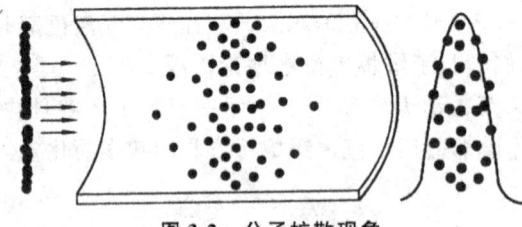

图 3-2 分子扩散现象

所谓弯曲因子,是指由于固定相的存在,使分子不能自由扩散,从而使扩散程度降低。在填充柱中,填充物的阻碍使扩散路径弯曲,扩散程度降低,$\gamma<1$。而空心毛细管柱由于不存在扩散的阻碍,$\gamma=1$。D_g 为组分在气相中的扩散系数,与组分的性质、柱温、柱压及载气的性质有关,与载气密度的平方根或载气分子量的平方根成反比,因此,使用分子量较大的载气可使

该项降低,减少分子扩散。此外,D_g 与柱温成正比,与柱压成反比。

3.3.2.3 传质阻力项 Cu

物质系统由于浓度不均匀而发生的物质迁移过程称为传质,影响传质过程进行的阻力称为传质阻力。传质阻力项 Cu 中的 C 称为传质阻力系数,包括气相传质阻力系数 C_g 和液相传质阻力系数 C_L,即

$$C = C_g + C_L$$

(1)气相传质过程

所谓气相传质过程,是指试样组分从气相移动到固定相表面的过程。在这一过程中,试样组分将在气液两相间进行分配。有的分子还来不及进入两相界面就被气相带走,有的则进入两相界面又不能及时返回气相。这样,由于试样在两相界面上不能瞬间达到平衡,引起滞后现象,从而使色谱峰变宽。对于填充柱,气相传质阻力系数 C_g 为

$$C_g = \frac{0.01 k^2}{(1+k)^2} \frac{d_p^2}{D_g} \qquad (3\text{-}2)$$

式中,k 为容量因子;D_g,d_p 意义同前。

由式(3-2)可以看出,气相传质阻力与 d_p 的平方成正比,与组分在载气中的扩散系数 D_g 成反比。因此,减小载体粒度,选择相对分子质量小的气体(如氢气)作载气,可降低传质阻力,提高柱效能。

(2)液相传质过程

所谓液相传质过程,是指组分从固定相的气、液界面移动到液相内部,并发生质量交换,达到分配平衡,然后又返回气、液界面的传质过程。液相传质阻力同样会造成色谱峰变宽。液相传质阻力系数 C_L 可表示为

$$C_L = \frac{2}{3} \frac{k}{(1+k)^2} \frac{d_f^2}{D_L}$$

式中,d_f 为固定相液膜厚度;D_L 为组分在液相中的扩散系数。可见,减小固定液的液膜厚度 d_f,增大组分在液相中的扩散系数 D_L 可减小液相传质阻力系数 C_L,减小峰扩张。但液膜厚度亦不能过薄,否则会减少样品容量,降低柱的寿命。

速率理论指出了填充均匀程度、颗粒粒度、载气种类、载气流速、柱温、固定液液膜厚度等影响柱效的因素,对分离条件的选择具有指导意义。

3.4 气相色谱固定相

气相色谱固定相分为两类:用于气固色谱的固体吸附剂,称为气固色谱固定相;用于气液色谱的液体固定相(包括固定液和载体)称为气液色谱固定相。

3.4.1 气固色谱固定相

气固色谱固定相是表面有一定活性的固体吸附剂。当被分析试样随载气进入色谱柱后,

因吸附剂对试样混合物中各组分的吸附能力不同,经过反复多次的吸附—脱附过程,使各组分彼此分离。

固体吸附剂主要用于惰性气体和H_2、O_2、N_2、CO_2等一般气体及$C_1 \sim C_4$低碳烃类气体的色谱分析,特别是对烃类异构体的分离具有很好的选择性和较高的分离效率。其缺点是吸附等温线常常为非线性,所得的色谱峰往往不对称。在高温下一般具有催化活性,不宜分离高沸点和含活性组分的有机化合物。

表3-1列出了气相色谱常用的固体吸附剂,可根据分析对象选择使用。

表 3-1 气固色谱常用的固体吸附剂

吸附剂	使用温度/℃	分析对象
硅胶	<400	$C_1 \sim C_4$烃类,N_2O、SO_2、H_2S、SF_6、SF_2、Cl_{12}等
活性炭	<300	惰性气体,CO_2、N_2和低沸点碳氢化合物
氧化铝	<400	$C_1 \sim C_4$烃类异构物
分子筛	<400	惰性气体,H_2、O_2、N_2、CO、CH_4、NO、N_2O等
石墨化碳黑	>500	高沸点有机化合物

3.4.2 气液色谱固定相

气液色谱固定相是表面均匀涂渍一薄层固定液的细颗粒固体,即分为载体和固定液两部分。

3.4.2.1 载体

载体应是一种具有化学惰性,多孔的固体颗粒,能提供一个具有大表面积的惰性表面(内、外)。具体要求如下:

①热稳定性好,有一定的机械强度,不易破碎。

②多孔性,即表面积较大,使固定液与试样的接触面较大。

③对载体粒度的要求,均匀、细小,将有利于提高柱效,通常会选用40～60目、60～80目或80～100目等。

④表面应是化学惰性的,即表面没有吸附性或吸附性很弱,更不能与被测物质起化学反应。

常用的气相色谱载体分为硅藻土型和非硅藻土型两大类,见表3-2。硅藻土型应用较多。由于处理加工的方法不同,硅藻土载体分为红色载体(担体)和白色载体(担体)两类。红色载体含有黏合剂,比表面积较大,一般约为$4.0\ m^2/g$,机械强度高,可担负较多的固定液;缺点是表面活性中心不易完全覆盖,分析极性物质时易出现谱峰拖尾现象。白色载体煅烧时加入了助熔剂碳酸钠,表面孔径粗,比表面积较小,一般只有$1.0\ m^2/g$,表面活性中心易于覆盖,有利于分析极性物质;缺点是机械强度差,如国产101和405载体等。

表 3-2　部分气相色谱载体

载体类型	名称	适用范围
白色硅藻土载体	101 白色载体,102 白色载体	分析极性或碱性组分
	101 硅烷化白色载体 102 硅烷化白色载体	高沸点氢键型组分
红色硅藻土载体	6201 载体,201 载体	非极性或弱极性组分
	301 载体,釉化载体	中等极性组分
非硅藻土载体	聚四氟乙烯载体	强极性组分
	玻璃球载体	高沸点、强极性组分

硅藻土载体表面存在着硅醇基及少量金属氧化物,分别会与易形成氢键的化合物及酸碱作用,产生拖尾,出现载体的钝化,因此需要除去这些活性中心。通常有以下几种方法可以选择。

①硅烷化法。将载体与硅烷化试剂反应,用于除去载体表面的硅醇基。主要用于分析具有形成氢键能力较强的化合物,如 101 和 102 硅烷化载体。

②酸洗法。用 6 mol/L HCl 浸泡 20~30 min,用于除去载体表面的铁等金属氧化物。酸洗载体可用于分析酸性化合物。

③碱洗法。用 5% KOH-甲醇液浸泡或回流,用于除去载体表面的 Al_2O_3 等酸性作用点,可用于分析胺类等碱性化合物。

3.4.2.2　固定液

固定液是试样能够分离的主体,发挥着关键作用。固定液通常是高沸点、难挥发的有机化合物或聚合物(有上千种)。不同种类的固定液,有其特定的使用温度范围,尤其是最高使用温度极限。必须针对被测物质的性质选择合适的固定液。

对固定液的要求如下:

①挥发性小,在使用温度下应具有较低的蒸气压,避免在长时间的载气流动下造成固定液的大量流失,使试样分析结果的重复性下降。

②热稳定性好,在较高的工作温度下不发生分解,故每种固定液应给出最高使用温度。

③化学稳定性好,不与试样发生不可逆化学反应。

④选择性好,对试样各组分分离能力强,各组分的分配系数差别要大。

⑤熔点不能太高,在室温下固定液不一定为液体,但在使用温度下一定呈液体状态,以保持试样在气液两相中的分配。故每种固定液也应清楚标明最低使用温度。

⑥对试样中的各组分有适当的溶解性能,对易挥发的组分有足够的溶解能力。

⑦有合适溶剂溶解,使固定液能均匀涂敷在担体表面,形成液膜。

表 3-3 列出几种常用固定液。

表3-3 常用固定液

固定液		最高使用温度/℃	常用溶剂	相对极性	分析对象
非极性	十八烷	室温	乙醚	0	低沸点碳氢化合物
	角鲨烷	140	乙醚	0	C_8以前的碳氢化合物
	阿匹松(L.M.N)	300	苯、氯仿	+1	各类高沸点有机化合物
	甲基烷聚硅氧烷	220	丙酮、氯仿	+1	高沸点非极性、弱极性化合物
	硅橡胶(SE-30,E-301)	300	丁醇+氯仿(1+1)	+1	各类高沸点有机化合物
中等极性	癸二酸二辛酯	120	甲醇、乙醚	+2	烃、醇、醛酮、酸酯各类有机物
	邻苯二甲酸二壬酯	130	甲醇、乙醚	+2	烃、醇、醛酮、酸酯各类有机物
	丁二酸二乙二醇酯	200	丙酮、氯仿	+4	
	磷酸三苯酯	130	苯、氯仿、乙醚	+3	芳烃、酚类异构物、卤化物
极性	苯乙腈	常温	甲醇	+4	卤代烃、芳烃和$AgNO_3$一起分离烷烯烃
	二甲基甲酰胺	20	氯仿	+4	低沸点碳氢化合物
	有机皂-34	200	甲苯	+4	芳烃、特别对二甲基异构体有高选择性
	β,β'-氧二丙腈	<100	甲醇、丙酮	+5	分离低级烃、芳烃、含氧有机物
氢键型	甘油	70	甲醇、乙醇	+4	醇和芳烃、对水有强滞留作用
	季戊四醇	150	氯仿+丁醇(1+1)	+4	醇、酯、芳烃
	聚乙二醇-400	100	乙醇、氯仿	+4	极性化合物:醇、酯、醛、腈、芳烃
	聚乙二醇20M	250	乙醇、氯仿	+4	极性化合物:醇、酯、醛、腈、芳烃

目前,能用作固定液的高沸点有机化合物已有四五百种之多,为了便于在工作中选择所需的固定液,研究者从不同角度出发,根据固定液的化学结构、官能团性质、固定液相对极性及分析对象等提出了几种分类方法。其中按相对极性分类是目前最常用的一种分类方法。此法规定强极性的β,β'-氧二丙腈的极性为+5,非极性的角鲨烷的极性为零。其他固定液的极性按下述方法测定。

选一个物质对,如丁二烯和正丁烷,分别在β,β'-氧二丙腈固定液柱、角鲨烷固定液柱和待测固定液柱上测定所选物质对的相对保留时间,并取其对数

$$q = \lg \frac{t'_{R,丁二烯}}{t'_{R,正丁烷}}$$

然后根据下式求得被测固定液的相对极性P_x:

$$P_x = 100 - 100 \frac{q_1 - q_x}{q_1 - q_2}$$

式中,q_1、q_2、q_x分别为在β,β'-氧二丙腈柱、角鲨烷柱和被测固定液柱上物质对的相对保留值的对数值。

各种固定液的相对极性都落在0~100之间。固定液的相对极性分为五级,每20个相对单位为一级,0、+1级称为非极性固定液,+2级为弱极性固定液,+3级为中等极性固定液,

+4、+5 级为强极性固定液(表 3-3)。

在实际工作中,可参考文献资料和个人经验来选择固定液,选择时常常运用"相似性原理",即若组分和固定液分子在官能团、化学键、极性或其他化学性质等方面具有某些相似性,则它们之间的作用力大,组分在固定液中的溶解度大,组分的分配系数大,保留时间长。反之,则保留时间短,然后通过实验对比来确定。选择固定液时常见以下几种情况。

①分离中等极性的组分,可选用中等极性固定液。
②分离非极性组分,可选用非极性固定液。
③分离极性组分,可选用极性固定液。
④分离极性和非极性混合组分,可选用极性固定液。
⑤分离能形成氢键的组分,可选用极性或氢键型固定液。
⑥对于复杂样品的分离,可选用特殊固定液或混合固定液。
⑦对于性质不明的未知样品,可试用5种优选固定液。

3.5 气相色谱仪

如图 3-3 所示是气相色谱仪的一般流程示意图。气相气相色谱仪一般由载气源(包括压力调节器、净化器)、进样器(也可称为气化室)、色谱柱与柱温箱、检测器和数据处理系统构成。进样器、柱温箱和检测器分别具有温控装置,可达到各自的设定温度。最简单的数据处理系统是记录仪,现代数据处理系统都是由既可存储各种色谱数据,计算测定结果,打印图谱及报告,又可控制色谱仪的各种实验条件,如温度、气体流量、程序升温等的工作站处理,一般而言,这些工作站由计算机和专用色谱软件组成的。

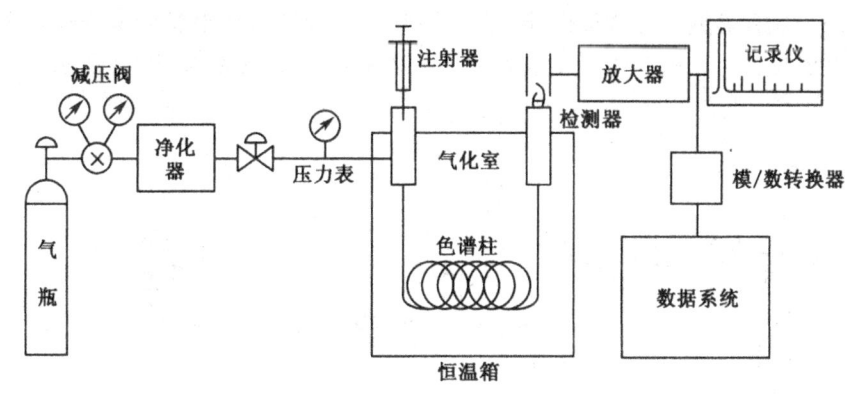

图 3-3 气相色谱仪的一般流程示意图

根据各部分的功能,气相色谱仪可分为气路系统、进样系统、分离系统、检测系统、记录系统和温度控制系统六大系统。组分能否分离,色谱柱是关键;分离后的组分能否产生信号则取决于检测器的性能和种类。所以分离系统和检测系统是核心。

3.5.1 气路系统

这是进行气相色谱的必备条件。气路系统是一个载气连续运行、管路密闭的系统。载气的纯度、流速对检测器的灵敏度、色谱柱的分离效能均有很大影响。气路系统包括气源、气体净化、气体流速控制和测量。其作用是将载气及辅助气进行稳压、稳流和净化,以提供稳定而可调节的气流以保证气相色谱仪的正常运转。

常用的载气有氮气、氢气、氦气和氩气等,实际应用中载气的选择主要根据检测器的特性来决定。这些气体一般由高压钢瓶供给,纯度要求在99.99%以上。市售的钢瓶气如纯氮、纯氢等往往含有水分等其他杂质,需要纯化。常用的纯化方法是使载气通过一个装有净化剂(硅胶、分子筛、活性炭等)的净化器来提高气体的纯度。硅胶、分子筛的作用是除去载气中的水分,活性炭吸附载气中的烃类等大分子有机物。

载气流速的稳定性、准确性同样对测定结果有影响。载气流速范围常选在30~100 mL/min,流速稳定度要求小于1%,用气流调节阀来控制流速,如稳压阀、稳流阀、针形阀等。柱前的载气流速常用转子流速计指示,柱后流速常用皂膜流速计测量。由此测得的柱出口流速要对水蒸气影响和温度进行校正。

色谱柱内的不同位置压力是不同的,这就决定了载气流速也是不同的。一般用平均流速 $\overline{F}_c$ 表示,即

$$\overline{F}_c = jF_{co} = \frac{3}{2}\frac{(p_i/p_o)^2-1}{(p_i/p_o)^3-1}F_{co}$$

式中,j 为压力校正因子;p_o 为柱出口处压力;p_i 为柱入口处压力,即柱前压;F_{co} 为扣除水蒸气压并经温度校正后的柱出口流速。

气路结构可分为单柱单气路和双柱双气路两类。前者适用于恒温分析,一些较简单的气相色谱仪均属于这种类型。后者可以补偿气流不稳定固定液流失对检测器产生的干扰,特别适合于程序升温操作。目前多数气相色谱仪属于这种类型,其气路如图3-4所示。

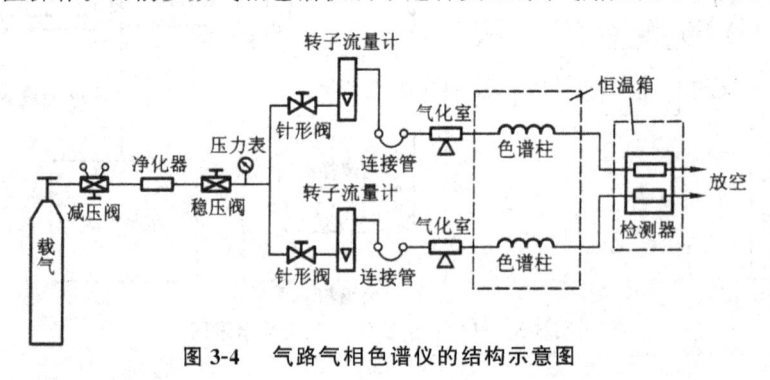

图3-4 气路气相色谱仪的结构示意图

3.5.2 进样系统

进样就是把试样快速而定量地加到色谱柱上端,以便进行分离。进样系统包括进样器和

气化室两部分。

3.5.2.1 进样器

液体试样用微量注射器进样。对于气态试样,除了可用注射器(如 50,100 mL)外,还可用六通阀进样。如图 3-5 所示是旋转六通阀示意图。当阀处于位置(a)时,流动相直接引入柱中,试样环管 ACB 充有试样。把阀转过 45°处于位置(b)时,则使流动相通过试样环管携带试样进入柱中。该法进样重现性较好,体积相对误差较小,使用时可将六通阀接入图 3-4 所示的连接管处。

3.5.2.2 气化室

气化室的作用是将液体试样迅速、完全气化。对气化室的要求是密封性好、体积小、热容量大、对试样无催化效应。简单的气化室就是一段金属管,外套加热块。设计良好的气化室,管内衬有玻璃管。气化室的进样口用硅橡胶垫片密封,由散热式压盖压紧(图 3-6)。

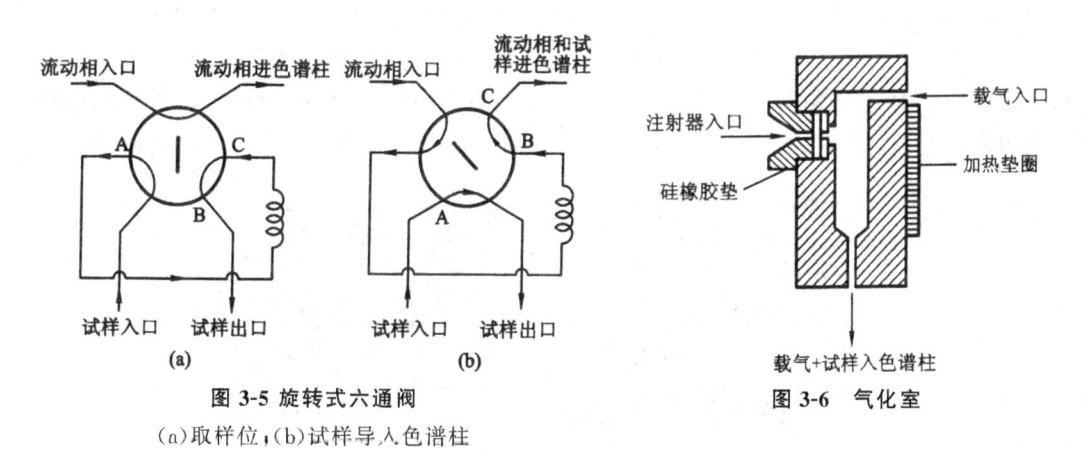

图 3-5 旋转式六通阀
(a)取样位,(b)试样导入色谱柱

图 3-6 气化室

3.5.3 分离系统

分离系统主要由色谱柱构成,是气相色谱仪的心脏。它的功能是使试样在色谱柱内运行的同时得到分离。试样中各组分分离的关键,主要取决于色谱柱的效能和选择性。色谱柱中的固定相是色谱分离的关键部分。根据色谱柱的形状和特性,色谱柱主要分为填充柱和毛细管柱两大类。

填充柱一般采用不锈钢、玻璃、尼龙、熔融石英材料制成,内径为 2~4 mm,长度为 1~10 m,形状有 U 形、螺旋形等,内装固定相。

毛细管柱又称为空心柱,分为涂壁、多孔层和涂载体空心柱。通常为内径 0.1~0.5 m、长 25~300 m 的石英玻璃柱,呈螺旋形,其固定相是涂在或键合在毛细管壁上。毛细管色谱柱渗透性好,传质阻力小,而柱子可以做到长几十米,且分离效率高(理论塔板数可达 10^6),分析速度快、样品用量小,但柱容量低,要求检测器的灵敏度高,并且制备较难。

对色谱柱箱的要求是：使用温度范围宽，控温精度高，热容小，升温、降温速度快，保温好。

3.5.4 检测系统

检测器是气相色谱仪的关键部件，其作用是将经过色谱柱分离后的各组分的量转变成便于记录的电信号，再对被分离物质的组成和含量进行鉴定和测量。原则上，被测组分和载气在性质上的任何差异都可以作为设计检测器的依据，但在实际中常采用的检测器只有几种，这些检测器结构简单，使用方便，具有通用性或选择性。

3.5.4.1 热导池检测器

热导池检测器(TCD)结构简单、性能稳定、线性范围宽，对无机物及有机物均有响应，而且价格便宜，因此是气相色谱中应用最广泛、最成熟的一种检测器。其主要缺点是灵敏度较低。

热导池由池体和热敏元件组成，可分为双臂热导池和四臂热导池两种，分别如图3-7(a)和(b)所示。在不锈钢池体上钻有两个或四个大小相同、形状完全对称的孔道，孔内各装一根长短、粗细和电阻值完全相同的金属丝作热敏元件。为提高检测器的灵敏度，一般选用电阻率高、电阻温度系数(即温度每变化1℃，导体电阻的变化值)大的钨丝、铼钨丝作热敏元件。

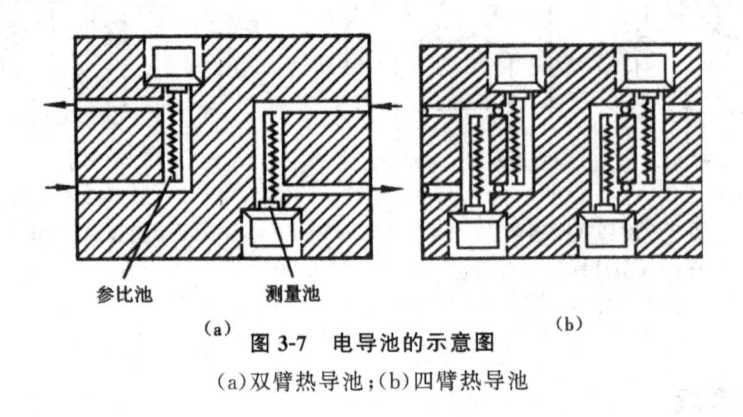

图 3-7 电导池的示意图
(a)双臂热导池；(b)四臂热导池

用两根金属丝作热敏元件的称为双臂热导池，一臂为参比池，另一臂为测量池，此两臂由两个等值的固定电阻组成电桥。用四根金属丝作热敏元件的称为四臂热导池，其中两臂是参比池，另两臂是测量池，四臂组成电桥。

热导池作为检测器是基于被测组分的蒸气与载气具有不同的热导系数。将热导池的两个臂与两个固定电阻组成惠斯通电桥(图3-8)。R_1 和 R_2 分别为参比池和测量池钨丝的电阻，它们分别连于电桥中作为两臂，且 $R_1=R_2$；R_3 和 R_4 分别为固定电阻。

当纯载气以一定的流速进入两臂后，再在钨丝上通以恒定的电流，则钨丝被加热到一定的温度，钨丝的电阻值亦上升到一定值。在未进样时，热导池两臂只有载气通过，由于载气的热导作用，钨丝的温度下降，电阻减小。但两臂的钨丝温度和电阻值的变化是相同的，即 $R_1R_3=R_2R_4$，电桥处于平衡状态，M、N 两端无电位差，没有信号输出，记录下来的是一条平直的基线。

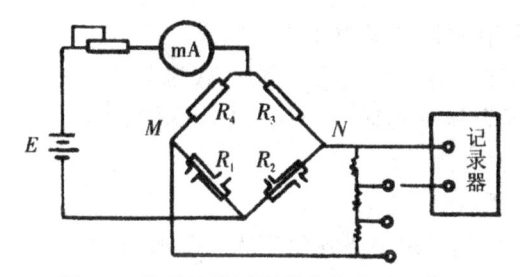

图 3-8 热导池检测器的电桥线路示意图

当载气携带试样进入测量池时,由于混合气和纯载气的热导系数不同,测量池和参比池中钨丝的温度和电阻产生不等值的变化,这时 $R_1R_3 \neq R_2R_4$,电桥失去平衡,M、N 两端产生了不平衡电位差,就有电压信号输出,记录仪上出现色谱峰。

载气中被测组分的浓度越大,测量池中气体热导系数的改变也就越大,池内钨丝温度及电阻值的改变也越大,M、N 两端输出电压的数值也越大。因此,热导池检测器的响应信号与进入热导池载气中的组分浓度成正比。

3.5.4.2 氢火焰离子化检测器

氢火焰离子化检测器(FID)简称氢焰检测器。它具有灵敏度高、死体积小、响应快、线性范围宽、稳定性好、定量准确、结构亦不复杂等优点。它的灵敏度一般较热导池检测器高出近 3 个数量级,能够检测 μg/mL 级的痕量物质,是目前常用的检测器之一。但它仅对有机物有响应,而对无机物、永久性气体和水等基本上无响应,所以很适合于水中和大气中痕量有机物的分析。

氢焰检测器主要部件是离子室,一般用不锈钢制成。在离子室的下部,有气体入口、火焰喷嘴、一对电极——发射极(阴极)和收集极(阳极)和外罩。氢焰检测器的结构如图 3-9 所示。

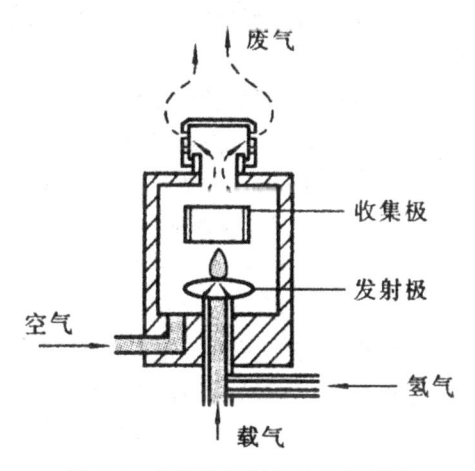

图 3-9 氢焰检测器的结构示意图

在发射极和收集极之间加有一定的直流电压(100～300 V)构成一个外加电场。氢焰检测器需要用到 3 种气体:N_2 作为载气携带试样组分;H_2 作为燃气;空气作为助燃气。使用时需要调整三者的比例关系,使检测器灵敏度达到最佳。

氢焰检测器的工作原理如图 3-10 所示。其中,A 区为预热区,B 区为点燃火焰,C 区为热裂解区(温度最高);D 区为反应区。

检测器工作步骤如下所示。

① 当含有机物 C_nH_m 的载气由喷嘴喷出进入火焰时,在 C 区发生裂解反应产生自由基,反应式如下:

$$C_nH_m \longrightarrow \cdot CH$$

② 产生的自由基在 D 区火焰中与外面扩散进来的激发态原子氧或分子氧发生反应,反应式如下:

$$\cdot CH + O \longrightarrow CHO^+ + e^-$$

③ 生成的正离子 CHO^+ 与火焰中大量水分子碰撞而发生分子离子反应,反应式如下:

$$CHO^+ + H_2O \longrightarrow H_3O^+ + CO$$

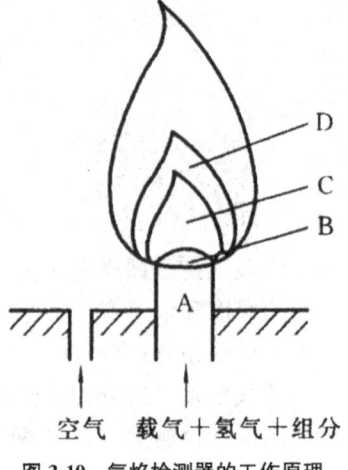

图 3-10 氢焰检测器的工作原理

④ 化学电离产生的正离子和电子在外加恒定直流电场的作用下分别向两极定向运动而产生微电流($10^{-16} \sim 10^{-14}$ A)。

⑤ 在一定范围内,微电流的大小与进入离子室的被测组分质量成正比,所以氢焰检测器是质量型检测器。

⑥ 组分在氢焰中的电离效率很低,大约五十万分之一的碳原子被电离。

⑦ 离子电流信号输出到记录仪,得到峰面积与组分质量成正比的色谱流出曲线。

3.5.4.3 电子捕获检测器

电子捕获检测器(ECD)在应用上是仅次于热导池和氢火焰的检测器。它只对具有电负性的物质有响应,如含有卤素、硫、磷、氮的物质有响应,且电负性越强,检测器灵敏度越高。其最小检测浓度可达 10^{-14} g/mL。

在检测器的池体内(图 3-11),装有一个圆筒状的 β 射线放射源作为负极,以一个不锈钢棒作为正极,在两极施加直流电或脉冲电压。通常用氚(^{3}H)或镍的同位素 ^{63}Ni 作为放射源。前者灵敏度高,安全易制备,但使用温度较低(<190℃),寿命较短,半衰期为 12.5 年。后者可在较高的温度(350℃)下使用,半衰期为 85 年,但制备困难,价格昂贵。

对该检测器结构的要求是气密性好,保证安全;绝缘性好,两极之间和电极对地的绝缘电阻要大于 500 MΩ;池体积小,响应时间快。

当载气(通常用高纯氮)进入检测室,在 β 射线的作用下发生电离,产生正离子和低能量的电子:

$$N_2 \longrightarrow N_2^+ + e^-$$

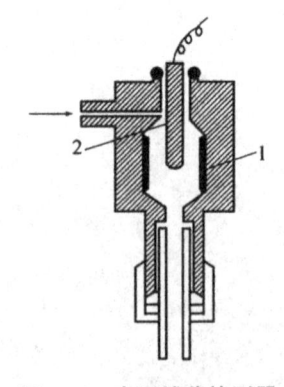

图 3-11 电子捕获检测器的结构示意图

生成的正离子和电子在电场作用下分别向两极运动,形成恒定的电流,称为基流。当含电负性强的元素的物质 AB 进入检测器时,就会捕获这些低能电子,产生带负电荷的分子或离子并释放出能量：

$$AB + e^- \longrightarrow AB^- + e$$

带负电荷的分子或离子和载气电离生成的正离子结合生成中性化合物，被载气带出检测室外，从而使基流降低，产生负信号，形成倒峰。组分浓度越高，倒峰越大。因此，电子捕获检测器是浓度型的检测器。

3.5.4.4 火焰光度检测器

火焰光度检测器是对含硫、磷的有机化合物具有高度选择性和高灵敏度的检测器，因此也叫作硫磷检测器。它是根据含硫、含磷化合物在富氢-空气火焰中燃烧时，将发射出不同波长的特征辐射(图 3-12)的原理设计而成。

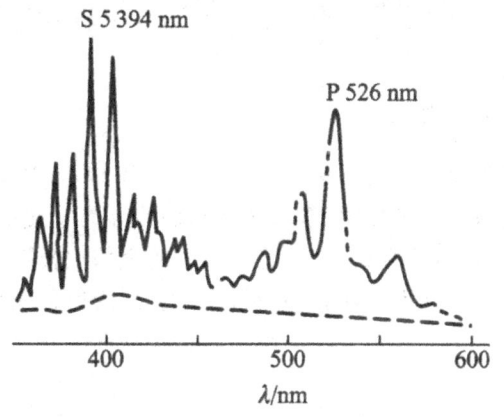

图 3-12 硫、磷化合物的特征发射光谱

火焰光度检测器实际上就是一台简单的火焰发射光度计。由火焰喷嘴、滤光片和光电倍增管 3 部分组成(图 3-13)。

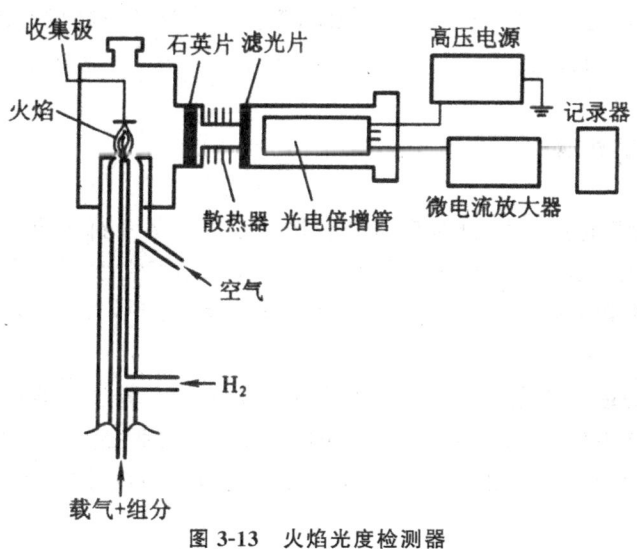

图 3-13 火焰光度检测器

3.5.4.5 热离子化检测器

热离子化检测器(TID)是在火焰离子化检测器基础上发展起来的一种高选择性检测器,对含杂原子(N 和 P 等)的有机化合物具有很高的灵敏度,因此也被称作氮磷检测器(NPD)。由于热离子化检测器的结构简单、操作方便,目前应用愈来愈广泛。

热离子化检测器内铷盐玻璃珠或陶瓷环上的 Rb^+,从加热电路中得到电子,生成中性铷原子,铷原子在冷氢焰中受热蒸发。当含 N 和 P 的化合物进入冷氢焰(700~900℃)后会分解产生电负性基团。这些电负性基团会和热离子源表面的铷原子蒸气发生作用,夺取其电子生成负离子。负离子在高压电场下移向正电子的收集极,产生电信号,而铷原子失去电子后重新生成正离子,回到热离子源表面循环。检测器使用的冷氢焰,在火焰喷嘴处还不足以形成正常燃烧的氢火焰,因此烃类在冷氢焰中不产生电离,从而产生对 N 和 P 化合物的选择性检测。

3.5.4.6 原子发射检测器

原子发射检测器(AED)是一种比较新的检测器。工作时,将被测组分导入一个与光电二极管阵列光谱检测器耦合的等离子体中,等离子体提供足够能量使组分样品全部原子化,并使之激发出特征原子发射光谱,经分光后,含有光谱信息的全部波长聚焦到二极管阵列。用电子学方法及计算机技术对二极管阵列快速扫描,采集数据,最后可得三维色谱光谱图。

3.5.5 记录系统

记录仪可以将检测器产生的电信号记录下来,以便得到一张永久的色谱图。记录系统的作用是采集并处理检测系统输出的信号以及显示和记录色谱分析结果,主要包括记录仪,有的色谱仪还配有数据处理器。现代色谱仪多采用色谱工作站的计算机系统,不仅可对色谱数据进行自动处理和记录,还可对色谱参数进行控制,提高了定量计算精度和工作效率,实现了色谱分析数据操作处理的自动化。

3.5.6 温度控制系统

色谱柱恒温箱、气化室和检测器都需要加热和控温。因各部分要求的温度不同,故需要三套温控装置。通常情况下,气化室温度比色谱柱恒温箱温度高 10~30℃,以保证试样能瞬间气化;检测器温度与色谱柱恒温箱温度相同或稍高于后者,以免试样组分在检测室内冷凝。

气相色谱操作的最重要的参数之一是柱温,它与柱效和分离度都直接相关。良好的柱温控制对毛细管色谱柱更为重要,毛细管色谱柱的柱径细,对温度变化更为敏感。操作时根据被测试样的具体情况设定柱温。最高柱温应低于固定液最高使用温度 20~50℃,以防固定液流失。

恒温操作常用于一个或几个组分的分析。分析周期内柱温保持在某一恒定温度。在保证被测组分充分分离的前提下,尽量设定较高柱温,以缩短分析时间。

程序升温用于组分沸点范围很宽的试样。所谓程序升温,是指每一个分析周期内柱温连续由低温向高温有规律地变化。柱温变化可根据试样具体情况设计,可以是线性变化,也可是非线性的变化。

3.6 气相色谱实验技术

3.6.1 载气种类与载气流速的选择

3.6.1.1 载气种类的选择

载气种类的选择应考虑3个方面:载气对柱效的影响、检测器要求和载气性质。可用作载气的气体较多,应用最多的是氢气、氮气和氦气。

(1) 氢气

用作载气的氢气,其纯度要求在99.99%以上。氢气易燃、易爆,使用时应特别小心。由于氢气的相对分子质量小、热导率大、黏度小,因此在使用热导检测器时,常用它作为载气。

(2) 氮气

用作载气的氮气纯度也要求在99.99%以上。氮气的扩散系数小,因此可以得到较高的柱效,常用作除热导检测器外的其他几种检测器的载气。氮气热导率小,使热导检测器的灵敏度较低,不宜采用。

(3) 氦气

热导率大,黏度小,使用安全,可用于热导池检测器和氢火焰离子化检测器。

3.6.1.2 载气流速的选择

载气流速会影响柱效能、分离效能和分析时间。由 $H = A + B/\bar{u} + C\bar{u}$ 可知,涡流扩散项与载气流速无关,分子扩散项与载气流速成反比,传质阻力项与载气流速成正比。以板高为纵坐标,载气线速 $\bar{u}$ 为横坐标对上述三项分别作图,如图3-14所示。其中 $H_1 = A$ 是一条水平直线;$H_2 = B/\bar{u}$ 为一条反比例双曲线;$H_3 = C\bar{u}$ 为一条斜率为 C 的经过原点的直线。此三项之和等于板高,即 $H = H_1 + H_2 + H_3$,因此总的结果为图上部的曲线。该曲线的最低点所对应的载气流速为最佳流速,在此流速下,板高最小,柱效最高。

从图3-14可看出,当 $\bar{u}$ 很低时,$B/\bar{u}$ 项对 H 的贡献最大;而 $\bar{u}$ 很高时,$C\bar{u}$ 项对 H 影响突出。为了缩短分析时间,通常使载气流速略大于 $\bar{u}_{最佳}$。在快速色谱法中,载气流速则要大大高于 $\bar{u}_{最佳}$。此时,$B/\bar{u}$ 对 H 的影响可以忽略,欲降低 H,主要考虑 $C\bar{u}$ 项的影响。

在实际工作中,通常用体积流速表示载气的流量。对于填充柱,用 N_2 作载气时,流量可取 20~60 mL/min;用 H_2 作载气时,流量可选 40~90 mL/min。

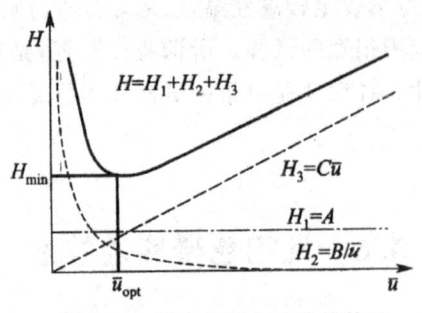

图 3-14 板高与载气流速的关系

3.6.2 柱温与气化室温度的选择

3.6.2.1 柱温的选择

柱温是一个重要的操作变数,直接影响到分离效能和分析速度。选择柱温的根据是混合物的沸点范围、固定液的配比和鉴定器的灵敏度。提高柱温可缩短分析时间;降低柱温可使色谱柱选择性增大,有利于组分的分离和色谱柱稳定性提高,柱寿命延长。通常采用等于或高数十摄氏度于样品的平均沸点的柱温较为合适,对易挥发样品用低柱温,不易挥发的样品采用高柱温。

当保留值保持不变,降低固定液含量,就可以降低柱温。降低柱温又使色谱柱选择性增大,而选择性增大则达到一定分离度所需塔板数降低,从而有利于难分离物质对的分离。对于高沸点试样,降低固定液含量来降低柱温,然后可以在较低柱温下分析,这就使可供选用的高温固定液的数目增加了,色谱柱的稳定性也由于柱温的降低而增加。但是固定液含量过低,柱温过低,易引起色谱峰的前伸或拖尾。

另外,提高柱温有利于提高柱效能。柱温的倒数与保留值的对数呈线性关系,因此升高柱温可缩短分析时间。

3.6.2.2 气化室温度的选择

合适的气化室温度既能保证样品全部组分瞬间完全气化,又不引起样品分解。一般气化室温度比柱温高 30~50℃。温度过低,气化速度慢,使样品峰过宽,温度过高则产生裂解峰,而使样品分解。温度是否合适可通过实验检查:如果温度过高,出峰数目变化,重复进样时很难重现;温度太低则峰形不规则;若温度合适则峰形正常,峰数不变,并能多次重复。

3.6.3 担体与固定液含量的选择

3.6.3.1 担体的选择

担体的粒度直接影响涡流扩散和气相传质阻力,对液相传质也有间接的影响。载体的颗粒越小,柱效就越高。但粒度过小,其阻力和柱压会急剧增大。一般应要根据柱径来选择担体的粒度,担体直径为柱内径的 1/20~1/25 为宜。担体粒度越均匀,形状越规则,就越有利于提高柱效。

3.6.3.2 固定液含量的选择

固定液含量是指固定液与担体的质量之比,又称为液载比或液担比。固定液含量的选择与被分离组分的极性、沸点以及固定液本身的性质等多种因素有关。高液担比有利于提高选择性和柱容量,但太高,又会使担体颗粒之间阻力增加,柱效下降,分析时间较长,故液担比一般不超过 30%;液担比低时,传质阻力小,柱效高,可使用较低的温度,使分析时间缩短,但需要较灵敏的检测器。如果液担比太小,固定液量不能覆盖担体表面上的吸附中心,则柱效会下降。综上所述,实际常用的液担比为 3%~20%。

对于低沸点化合物,多采用高液担比柱;高沸点化合物,多采用低液担比柱。随着担体表面处理技术和高灵敏度检测器的采用,现多用低含量固定液,一般填充柱液担比<10%,空心柱液膜厚度为 0.2~0.4 μm。

3.6.4 柱长与柱内径的选择

增加柱长对提高分离度有利(分离度 R 正比于柱长的平方 L^2),但组分的保留时间 t_R 将延长,且柱阻力也将增大,不便操作。

柱长的选用原则是在能满足分离目的的前提下,尽可能选用较短的柱,有利于缩短分析时间。填充色谱柱的柱长通常为 1~3 m。可根据要求的分离度通过计算确定合适的柱长或通过实验确定合适的柱长。

柱内径的增加,可以增加柱容量,即进入样品的量增加,但纵向扩宽增大,柱效降低。在实际工作中,填充柱的内径一般为 3~6 mm。

3.6.5 进样时间与进样量的选择

进样速度必须快。进样慢,试样原始宽度将变大,色谱峰随之变宽,峰形可能改变。进样时间一般为 1 s 以内。

进样量取决于色谱柱的柱长、柱径和固定液的含量。柱径大、固定液量高的柱子,可以适当增加进样量,但进样量过大,导致色谱柱超负荷,峰形变宽,保留时间变化,柱效下降。液体样品在 0.1~5 μL,气体试样在 0.1~10 mL。

3.6.6 色谱柱的填充与老化

色谱柱填料制备完毕后,过筛,以除去涂渍过程中产生的细粉,再装柱。装填一般采用减压装柱法。将柱管的一端用玻璃棉或其他的透气性好的材料隔层后与真空泵系统相连,另一端通过漏斗加入固定相。在装填固定相时,边抽气边用小木棒轻轻敲打柱管的各个部位,使固定相装填紧密而均匀,直至装满,再将柱管两端的填料展平后塞入玻璃棉备用。

为了彻底清除固定相中残余的溶剂和易挥发物质,使固定液液膜变得更均匀,能牢固地分布在担体表面上,对填充的色谱柱必须进行老化。老化的方法是把柱子入口端与气化室出口相接,另一端放空,通入载气,先在低柱温下加热,再慢慢将柱温升至固定液最高使用温度之下 20~30℃ 为止。然后接入检测器,观察记录的基线,平直的基线表明老化处理完毕。

3.6.7 气相色谱仪的日常维护

3.6.7.1 气路的清洗

色谱仪工作一段时间后,在色谱柱与检测器间的管路可能被污染,最好卸下来用乙醇浸泡冲洗几次,干燥后再接上。空气压缩机出口至色谱仪空气入口间,经常会出现冷凝水,应将入口端卸开,再打开空气压缩机吹干。为清洗气化室,可先卸掉色谱柱,在加热和通载气的情况下,由进样口注入乙醇或丙酮反复清洗,继续加热通载气使气化室干燥。

3.6.7.2 热导池检测器的清洗

拆下色谱柱,换上一段干净的短管,通入载气,将柱箱及检测器升温到 200~250℃,从进样口注入 2 mL 乙醇或丙酮,重复几次,继续通载气至干燥。若没清洗干净,需小心卸下检测器,用有机溶剂浸泡、冲洗。切勿将热丝冲断或使其变形,与池体短路。

3.6.7.3 氢火焰检测器的清洗

发现离子室发黑、生锈、绝缘能力降低而发生漏电时,可卸下收集极、极化极和喷嘴,用乙醇浸泡擦洗,再吹干。最后将陶瓷绝缘体用乙醇浸泡、冲洗、吹干。

3.7 气相色谱法的应用

3.7.1 在环境保护方面的应用

气相色谱法能够测定大气污染物中卤化物、硫化物、氮化物、芳香烃化合物和水中的可溶性气体、农药、酚类、多卤联苯等。如图 3-15 所示是水中常见有机溶剂的分离分析色谱图。

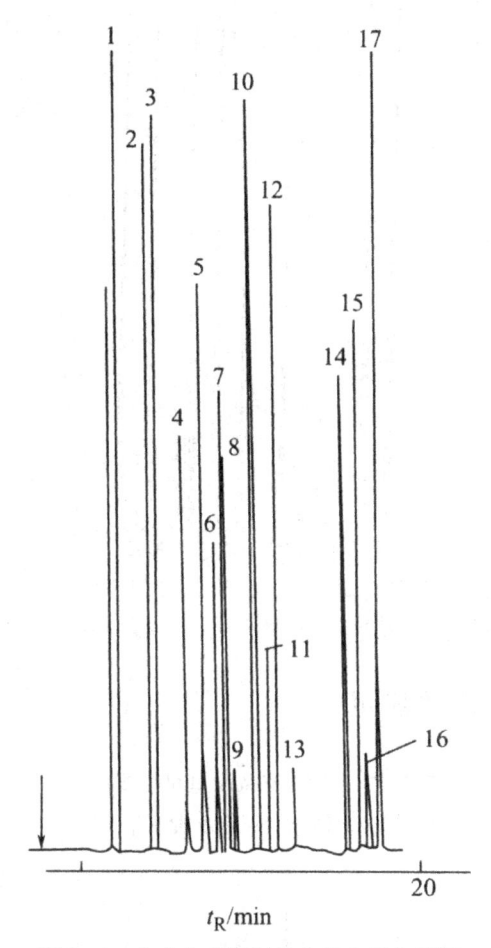

图 3-15 水中有机溶剂的分离分析色谱图

色谱峰：1—乙腈；2—甲基乙基酮；3—仲丁醇；4—1,2-二氯乙烷；5—苯；6—1,1-二氯丙烷；7—1,2-二氯丙烷；8—2,3-二氯丙烷；9—氯甲代氧丙环；10—甲基异丁基酮；11—反-1,3-二氯丙烷；12—甲苯；13—未定；14—对二甲苯；15—1,2,3-二氯丙烷；16—2,3-二氯取代的醇；17—乙基戊基酮

色谱柱：CP-Sil 5CB

3.7.2 在食品卫生方面的应用

气相色谱可用于测定食品中的各种组分、食品添加剂以及食品中的污染物，尤其是农药残留。如图 3-16 所示是有机氯农药色谱图。

图 3-16 有机氯农药色谱图

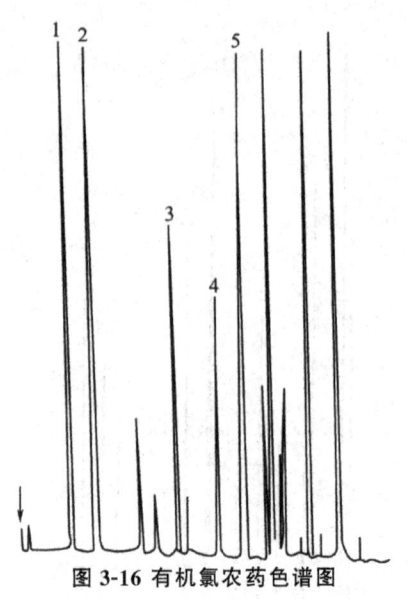

色谱峰：1—林丹；2—环氧七氯；3—艾氏剂；4—狄氏剂；5—p',p'-滴滴涕

色谱柱：SE-52

3.7.3　在石油化工方面的应用

石油化工产品包括各种烃类物质、汽油、柴油、重油与蜡等。早期，气相色谱法的目的之一便是快速有效地分析石油化工产品。如图 3-17 所示是 $C_1 \sim C_5$ 烃的分离分析色谱图。

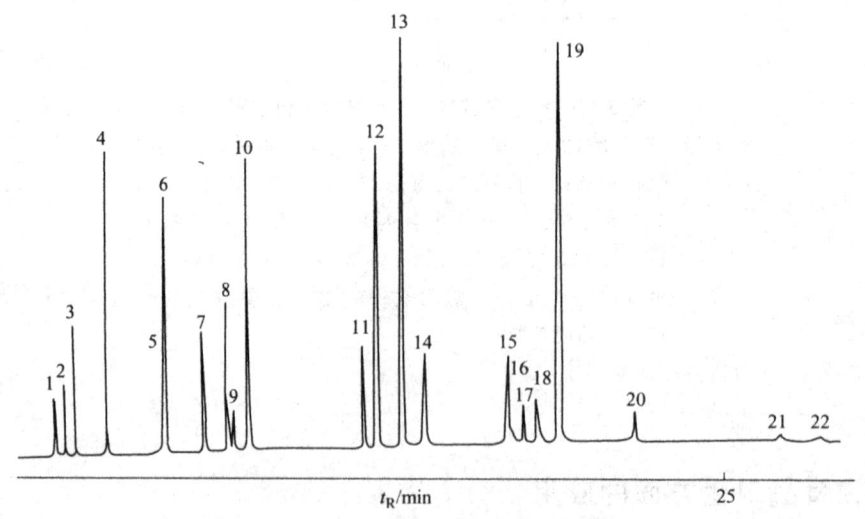

图 3-17　$C_1 \sim C_5$ 烃类物质的分离分析色谱图

色谱峰：1—甲烷；2—乙烷；3—乙烯；4—丙烷；5—环丙烷；6—丙烯；7—乙炔；8—异丁烷；9—丙二烯；10—正丁烷；11—反-2-丁烯；12—1-丁烯；13—异丁烯；14—顺-2-丁烯；15—异戊烷；16—1,2-丁二烯；17—丙炔；18—正戊烷；19—1,3-丁二烯；20—3-甲基-1-丁烯；21—乙烯基乙炔；22—乙基乙炔

色谱柱：Al_2O_3/KCl PLOT 柱

3.7.4 在药物分析方面的应用

许多中西成药在提纯浓缩后可以在衍生化后进行分析,主要有镇定催眠药物、兴奋剂、抗生素等。如图 3-18 所示是某镇定剂的分析色谱图。

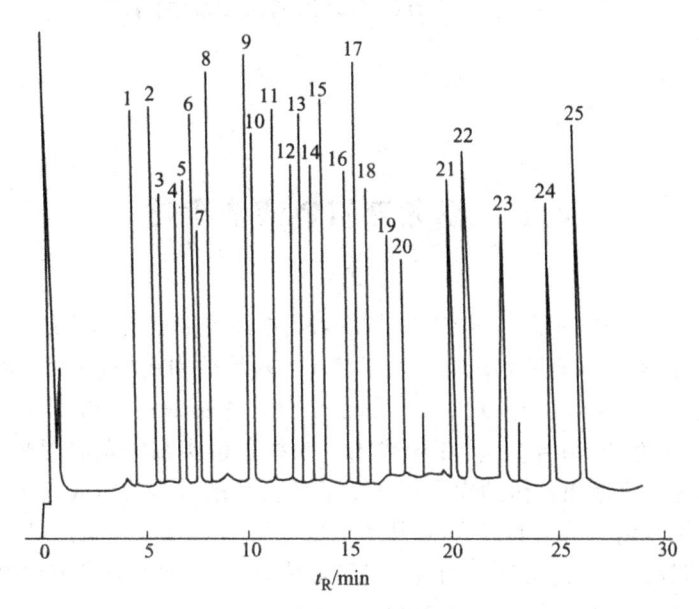

图 3-18 某镇定剂的分析色谱图

色谱峰:1—巴比妥;2—二丙烯巴比妥;3—阿普巴比妥;4—异戊巴比妥;5—戊巴比妥;6—司可巴比妥;7—眠尔通;8—导眠能;9—苯巴比妥;10—环巴比妥;11—美道明;12—安眠酮;13—丙咪嗪;14—异丙嗪;15—丙基解痉素(内标);16—舒宁;17—安定;18—氯丙嗪;19—3-羟基安定;20—三氟拉嗪;21—氟安定;22—硝基安定;23—利眠宁;24—三唑安定;25—佳静安定

色谱柱:SE-54

第 4 章　高效液相色谱法

4.1　高效液相色谱法概述

高效液相色谱法(HPLC)是 20 世纪 60 年代末期在经典液相色谱法的基础上发展起来的一种新型分离分析技术。经典液相色谱法由于使用粗颗粒的固定相，填充不均匀，依靠重力使流动相流动，因此分析速度慢，分离效率低。除了用于某些制备及分离外，已远不能适应现代分离分析的需要。20 世纪 60 年代，吉丁斯等人将在相色谱实践中发展起来的色谱理论运用于液相色谱领域，为经典液相色谱的现代化奠定了理论基础。高效液相色谱法在经典液相色谱法的基础上，引入气相色谱法的理论，在技术上使用高压泵、高效固定相以及高灵敏检测器，使之发展为具有高效、高速、高灵敏度的液相色谱技术，也称为现代液相色谱法。

高效液相色谱法具有以下几个突出的优点。

(1)高速

与经典液相色谱法相比，高效液相色谱法由于采用高压泵输液，流动相的流速可控制在 1~10 mL/min，比前者快很多。

(2)高效

在高效液相色谱中，由于采用直径小至 3 μm、5 μm 的高效填料，理论塔板数可达几万/m 或者更高。

(3)高灵敏度

高效液相色谱已广泛采用高灵敏度检测器，如高灵敏度紫外、荧光、电化学检测器的使用，最小检测量可达纳克数量级(10^{-9} g)。

(4)适用范围广

对样品的适用性很广，不受分析对象挥发性和热稳定性的限制，只要求样品能制成溶液，不需气化，这弥补了气相色谱法的不足。高效液相色谱法可用于高沸点、相对分子质量大、热稳定性差的有机化合物及各种离子的分离分析。

(5)流动相选择范围宽

气相色谱中载气选择余地小，选择性取决于固定相，在液相色谱中，液体可变范围很大，可用多种溶剂作为流动相，可以是有机溶剂，也可以是水溶液，在极性、pH、浓度等方面都能变化。

(6)高度自动化计算机的应用

使高效液相色谱法不仅能自动处理数据、绘图和打印分析结果，并且可以自动控制色谱条件，使色谱系统一直处于最佳状态工作，成为全自动化的仪器。

4.2　高效液相色谱法的分离原理与类型

4.2.1　高效液相色谱法的分离原理

和气相色谱一样，高效液相色谱分离系统也由两相（固定相和流动相）组成。高效液相色谱的固定相可以是吸附剂、化学键合固定相（或在惰性载体表面涂上一层液膜）、离子交换树脂或多孔性凝胶；流动相是各种溶剂。被分离混合物由流动相液体推动进入色谱柱。根据各组分在固定相及流动相中的吸附能力、分配系数、离子交换作用或分子尺寸大小的差异进行分离，如图 4-1 所示。

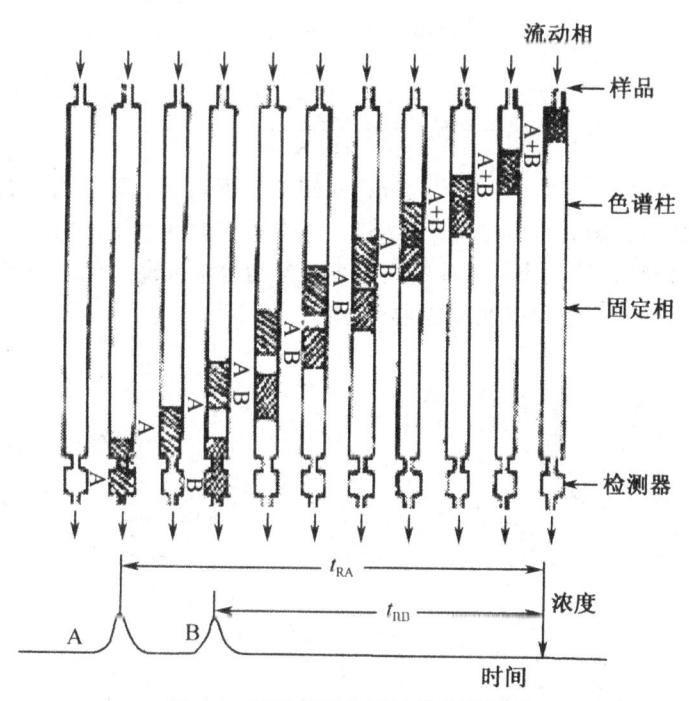

图 4-1　高效液相色谱法的分离原理

色谱分离的实质是样品分子（以下称溶质）与溶剂（即流动相或洗脱液）以及固定相分子间的作用，作用力的大小，决定色谱过程的保留行为。不同组分在两相间的吸附、分配、离子交换、亲和力或分子尺寸等性质存在微小差别，经过连续多次在两相间的质量交换，这种性质微小差别被叠加、放大，最终得到分离，因此不同组分性质上的微小差别是色谱分离的根本，即必要条件；而性质上微小差别的组分之所以能得以分离是因为它们在两相之间进行了上千次甚至上百万次的质量交换，这是色谱分离的充分条件。

4.2.2 高效液相色谱法的类型

依据分离原理不同,高效液相色谱法可分为10余种,主要有液-固吸附色谱法、液-液分配色谱法、化学键合相色谱法、离子交换色谱法、离子对色谱法、离子色谱法、空间排阻色谱法、亲和色谱法等。

4.2.2.1 液-固吸附色谱法

液-固吸附色谱法是以固体吸附剂作为固定相,吸附剂通常是些多孔的固体颗粒物质,在它们表面存在吸附中心。其实质是根据物质在固定相上的吸附作用不同进行分离。

当流动相通过固定相(吸附剂)时,吸附剂表面的活性中心就要吸附流动相分子。同时,当试样分子(X)被流动相带入柱内时,只要它们在固定相有一定程度的保留,就会取代数目相当的已被吸附的流动相溶剂分子(S)。于是,在固定相表面发生竞争吸附

$$X + nS_{ad} \rightleftharpoons X_{ad} + nS$$

达到平衡时,有

$$K_{ad} = \frac{[X_{ad}][S]^n}{[X][S_{ad}]^n}$$

式中,K_{ad}为吸附平衡常数。K_{ad}大,表示组分在吸附剂上保留强,难于洗脱;K_{ad}小,则保留弱,易于洗脱,试样中各组分据此得以分离。K_{ad}可通过吸附等温线数据求出。

在一定温度下的吸附等温线可用被吸附溶质的量随溶液浓度变化的曲线来表示。通常吸附等温线分为直线型、凸线型和凹线型3种,如图4-2所示。

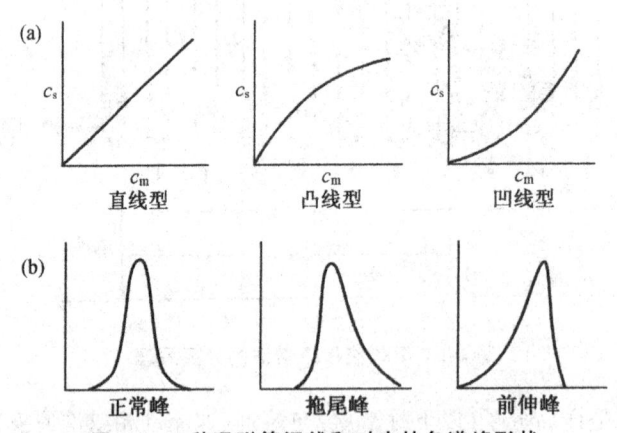

图4-2 3种吸附等温线和对应的色谱峰形状

图4-2(a)中的横坐标和纵坐标分别表示溶液中溶质的量和被吸附溶质的量。也就是说,横坐标是指溶质在流动相的浓度,纵坐标是指溶质在固定相的浓度。图4-2(b)所示是相对应的色谱峰形状。

4.2.2.2 液-液分配色谱法

液-液分配色谱是根据各组分在固定相与流动相中的相对溶解度(分配系数)的差异进行分离的。其流动相和固定相都是液体,固定相是通过化学键合的方式固定在基质(惰性载体)上的。从理论上说,流动相与固定相之间应互不相容,两者之间有一个明显的分界面,即固定液对流动相来说是一种很差的溶剂,而对样品组分却是一种很好的溶剂。

如图 4-3 所示是液-液分配色谱法的分离模型,样品溶于流动相,并在其携带下通过色谱柱,样品组分分子穿过二相界面进入固定液中,进而很快达到分配平衡。由于各组分在二相中溶解度、分配系数的不同,使各组分获得分离,分配系数大的组分保留值大,最后流出色谱柱。图 4-3 中只画出一个方向传质过程,实际上这个过程在平衡状态下是可逆的。气-液色谱法与液-液分配色谱法有很多相似之处,但前者的流动相的性质对分配系数影响不大,后者流动相的种类对分配系数却有较大的影响。

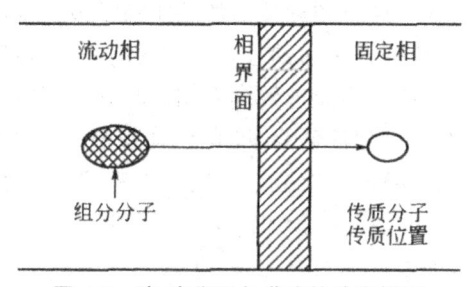

图 4-3 液-液分配色谱法的分离模型

根据所用固定液与流动相液体极性的差异,液-液分配色谱法可分为正相分配色谱法和反相分配色谱法色谱。

(1)正相分配色谱法

采用极性固定相(如聚乙二醇、氨基与腈基键合相);流动相为相对非极性的疏水性溶剂(烷烃类如正己烷、环己烷),常加入异丙醇、乙醇、三氯甲烷等以调节组分的保留时间。一般用于分离中等极性和极性较强的化合物(如酚类、胺类、羰基类及氨基酸类等),极性小的组分先流出,极性大的后流出。

(2)反相分配色谱法

通常用非极性固定相,流动相为水或缓冲液,常加入甲醇、乙腈、异丙醇、四氢呋喃等与水互溶的有机溶剂以调节保留时间。通常适用分离非极性和极性较弱的化合物,极性大的组分先流出,极性小的后流出。

液-液分配色谱技术的关键是相体系选择。如采用正相色谱,则应采用对组分有较强保留能力的固定相和对组分有较低溶解度的流动相。另外,可通过调节流动相的极性,来获得良好的柱效和缩短分析时间。液-液分配色谱可用于几乎所有类型的化合物,极性的或非极性的、有机物或无机物、大分子或小分子物质的分离,只要官能团不同,或者官能团数目不同,或者是分子量不同均可获得满意的分离。

液-液分配色谱是液相色谱中最精确的技术之一,主要优点是填充物重现性好,色谱柱使用上重现性好,比其他类型色谱法具有更广泛的适应性;同时有较多的相体系可供选用,可用惰性担体;适用于低温,避免了液-固吸附色谱中样品水解、异构或气相色谱中热分解等问题。

4.2.2.3 化学键合相色谱法

化学键合相色谱法(CBPC)是在液-液分配色谱法的基础上发展起来的液相色谱法。由于液-液分配色谱法是采用物理浸渍法将固定液涂渍在担体表面,分离时载体表面的固定液易发生流失,从而导致柱效和分离选择性下降。因此,为了解决固定液的流失问题,将各种不同的有机基团通过化学反应键合到载体表面的游离羟基上,而生成化学键合固定相,进而发展成CBPC法。由于它代替了固定液的机械涂渍,因此对液相色谱法的迅速发展起着重大作用,可以认为,它的出现是液相色谱法的一个重大突破。

化学键合固定相对各种极性溶剂均有良好的化学稳定性和热稳定性。由化学键合法制备的色谱柱柱效高、使用寿命长、重现性好,几乎对各种非极性、极性或离子型化合物都有良好的选择性,并可用于梯度洗脱操作,并已逐渐取代液-液分配色谱。

在正相键合相色谱法中,共价结合到载体上的基团都是极性基团,流动相溶剂是与吸附色谱中的流动相很相似的非极性溶剂。正相键合相色谱法的分离机理属于分配色谱。

在反相键合相色谱法中,一般采用非极性键合固定相,采用强极性的溶剂为流动相。其分离机理可用疏溶剂理论来解释。该理论认为,键合在硅胶表面的非极性基团有较强的疏水特性。当用极性溶剂作为流动相来分离含有极性官能团的有机化合物时,有机物分子的非极性部分与固定相表面上的疏水基团会产生缔合作用,使它保留在固定相中;该有机物分子的极性部分受到极性流动相的作用,促使它离开固定相,并减小其保留作用。这两种作用力之差决定了被分离物在色谱中的保留行为。不同溶质分子这种能力之间的差异导致各组分流出色谱柱的速度不一致,从而使各组分得以充分分离。

4.2.2.4 离子交换色谱法

离子交换色谱法是在 20 世纪 60 年代初期随着氨基酸分析的出现而发展起来的,是各种液相色谱法中最先得到广泛应用的现代液相色谱法。如图 4-4 所示是离子交换色谱法的分离模型。

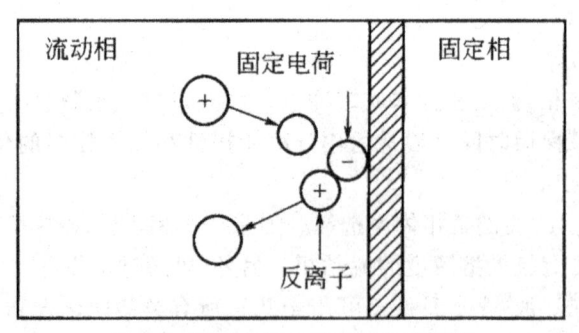

图 4-4 离子交换色谱法的分离模型

离子交换色谱以离子交换树脂作为固定相,树脂上具有固定离子基团和可电离的离子基团。其中,能解离出阳离子的树脂称为阳离子交换树脂,能解离出阴离子的树脂称为阴离子交换树脂。当流动相携带组分离子通过固定相时,离子交换树脂上可电离的离子基团与流动相中具有相同电荷的溶质离子进行可逆交换,根据这些离子对交换剂具有不同的亲和力而分离它们。可用于分离测定离子型化合物,原则上只要是在溶剂中能够电离的物质一般都可以通过该法来分离。

离子交换色谱法主要用来分离离子或可解离的化合物,它不仅应用于无机离子的分离,例如,碱、盐类、金属离子混合物和稀土化合物及各种裂变产物;还用于有机物的分离,例如,有机酸、同位素、水溶性药物及代谢物。20世纪60年代前后,它已成功地分离了氨基酸、核酸、蛋白质等,在生物化学领域得到了广泛的应用。制备型离子交换色谱已广泛地应用于分离药物与生化物质、合成超细化合物等。

4.2.2.5 离子对色谱法

离子对色谱法(IPC)曾被称为萃取色谱,它是将具有与被测离子型化合物相反电荷的离子加到流动相或固定相中,并与被测离子形成离子对后再被有机溶剂萃取分离的一种色谱方法。其保留机制通常认为是形成了离子对,也有人认为是存在着离子交换等。离子对的机理可简单地用下式表示:

$$A^+_{水相} + B^-_{水相} \rightleftharpoons (A^+ B^-)_{有机相}$$

式中,A^+代表溶质组分;B^-代表加入的配对阴离子(溶质组分也可是A^-,配对则为B^+)。形成的离子对化合物(A^+B^-)极性较小,具有疏水性,易溶于有机溶剂,可被非极性的有机溶剂提取,其萃取平衡常数K_{AB}可表示为

$$K_{AB} = \frac{[A^+ B^-]_{有机相}}{[A^+]_{水相} [B^-]_{水相}}$$

在色谱中,溶质的分配系数为

$$k = \frac{[A^+ B^-]_{有机相}}{[A^+]_{水相}} = K_{AB} [B^-]_{水相}$$

由此可知,分配系数与萃取平衡常数、配对离子的浓度有关。离子对色谱的保留机制,在于不同组分形成离子对的能力不同,所形成的离子对的疏水性质也不同,因而组分在固定相滞留的保留时间也就不同了。控制保留值的最简便办法是控制配对离子的浓度。

离子对色谱的固定相是将固定液涂布在载体上。常用的载体在正相技术中为多孔型硅胶微粒,固定液可采用水溶液。在反相技术中则可采用非极性键合同定相,如十八烷基键合硅烷的固定液采用有机溶剂,当被分析的溶质为羧酸时,配对离子为四丁基铵正离子;溶质为胺类时,配对离子可采用ClO_4^-、苦味酸盐等。

离子对色谱法使用的流动相多采用二元或三元有机溶剂,反相技术中则多采用有机溶剂加水溶液体系。改变流动相的极性可以改变溶质的分配比k',在正相技术中,流动相极性越大,则溶质的k'值也就越小,反相技术中则正好相反。另外,流动相的pH及其组成也直接影响到k'值。

离子对色谱法应用广泛,发展迅速,特别是在合成药物的分离分析中有着重要的发展前景。

4.2.2.6 离子色谱法

离子色谱法用离子交换树脂为固定相,电解质溶液为流动相。通常以电导检测器为通用检测器,为消除流动相中强电解质背景离子对电导检测器的干扰,设置了抑制柱。如图4-5所示是典型的双柱型离子色谱仪的流程示意图。样品组分在分离柱和抑制柱上的反应原理与离子交换色谱法相同。

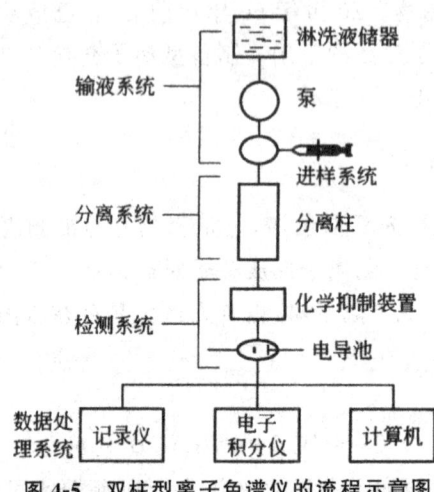

图 4-5 双柱型离子色谱仪的流程示意图

离子型化合物的阴离子分析长期以来缺乏快速灵敏的方法。离子色谱法是目前唯一能获得快速、灵敏、准确和多组分分析效果的方法,因而受到广泛重视并得到迅速的发展。检测手段已扩展到电导检测器之外的其他类型的检测器,如电化学检测器、紫外光度检测器等。可分析的离子正在增多,从无机和有机阴离子到金属阳离子,从有机阳离子到糖类、氨基酸等都可以通过离子色谱法分析。

4.2.2.7 空间排阻色谱法

空间排阻色谱也称为凝胶色谱,以具有一定大小孔径分布的凝胶为固定相,能溶解被分离组分的水或有机溶剂为流动相,利用凝胶的筛分作用实现化合物按相对分子质量的分离,如图4-6所示。

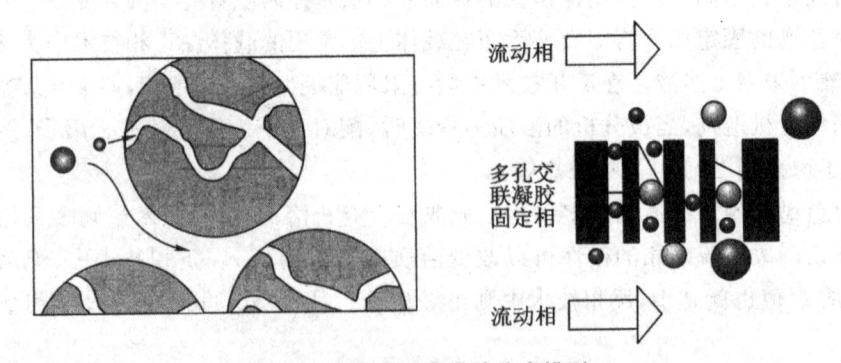

图 4-6 空间排阻色谱的分离模型

空间排阻色谱的基本原理是利用凝胶中孔径大小的不同,当溶质通过时,小分子可以通过所有孔径而形成全渗透,色谱保留时间最长,大分子由于不能进入孔径而被全部排斥,色谱保留时间最短,体积在小分子和大分子之间的分子则仅能进入部分合适的孔径,则在两者之间流出。空间排阻色谱的分离过程类似于分子筛的筛分作用,但凝胶的孔径要比分子筛大得多,一般为数纳米到数百纳米。

如图 4-7 所示是空间排阻色谱的分离示意图。图 4-7 中下部分为各具有不同相对分子质量聚合物标准样品的洗脱曲线。上部分表示洗脱体积和聚合物相对分子质量之间的关系(即校正曲线)。由图可见,凝胶有一个排斥极限(A 点),凡是比 A 点相应的相对分子质量大的分子,均被排斥于所有的胶孔之外,因而将以一个单一的谱峰 C 出现,在保留体积 V_0 时一起被洗脱,显然,V_0 是柱中凝胶填料颗粒之间的体积。另外,凝胶还有一个全渗透极限(B 点),凡是比 B 点相应的相对分子质量小的分子都可完全渗入凝胶孔穴中。同理,这些化合物也将以一个单一的谱峰 F 出现,在保留体积 V_M 时被洗脱。可预期,相对分子质量介于上述两个极限之间的化合物,将按相对分子质量降低的次序被洗脱。通常将 $A<V_0<B$ 这一范围称为分级范围,当化合物的分子大小不同而又在此分级范围内时,它们就可得到分离。

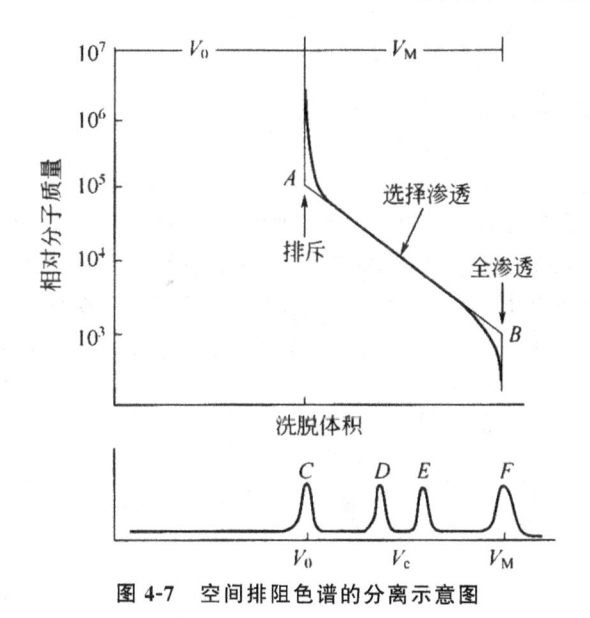

图 4-7 空间排阻色谱的分离示意图

空间排阻色谱中,被分离组分在分离柱内停留的时间短,柱内峰扩展很小,色谱峰窄易于检测,固定相和流动相选择简便。相对分子质量为 $100 \sim 8 \times 10^5$ 的任何类型化合物,只要在流动相中能够溶解,都可以采用空间排阻色谱按相对分子质量大小实现分离,但仅能分离相对分子质量相差 10% 左右的分子。采用空间排阻色谱可以很方便地测量高分子聚合产物的相对分子质量分布。

4.2.2.8 亲和色谱法

亲和色谱法是利用生物大分子和固定相表面存在某种特异性亲和力,进行选择性分离的一种方法。它通常是在载体(无机或有机填料)的表面先键合一种具有一般反应性能的所谓间隔臂(如环氧、联氨等);随后连接上配基(如酶、抗原或激素等)。这种固载化的配基只能和具有亲和力特性吸附的生物大分子相互作用而被保留,没有这种作用的分子不被保留。如图4-8所示是亲和色谱的原理示意图。

许多生物大分子化合物具有这种亲和特性。例如,抗原与抗体、酶与底物、激素与受体、RNA与和它互补的DNA等。当含有亲和物的复杂混合试样随流动相经过固定相时,亲和物与配基先结合,而与其他组分分离;此时,其他组分先流出色谱柱;然后通过改变流动相的pH和组成,以降低亲和物与配基的结合力,将保留在柱上的大分子以纯品形态洗脱下来。

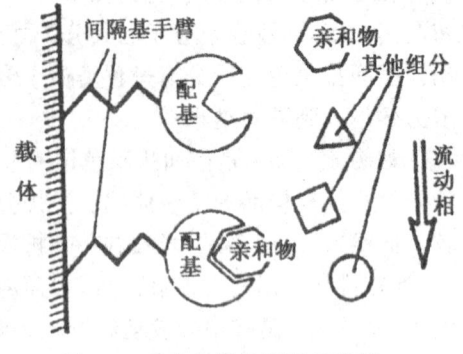

图4-8 亲和色谱的原理示意图

4.3 高效液相色谱固定相和流动相

4.3.1 高效液相色谱固定相

高效液相色谱固定相以承受高压能力来分类,可分为刚性固体和硬胶两大类。刚性固体以二氧化硅为基质,能承受高压,可制成直径形状孔隙度不同的颗粒。如果在二氧化硅表面键合各种官能团,就是键合固定相,应用范围扩大,它是目前使用最广泛的一种固定相。硬胶主要用于离子交换和尺寸排阻色谱中,它由聚苯乙烯与二乙烯苯基交联而成。

固定相按孔隙深度分类,可分为表面多孔型和全多孔微粒型固定相两类,如图4-9所示。

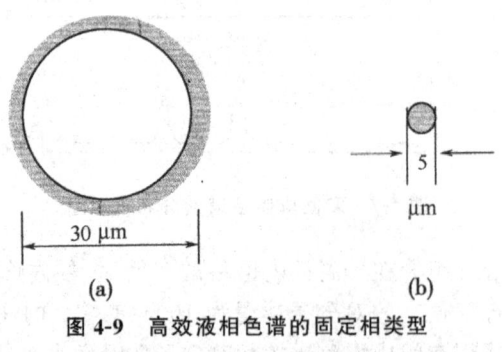

图4-9 高效液相色谱的固定相类型
(a)表面多孔型;(b)全多孔微粒型

(1)表面多孔型固定相

表面多孔型是在实心玻璃珠外面覆盖一层多孔活性材料,如硅胶、氧化铝、离子交换剂、分子筛、聚酰胺等,以形成无数向外开放的浅孔。表面活性材料为硅胶的固定相如国外的Zpax,CorasilⅠ和Ⅱ,Vydac,Pellosil以及上海试剂一厂的薄壳玻璃珠等;表面活性材料为氧化铝的固定相,如Pellumina;表面活性材料为聚酰胺的,如Pellion。这类固定相的多孔层厚度小,孔浅,相对死体积小,出峰迅速柱效高;颗粒较大,渗透性好,装柱容易,梯度淋洗时迅速达到平衡,较适合做常规分析。由于多孔层厚度薄,最大允许量受限制。

(2) 全多孔微粒型固定相

它由硅胶微粒凝聚而成。如国外的 Porasil、Zobbex、Lichrosorb 系列,上海试剂一厂的堆积硅珠,青岛海洋化工厂的 YWG 系列,天津试剂二厂的 DG 系列等。也可由氧化铝微粒凝聚成全多孔型固定相,如国外的 Lichrosorb ALOXT。这类固定相由于颗粒很细(5~10 μm),孔仍然较浅,传质速率快,易实现高效、高速,特别适合复杂混合物分离及痕量分析。

根据分离模式的不同而采用不同性质的固定相,如活性吸附剂、键合有不同极性分子官能团的化学键合相、离子交换剂和具有一定孔径范围的多孔材料,从而分别用作吸附色谱、键合色谱、离子交换色谱及空间排阻色谱固定相。

4.3.2 高效液相色谱流动相

在气相色谱中,可供选择的载气只有三四种,它们的性质相差也不大,所以要提高柱的选择性,主要是改变固定相的性质。在高效液相色谱中,则与气相色谱不同,当固定相选定时,流动相的种类、配比能显著地影响分离效果,因此流动相的选择很重要。

对于高效液相色谱来说,流动相又称为冲洗剂、洗脱剂或载液。它有两个作用,一是携带样品前进,二是给样品提供一个分配相,进而调节选择性,以达到令人满意的混合物分离效果。对流动相的选择要考虑分离、检测、输液系统的承受能力及色谱分离目的等各个方面。高效液相色谱对于流动相主要有如下要求。

(1) 黏度小

溶剂黏度过大,一方面液相传质慢,柱效能低;另一方面柱压降增加。流动相黏度增加一倍,柱压降也相应增加一倍,过高的柱压将给设备和操作都带来麻烦。

(2) 溶剂的纯度

关键是要能满足检测器的要求和使用不同瓶(或批)溶剂时能获得重复的色谱保留值数据。实验中至少使用分析纯试剂,一般使用色谱纯试剂。另外,溶剂的毒性和可压缩性也是在选择流动相时应考虑的因素。

在选用溶剂时,溶剂的极性为重要的依据。例如,在正相液-液色谱中,可先选中等极性的溶剂为流动相,如果组分保留时间太短,则表示溶剂的极性太大,改用极性较弱的溶剂;如果组分保留时间太长,则再选极性在上述两种溶剂之间的溶剂;如此多次实验,以选得最适宜的溶剂。

(3) 沸点低、固体残留物少

固体残留物有可能堵塞溶剂输送系统的过滤器和损坏泵体及阀件。

(4) 与色谱系统的适应性

仪器的输液部分大多是不锈钢材质,最好使用不含氯离子的流动相。

(5) 与检测器相适应

紫外检测器是高效液相色谱中使用最广泛的一类检测器,因此,流动相应当在所使用波长下没有吸收或吸收很少;而当使用示差折光检测器时,应当选择折射率与样品差别较大的溶剂做流动相,以提高灵敏度。

4.4 高效液相色谱仪

以液体为流动相,采用高压输液泵、高效固定相和高灵敏度检测器等装置的液相色谱仪称为高效液相色谱仪。现代高效液相色谱仪的种类很多,根据其功能不同,可分为分析型、制备型和专用型。无论高效液相色谱仪在复杂程度以及各种部件的功能上有多大的差别,就其基本原理而言是相同的,一般由 5 部分组成,分别是输液系统、进样系统、分离系统、检测系统以及数据处理系统。如图 4-10 所示是高效液相色谱仪的仪器结构图。

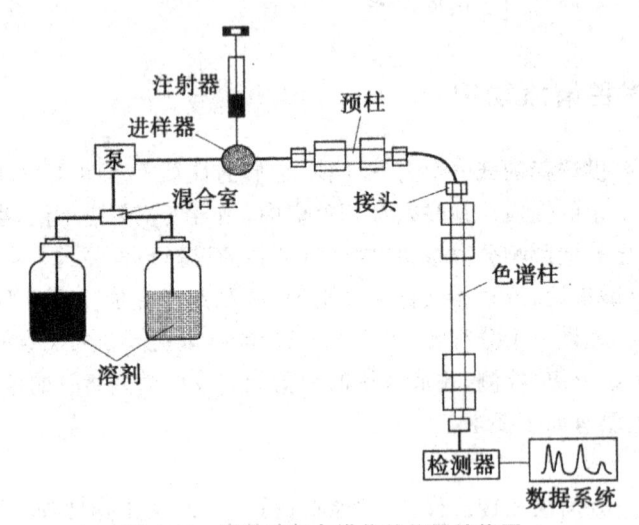

图 4-10 高效液相色谱仪的仪器结构图

4.4.1 输液系统

4.4.1.1 高压输液泵

高压输液泵是高效液相色谱的主要部件之一,高压输液泵应具有压力平稳,脉冲小,流量稳定可调,耐腐蚀等特性。在高效液相色谱中,为了获得高柱效而使用粒度很小的固定相,液体流动相高速通过时,将产生很高的压力,其工作压力范围为 $150 \sim 350 \times 10^5$ Pa,因此对泵的耐磨性、密封性及加工精度要求极高。

常用的高压输液泵有恒流泵和恒压泵两种类型。恒流泵可保持在工作中给出稳定的流量,流量不随系统阻力变化。恒压泵可保持输出的流动相压力稳定,流量则随系统阻力改变,造成保留时间的重现性差。

目前在高效液相色谱中采用的主要是恒流泵,有机械注射泵和机械往复柱塞泵两种主要类型,其中又以机械往复柱塞泵为主。机械往复柱塞泵的结构示意图如图 4-11 所示。在泵入口和出口装有单向阀,依靠液体压力控制。吸入液体时,进口阀打开,出口阀关闭,而排出液体时相反。由其原理可知,这种泵存在着输液脉冲,可通过采取双柱塞和脉冲阻尼器来减小脉冲。

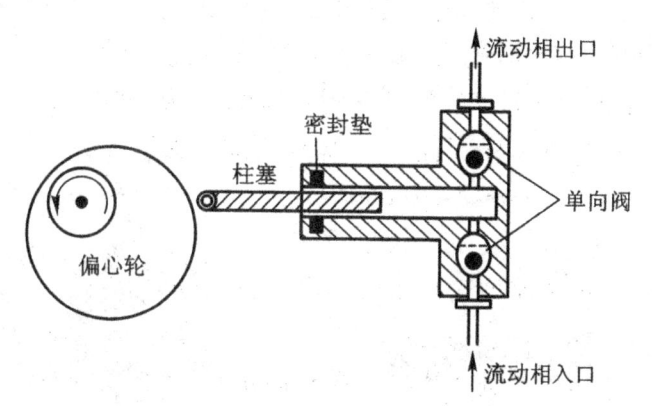

图 4-11 机械往复塞泵的结构示意图

4.4.1.2 梯度洗脱装置

高效液相色谱洗脱技术有等强度简称等度和梯度洗脱两种。等度洗脱是在同一分析周期内流动相组成保持恒定,适合于组分数目较少、性质差别不大的试样。梯度洗脱是在一个分析周期内程序控制改变流动相的组成,如溶剂的极性、离子强度和 pH 等。分析组分数目多、性质相差较大的复杂试样时须采用梯度洗脱技术,使所有组分都在适宜条件下获得分离。梯度洗脱能缩短分析时间,提高分离度,改善峰形,提高检测灵敏度;但是可能引起基线漂移和重现性降低。

有两种实现梯度洗脱的装置,即高压梯度和低压梯度。高压二元梯度装置是由两台高压输液泵分别将两种溶剂送入混合室,混合后送入色谱柱,程序控制每台泵的输出量就能获得各种形式的梯度曲线。低压梯度装置是在常压下通过一比例阀先将各种溶剂按程序混合,然后再用一台高压输液泵送入色谱柱。

4.4.2 进样系统

通常高效液相色谱多采用六通阀进样。先由注射器将样品常压下注入样品环。然后切换阀门到进样位置,由高压泵输送的流动相将样品送入色谱柱。样品环的容积是固定的,因此进样重复性好。有进样阀和自动进样装置两种,一般高效液相色谱分析常用六通进样阀,大数量试样的常规分析往往需要自动进样装置。

通过六通进样阀进样时,先使阀处于装样位置,用微量注射器将试样注入贮样管。进样时,转动阀芯(由手柄操作)至进样位置,贮样管内的试样由流动相带入色谱柱。进样体积是由贮样管的容积严格控制的,因此进样量准确,重复性好。为了确保进样的准确度,装样时微量注射器取的试样必须大于贮样管的容积。

六通阀的进样方式有部分装液法和完全装液法两种。用部分装液法进样时,进样量应不大于定量环体积的50%（最多75%），并要求每次进样体积准确、相同。此法进样的准确度和重复性决定于注射器取样的熟练程度，而且易产生由进样引起的峰展宽。用完全装液法进样时，进样量应不小于定量环体积的5～10倍（最少3倍），这样才能完全置换定量环内的流动相，消除管壁效应，确保进样的准确度及重复性。

通常使用耐高压的六通阀进样装置，其结构如图4-12所示。

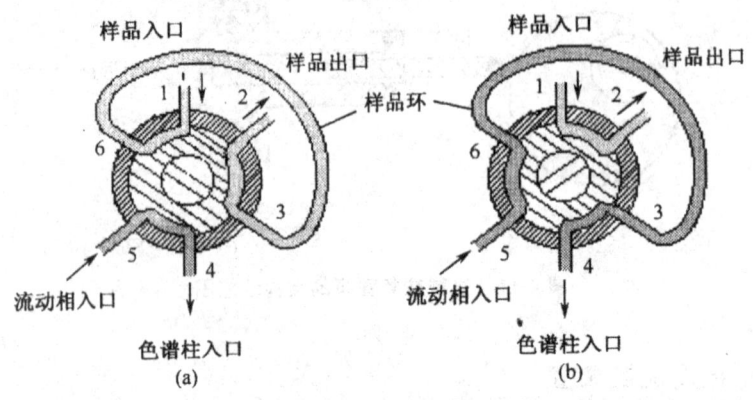

图4-12　六通阀进样装置的结构
(a)准备状态；(b)进样状态

有各种形式的自动进样装置，可处理的试样数也不等。程序控制依次进样，同时还能用溶剂清洗进样器。有的自动进样装置还带有温度控制系统，适用于需低温保存的试样。

4.4.3　分离系统

分离系统——色谱柱系统，包括色谱柱、连接管、恒温器等。色谱柱是高效液相色谱仪的心脏。它是由内部抛光不锈钢管制成，一般长10～50 cm，内径2～5 mm，柱内装有固定相。液相色谱固定相是将固定液涂在担体上而成。担体有两类：一是表面多孔型担体；二是全多孔型担体。

其后又出现了全多孔型微粒担体。这种担体粒度为5～10 μm，是由纳米级硅胶微粒堆积而成。由于颗粒小，所以柱效高，是目前使用最广泛的一种担体。在高效液相色谱分析中，适当提高柱温可改善传质，提高柱效，缩短分析时间。因此，在分析时可以采用带有恒温加热系统的金属夹套来保持色谱柱温度。温度可以在室温到60℃之间调节。

近年来，出现的超高效液相色谱是一个新兴领域，其核心是采用新型分离柱充填材料，使得液相色谱柱更细、更短、分离速度更快、分析时间更短，柱效也更高，仪器更小型化。

色谱柱的填充一般分为干法填充和湿法填充。

①干法填充。在硬台面上铺上软垫，将空柱管上端打开垂直放在软垫上，用漏斗每次灌入50～100 mg填料，然后垂直台面墩10～20次。

②湿法填充。湿法填充又称为淤浆填充法，使用专门的填充装置如图4-13所示。

色谱填料是由基质和功能层两部分构成。

①基质。基质也称为载体或担体，通常制备成数微米至数十微米粒径的球形颗粒，它具有

图 4-13 湿法填充装置图

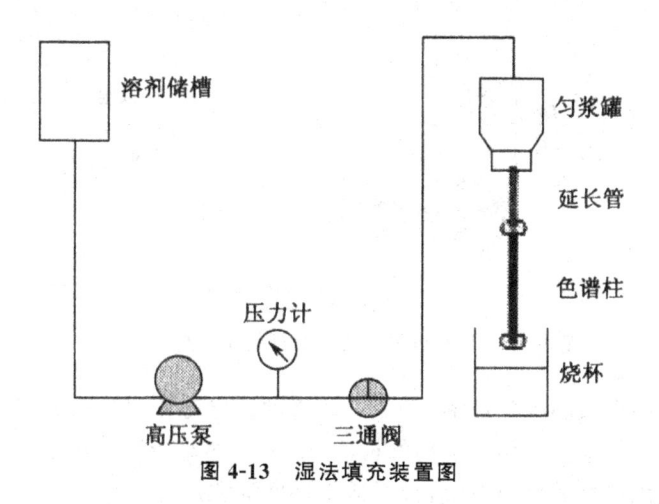

一定的刚性，能承受一定的压力，对分离无明显作用，只是作为功能基团的载体。常用来做基质的有硅胶和有机高分子聚合物微球。

②功能层。功能层是通过化学或物理的方法固定在基质表面的、对样品分子的保留起实质作用的有机分子或官能团。

4.4.4 检测系统

检测器是高效液相色谱仪的三大关键部件之一。它的作用是把色谱洗脱液中组分的量（或浓度）转变成电信号。

高效液相色谱对检测器的要求和气相色谱相似，应具有敏感度好、线性范围宽、应用范围广、重复性好、定量准确、对温度及流量的敏感度小、死体积小等特点。高效液相色谱仪所配用的检测器有 30 余种，但常用的不多。下面介绍几种常用的检测器。

4.4.4.1 紫外吸收检测器

紫外吸收检测器是目前应用最广的液相色谱检测器，对大部分有机化合物有响应，已成为高效液相色谱的标准配置。紫外吸收检测器具有灵敏度高、线性范围宽、死体积小、波长可选、易于操作等特点。

如图 4-14 所示是紫外-可见吸收检测器的光路结构示意图，它主要由光源、光栅、波长狭缝、吸收池和光电转换器件组成。光栅主要将混合光源分解为不同波长的单色光，经聚焦透过吸收池，然后被光敏元件测量出吸光度的变化。

4.4.4.2 电化学检测器

电化学检测器是根据电化学分析方法而设计的。电化学检测器主要有两种类型：一是根据溶液的导电性质，通过测定离子溶液电导率的大小来测量离子浓度；二是根据化合物在电解池中工作电极上所发生的氧化-还原反应，通过电位、电流和电量的测量，确定化合物在溶液中的浓度。电导检测器属电化学检测器，是离子色谱法中使用最广泛的检测器。

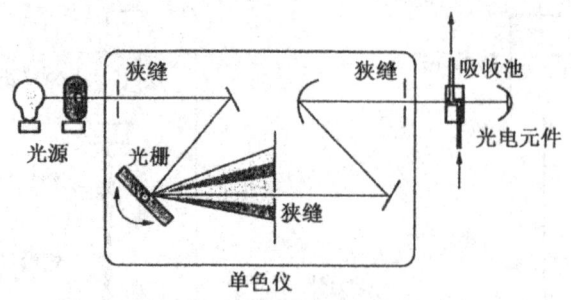

图 4-14 紫外-可见吸收检测器的光路结构示意图

电导检测器是根据被测组分被淋洗下来后,流动相电导率发生变化的原理而设计的。它只适用于水溶性流动相中离子型化合物的检测,也是一种选择性检测器。其缺点是灵敏度不高,对温度敏感,需配以好的控温系统,且不适于梯度淋洗。

如图 4-15 所示是电导检测器的结构示意图。电导池内的检测探头是由一对平行的铂电极(表面镀铂黑以增加其表面积)组成,将两电极构成电桥的一个测量臂。如图 4-16 所示是电导检测器的检测线路图。电桥可用直流电源,也可用高频交流电源。电导检测器的响应受温度的影响较大,因此要求严格控制温度。一般在电导池内放置热敏电阻器进行监测。

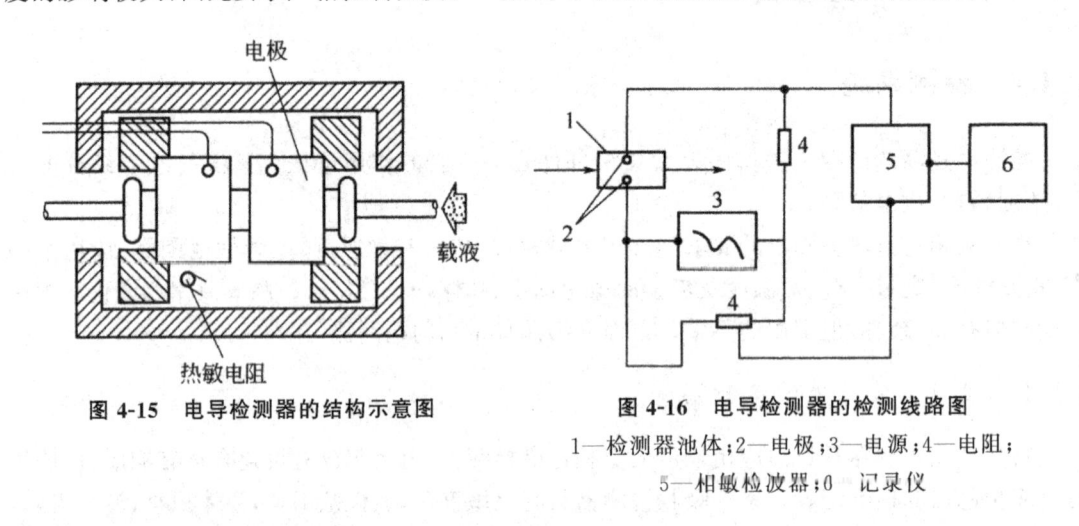

图 4-15 电导检测器的结构示意图

图 4-16 电导检测器的检测线路图
1—检测器池体;2—电极;3—电源;4—电阻;
5—相敏检波器;6—记录仪

4.4.4.3 荧光检测器

荧光检测器属于高灵敏度、高选择性的检测器,仅对某些具有荧光特性的物质有响应,如多环芳烃,维生素 B、黄曲霉素、卟啉类化合物、农药、药物、氨基酸、甾类化合物等。其基本原理是在一定条件下,荧光强度与流动相中的物质浓度成正比。典型荧光检测器的光路,如图 4-17 所示。为避免光源对荧光检测产生干扰,光电倍增管与光源成 90°角。荧光检测器具有较高的灵敏度,比紫外检测器的灵敏度高 2~3 个数量级,检出限可达 10^{-12} g/mL。但线性范围仅为 10^3,且适用范围较窄。该检测器对流动相脉冲不敏感,常用于梯度洗脱。

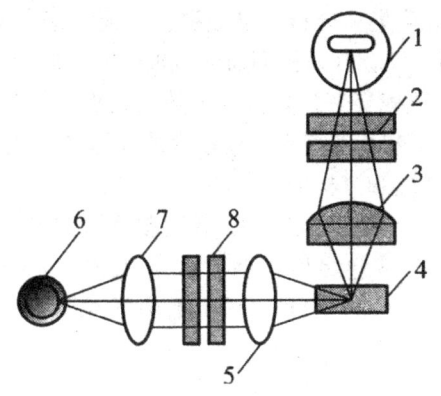

图 4-17　荧光检测器的示意图
1—光电倍增管；2—发射滤光片；3—透镜；4—样品流通池；
5—透镜；6—光源；7—透镜；8—激发滤光片

4.4.4.4　示差折光检测器

示差折光检测器是依据不同的溶液对不同的光有不同的折射率，通过连续测量溶液折射率的变化，便可知组分的含量。溶液的折射率等于纯溶剂和溶质的折射率乘以各自的质量分数之和。示差折光检测器为通用性检测器，凡是流动相折射率不同的组分均可检验，且操作简单。但这种检测器的灵敏度较低、对温度敏感、不能做梯度洗脱。

4.4.4.5　极谱检测器

极谱检测器是基于被测组分可在电极上发生电氧化还原反应而设计的一种检测器，属于电化学检测器。可用于测定具有极性活性的物质，如药物、维生素、有机酸、苯胺类等。它的优点是灵敏度高，可作为痕量分析，其缺点是不具有通用性，是一种选择性检测器。

4.4.4.6　蒸发光散射检测器

20 世纪 90 年代研制的新型通用型检测器。蒸发光散射检测器适用于挥发性低于流动相的任何样品组分，仅要求流动相中不可以含有缓冲盐。通常认为蒸发光散射检测器是示差折光检测器的新型替代品，主要用于测定不产生荧光又无紫外吸收的有机物，如糖类、高级脂肪酸、维生素、磷脂、甘油三酯等。

4.4.5　数据处理系统

现代高效液相色谱法的重要特征是仪器的自动化，即用微机控制仪器的斜率设定及运行。如输液泵系统中用微机控制流速，在多元溶剂系统中控制溶剂间的比例及混合，在梯度洗脱中控制溶剂比例或流速的变化；微机能使检测器的信噪比达到最大，控制程序改变紫外检测器的波长、响应速度、量程、自动调零和光谱扫描。微机还可控制自动进样装置，准确、定时地进样。这样提高了仪器的准确度和精密度。利用色谱管理软件可以实现全系统的自动化控制。

计算机技术的另一应用是采集和分析色谱数据。它能对来自检测器的原始数据进行分析处理,给出所需要的信息。如二极管阵列检测器的微机软件可进行三维谱图、光谱图、波长色谱图、比例谱图、峰纯度检查和谱图搜寻等工作。许多数据处理系统都能进行峰宽、峰高、峰面积、对称因子、容量因子、选择性因子和分离度等色谱参数的计算,这对色谱方法的建立都十分重要。色谱工作站是进行数据采集、处理和分析的独立的计算机软件,适用于各种类型的色谱仪器。

高效液相色谱法仪的中心计算机控制系统,既能做数据采集和分析工作,又能程序控制仪器的各个部件,还能在分析一个试样之后自动改变条件进行下一个试样的分析。为了满足GMP/GLP法规的要求,许多色谱仪的软件系统具有方法认证功能,使分析工作更加规范化,这对医药分析非常重要。

4.5 高效液相色谱实验技术

4.5.1 样品预处理技术

采用色谱法对样品进行分析需要对采集的样品进行适当的预处理,诸如对样品中的欲测组分进行预分离、浓缩(富集)、纯化等,制备成色谱分析样品才能进入色谱仪分析,在液相色谱中常用的几种样品预处理方法,分别简单介绍如下。

4.5.1.1 萃取

(1)固相萃取

固相萃取是利用固体吸附剂将液体样品中的目标化合物吸附,与样品的基体和干扰化合物分离,然后再用洗脱液洗脱或加热解吸附,达到分离和富集目标化合物的目的。其实质是一种液相色谱分离,其主要分离模式也与液相色谱相同,可分为正相(吸附剂极性大于洗脱液极性)、反相(吸附剂极性小于洗脱液极性)离子交换和吸附。

固相萃取的优点是不需要大量互不相溶的溶剂,处理过程中不会产生乳化现象,采用高效、高选择性的吸附剂(固定相),能显著减少溶剂的用量,简化样品的处理过程,同时所需费用也有所减少。一般说来,固相萃取所需时间为液-液萃取的1/2,而费用为液-液萃取的1/5,因此固相萃取技术是色谱分析样品预处理的一种常见方法。在色谱分析样品预处理中,固相萃取主要用于复杂样品中微量或痕量目标化合物的分离和富集。

(2)液-气萃取

溶液吸收装置由装有吸收液的气体吸收管、抽取气体样品的动力装置(或空气采样泵)和控制抽取气体流量的装置等基本部分组成,如图4-18所示。

使用溶液吸收方法可以收集气态、蒸气和气溶胶等样品,被抽取的气体样品通过吸收液时,在气泡和吸收液的界面上,欲测组分的分子由于溶解作用或者化学反应很快进入吸收液中,被溶解吸收。

(3)液-液萃取

常用于样品中被测物质与基质的分离,在两种不相溶液体或相之间通过分配对样品进行

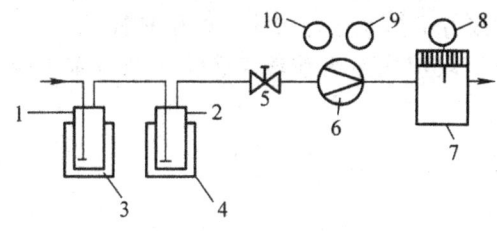

图 4-18 溶液吸收装置

1,2—带有烧结玻璃的烧瓶;3,4—带有冰水的保温瓶;5—节流阀;
6—泵;7—气体流量计;8—测量样品气体温度的温度计;
9—测量环境温度的温度计;10—气压计

分离而达到被测物质纯化和消除干扰物质的目的。在大多数情况下,一种液相是水溶剂,另一种液相是有机溶剂。可通过选择两种不相溶的液体控制萃取过程的选择性和分离效率。在水和有机相中,亲水化合物的亲水性越强,憎水性化合物进入有机相中的程度就越大。

以有机溶剂和水两相为例,将含有有机物质的水溶液用有机溶剂萃取时,有机化合物就在这两相间进行分配。在一定的温度下有机物在两种液相中的浓度比为常数

$$K_D = \frac{c_0}{c_{ab}}$$

式中,K_D 是分配系数;c_0 是有机相中物质的浓度;c_{ab} 是水相中此物质的浓度。

有机物质在有机溶剂中的溶解度一般比在水相中的溶解度大,所以可以将它们从水溶剂中萃取出来。分配系数越大,水相中的有机物可被有机溶剂萃取的效率会越高。

(4)液-固萃取

液-固萃取是将欲萃取的固体放入萃取溶剂中,加以振荡,必要时也可加热,然后利用离心或过滤的方法使液、固分离,欲萃取组分进入溶剂。但是,这种最简单的液-固萃取只能用于十分容易萃取的组分,它的萃取效率很低,加热时溶剂也容易损失,一般很少使用。

4.5.1.2 蒸馏

蒸馏是一种使用广泛的分离方法,主要是从混合液体样品中分离出挥发性和半挥发性的组分。一种材料在不同温度下的饱和蒸气压变化是蒸馏分离的基础。大体说来,若液体混合物中两种组分的蒸气压具有较大差别,则可富集蒸气相中更多的挥发性和半挥发性组分。两相(液相和蒸气相)可以分别被回收,挥发性和半挥发性的组分富集在气相中而不挥发性组分被富集在液相中。

在进行色谱分析样品制备时,蒸馏通常不是分析化学家的第一选择技术。化学家在实验室进行过许多次的蒸馏实验,其中的某些技术可以成功地用于色谱分析前样品的精制、清洗或者混合样品的预分离。

4.5.1.3 膜分离

膜分离是近年来新发展起来的可用于分析化学领域的新技术之一。应用膜技术或者膜与其他分离技术的联用已经成功地完成了许多种类样品的基体分离和浓缩,包括各种气体和蒸气样品、多水和液体样品、某些固体样品等。膜分离技术不但可以进行挥发性物质的分离和浓

缩,而且可以进行半挥发性或者不挥发性物质的分离和浓缩。

目前,膜分离与液相色谱联用成为当前液相色谱分析样品制备的主导和热点应用研究领域。

4.5.2 溶剂处理技术

4.5.2.1 溶液的纯化

分析纯和优级纯溶液在大多数情况下可以满足色谱分析的要求,但不同的色谱柱和检测方法对溶剂的要求不同,如用紫外检测器检测时溶剂中就不能含有在检测波长下吸收的杂质。目前专供色谱分析用的"色谱纯"溶剂除最常用的甲醇外,其余多为分析纯,有时要进行除去紫外杂质、脱水、重蒸等纯化操作。

乙腈也是常用的溶剂,分析纯乙腈中还含有少量的丙酮、丙烯氰、零烯醇等化合物,产生较大的背景吸收。可以采用活性炭或酸性氧化铝吸附纯化,也可采用高锰酸钾/氢氧化钠氧化裂解与甲醇共沸的方法进行纯化。

与水不混溶的溶剂(如氯仿)中的微量极性杂质(如乙醇),卤代烃(CH_2Cl_2)中的 HCl 杂质可以用水萃取除去,然后再用无水硫酸钙干燥。

正相色谱中使用的亲油性有机溶剂通常都含有 $50 \sim 2\,000~\mu g/mL$ 的水。水是极性最强的溶剂,特别是对吸附色谱来说,即使很微量的水也会因其强烈的吸附而占领固定相中很多活性点,致使固定相性能下降,通常可用分子筛床干燥除去微量水。

卤代溶剂与干燥的饱和烃混合后性质较为稳定,但卤代溶剂(氯仿、四氯化碳)与醚类溶剂(乙醚、四氢呋喃)混合后发生化学反应,生成的产物对不锈钢有腐蚀作用。有的卤代溶剂(如二氯甲烷)与一些反应活性较强的溶剂(如乙氰)混合放置会析出结晶,因此要尽可能避免使用卤代溶剂或现配现用。

4.5.2.2 流动相脱气

流动相在使用前必须进行脱气处理,以除去其中溶解的气体,以防止在洗脱过程中当流动相由色谱柱流至检测器时,因压力降低而产生气泡。若在死体积检测池中,存在气泡会增加基线噪声,严重时会造成分析灵敏度下降而无法进行分析。此外,溶解在流动相中的氧气,会造成荧光猝灭,影响荧光检测器的检测,还会导致样品中某些组分被氧化或使柱中固定相发生降解而改变柱的分离性能。

常用的脱气方法有以下几种。

(1)抽真空脱气法

此时可使用微型真空泵,降压至 $0.05 \sim 0.07$ MPa 即可除去溶解的气体。显然,使用水泵连接抽滤瓶和 G4 微孔玻璃漏斗可一起完成过滤机械杂质和脱气的双重任务。由于抽真空会引起混合溶剂组成的变化,故此法适用于单一溶剂体系脱气。对多元溶剂体系,每种溶剂应预先脱气后再进行混合,以保证混合后的比例不变。

(2) 吹氦脱气法

使用在液体中比在空气中溶解度低的氦气,在 0.1MPa 压力下,以约 60 mL/min 流速通入流动相 10~15 min,以驱除溶解的气体。此法适用于所有的溶剂,脱气效果较好,但在国内因氦气价格较高,该方法使用较少。

(3) 超声波脱气法

将欲脱气的流动相置放于超声波清洗器中,用超声波振荡 10~15 min。但此方法的脱气效果最差。

(4) 加热回流法

此方法的脱气效果较好。

(5) 在线真空脱气法

以上几种方法均为离线脱气操作,随着流动相存放时间的延长又会有空气重新溶解到流动相中。现在使用的在线真空脱气技术,把真空脱气装置串联到贮液系统中,并结合膜过滤器,实现了流动相在进入输液泵前的连续真空脱气。此方法的脱气效果明显优于上述几种方法,并适用于多元溶剂体系,其结构示意如图 4-19 所示。

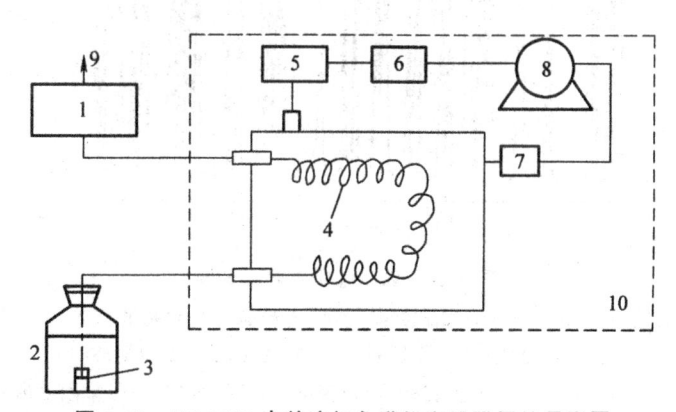

图 4-19　HP-1100 高效液相色谱仪在线脱气的示意图
1—高压输液泵;2—贮液罐;3—膜过滤器;4—塑料膜管线;
5—传感器;6—控制电路;7—电磁阀;8—真空泵;
9—脱气后流动相至过滤器;10—脱气单元

4.6　高效液相色谱法的应用

4.6.1　在分析方面的应用

在高效液相色谱中,由于反相键合相色谱的突出特点而应用最为广泛,这主要表现在以下几个方面。

① 通过改变流动相组成,容易调节 k 和 α,能分离非离子化合物、离子化合物、可解离化合物及生物大分子等。

② 以水作为流动相主体,甲醇为有机改性剂,保留时间随溶质的疏水性增加而延长,易于

估计洗脱顺序。

③色谱柱平衡快,适宜梯度洗脱。

如图 4-20 所示是 33 种氨基酸的分析结果,分析条件如下:

固定相:75 mm×4.6 mm 十八烷基键合相。

颗粒直径:3 μm。

流动相流速:50 mL/min。

组成为 Na_2HPO_4(pH 7.2)、CH_3OH 和四氢呋喃水溶液,梯度洗脱。为了提高灵敏度,通过衍生化使氨基酸与邻苯二醛反应,生成荧光衍生物后,用荧光检测器检测。

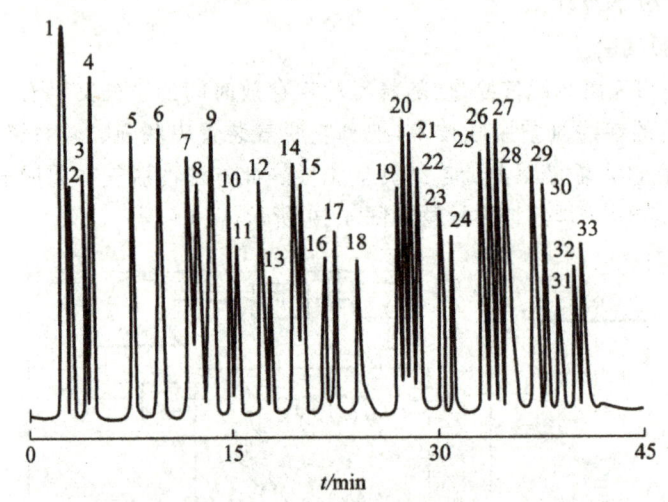

图 4-20 氨基酸衍生物的分离

1—丙氨酸;4—天冬氨酸;5—谷氨酸;7—天冬酰胺;9—丝氨酸;10—谷氨酰胺;
11—组氨酸;14—甘氨酸;15—苏氨酸;17—精氨酸;18—β-丙氨酸;19—丙氨酸;
21—酪氨酸;25—色氨酸;26—甲硫氨酸;27—缬氨酸;28—苯丙氨酸;
29—异亮氨酸;30—亮氨酸;31—羟赖氨酸;33—赖氨酸

4.6.2 在制备方面的应用

在大多数情况下,需要制备少量高纯度的试样。色谱法是获得少量高纯物质的最有效途径。由于液相色谱不但具有高分离能力,适用对象广,检测器不破坏试样,分离后组分易收集及组分与溶剂易分离等特点,在少量高纯物质制备中,色谱法起着更大的作用。

制备型液相色谱的结构与分析型基本一样,但制备型的色谱柱通常要大,以获得相对较多的纯品。采用较大的制备柱后,泵流量和进样量相应扩大。柱后需要配置馏分收集器。

4.6.2.1 色谱柱的柱容量

当分离柱一定时,可否增加进样量来提高一次制备量,提高制备效率呢?这取决于分离柱的柱容量及所要求分离产品的纯度。色谱柱的柱容量对分析柱和制备柱有不同的含义。对于分析柱来说,柱容量为不影响柱效时的最大进样量,而对制备柱则为不影响收集物纯度时的最大进样量。色谱操作时,若超载,即进样量超过柱容量,则柱效迅速下降,峰变宽。对于易分离组分,超载可提高制备效率,但以柱效下降一半或容量因子降低 10% 为宜。

4.6.2.2 制备方法

在液相制备色谱收集组分时,当制备的组分为可获得良好分离的主峰时,操作时可超载提高效率。当制备的组分为两主成分之间的小组分时,如图 4-21 所示,可先超载,分离切分使待分离组分成为主成分后,再次分离制备。

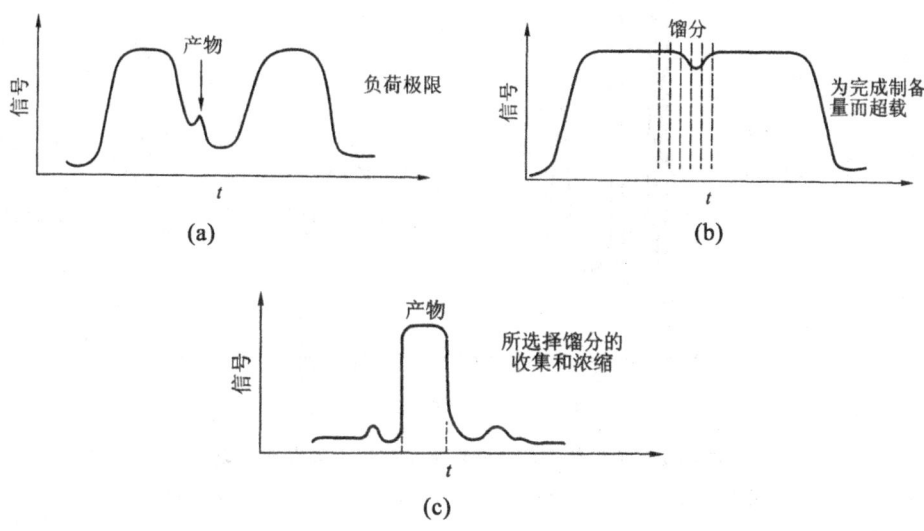

图 4-21 微量或痕量组分的分离制备

4.6.3 在环境监测方面的应用

4.6.3.1 有机氯农药残留量分析

环境中有机氯农药残留量分析,采用正相色谱法(图 4-22)。
固定相:薄壳型硅胶 Corasil Ⅱ (37~50 μm)。
流动相:正己烷。
流速:1.5 mL/min。
色谱柱:50 cm±2.5 mm(内径)。
检测器:示差折光检测器。
可对水果、蔬菜中的农药残余量进行分析。

4.6.3.2 致癌物质稠环芳烃的分析

致癌物质稠环芳烃的分析,采用反相色谱法(图 4-23)。
固定相:十八烷基硅烷化键合相。
流动相:20%甲醇-水~100%甲醇。

线性梯度洗脱:2%/min。
流速:1 mL/min。
柱温:50℃。
柱压:700 kPa。
检测器:紫外检测器。

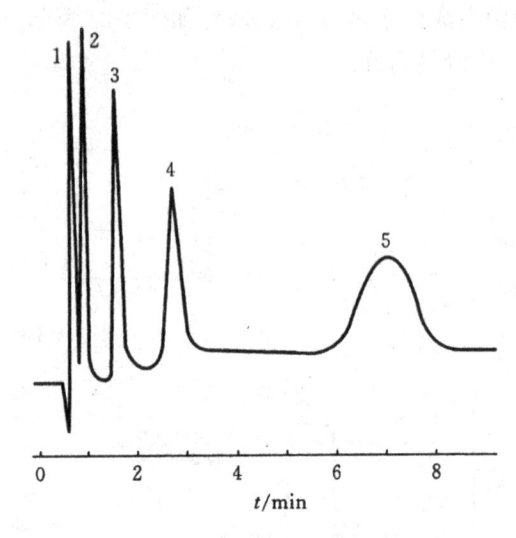

图 4-22 正相色谱法分析环境中有机氯农药残留量
1—艾氏剂;2—p,p'-DDT;3—o,p'-DDT;4—γ-六六六;5—恩氏剂

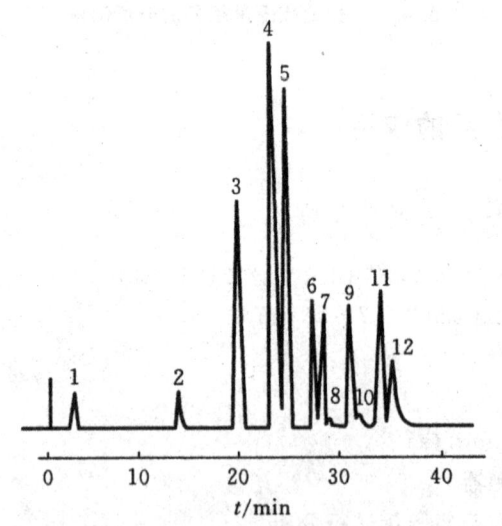

图 4-23 反相色谱法分析致癌物质稠环芳烃
1—苯;2—萘;3—联苯;4—菲;5—蒽;6—荧蒽;7—芘;
8,9,10—未知;11—苯并(e)芘;12—苯并(a)芘

第5章 原子发射光谱法

5.1 原子发射光谱法概述

原子发射光谱法是光学分析法中产生与发展最早的一种。

早在1860年,德国学者基尔霍夫和本生研制了第一台实用的光谱仪,应用于化学分析,发现了光谱与物质组成之间的关系,确认和证实各种物质都具有其特征光谱,从而奠定了光谱定性分析的基础。

随着光谱仪器和光谱理论的发展,发射光谱分析进入了新的阶段。火焰、火花和弧光光源稳定性的提高,给定量分析的发展开辟了道路。

20世纪20年代,格拉齐首先提出了谱线的相对强度的概念,即提出了内标法原理,奠定了定量分析的基础。

20世纪30年代,棱镜光谱仪形成了系列,促进了定量分析的发展,形成了定量分析的经验公式,罗马金和赛伯用实验方法建立了光谱线的谱线强度与分析物含量之间的经验关系式$I=ac$,至今仍是光谱定量分析的一个基本公式,即赛伯-罗马金公式。

20世纪40年代,棱镜光谱仪飞速发展,使发射光谱分析得到了广泛的应用。

20世纪50年代,光栅光谱仪基本上形成系列。

20世纪60年代,电感耦合等离子体(ICP)光源的引入,大大推动了发射光谱分析的发展。

近几十年来,中阶梯光栅光谱仪、干涉光谱仪等仪器的出现,加之电子计算机的应用,使发射光谱分析进入了自动化阶段。

可以看出,原子发射光谱分析技术的进步从20世纪50年代的仪器化、60年代光电直读化、70年代的微机化、80年代的智能化到90年代以来的数字化,原子发射光谱仪器的发展也是向高灵敏度、高选择性、快速、自动、简便和经济实用发展。

原子发射光谱法不仅过去曾在原子结构理论的建立及元素周期表中某些元素的发现过程中对科学的发展起到重要推动作用,而且已经并将继续在各种材料的定性定量分析中占有重要地位。

原子光谱发射法具有以下特点。

(1) 同时检测多种元素

试样经前处理后,可同时测定一个样品中的多种元素,试样消耗少。

(2) 分析速度快

不论是固体试样还是液体试样,不经过任何化学处理,利用光电直读光谱仪,均可在几分钟内同时测定出几十种元素含量。

(3)准确度较高

一般光源相对误差为5%～10%，ICP相对误差可达1%以下。

(4)检出限低

一般检出限可达0.1～10 μg/g，绝对值可达0.11 μg。电感耦合高频等离子体检出限可达μg/g级。

(5)线性范围宽

ICP光源校准曲线线性范围宽，可达4～6个数量级，可测定元素各种不同含量（高、中、低）。一个试样同时进行多元素分析时，又可测定各种元素的不同含量，这就是ICP-AES应用范围非常广泛的原因所在。

(6)选择性好

每种元素因原子结构不同而发射出各自不同的特征光谱。这对于一些化学性质极为相似的元素测定具有特别重要的意义。如铌、钽、十几种稀土元素等用其他方法分析难度很大，若用发射光谱分析法却可轻而易举地分别加以测定。

另外，原子发射光谱法也有自身的缺陷。目前一般的光谱仪还无法测定一些非金属元素样、硫、氮、卤素等谱线在远紫外区，磷、硒、碲等激发电位低，灵敏度也较低。

5.2 原子发射光谱法的原理

5.2.1 原子发射光谱的产生

处于激发态的原子很不稳定，经10^{-9}～10^{-8} s后便恢复到正常状态，这时它便跃迁回基态或其他较低的能级，多余能量的发射可得到一条光谱线。原子的外层电子由高能级向低能级跃迁，能量以电磁辐射的形式发射出去，这样就得到发射光谱。原子发射光谱是线状光谱。发射光谱的能量可表示为

$$\Delta E = E_2 - E_1 = h\nu = \frac{hc}{\lambda}$$

式中，E_2为高能级的能量；E_1为低能级的能量；h为普朗克常数；ν为发射光的频率；λ为发射光的波长；c为光速。

由此可知，每一条发射光谱的谱线的波长和跃迁前后的两个能级之差成反比。由于原子内的电子轨道是不连续的，故得到的光谱是线光谱。

每一条所发射的谱线都是原子在不同能级间跃迁的结果，可以用两个能级之差ΔE来表示。ΔE的大小与原子结构有关。不同元素的原子，由于结构不同，可以产生一系列不同的跃迁，发射出一系列不同波长的特征谱线。将这些谱线按一定的顺序排列，就得到不同原子的发射光谱，据此可对样品进行定性分析；而根据待测元素原子的浓度不同，因此发射强度不同，可实现元素的定量测定。若物质含量越高，原子数越多，则谱线将越强，故谱线强度是原子发射光谱定量分析的基础。

原子发射光谱分析由 3 个过程组成：
① 提供外部能量使被测以下试样蒸发、解离，产生气态原子，并使气态原子的外层电子激发至高能态，处于高能态的原子自发地跃迁回低能态时，以辐射的形式释放出多余的能量。
② 将待测物质发射的复合光经色散后形成一系列按波长顺序排列的谱线。
③ 用光谱干板或检测器记录和检测各谱线的波长和强度，并对元素进行定性和定量分析。

5.2.2 谱线强度及其影响因素

5.2.2.1 谱线强度

原子的外层电子在 i、j 两个能级之间跃迁，其发射谱线强度 I_{ij} 为单位时间、单位体积内光子发射的总能量。

$$I_{ij} = N_i A_{ij} h\nu_{ij} \tag{5-1}$$

式中，N_i 为单位体积内处于激发态的原子数；A_{ij} 为两个能级之间的跃迁概率，即单位时间、单位体积内一个激发态原子产生跃迁的次数；$h\nu_{ij}$ 为一个激发态原子跃迁一次所发射出的能量。

可见，原子由激发态 i 向基态或较低能级跃迁的谱线强度与激发态原子数 N_i 成正比。

又根据麦克斯韦-波茨曼分布定律：

$$N_i = N_0 \frac{g_i}{g_0} e^{\left(-\frac{E_i}{kT}\right)}$$

将 N_i 代入式(5-1)得

$$I = N_0 \frac{g_i}{g_0} e^{\left(-\frac{E_i}{kT}\right)} A h\nu$$

在光谱分析中，需要知道的是，试样中某元素原子的浓度与谱线强度的关系，考虑到激发态原子数目远比基态原子数目少，可用基态原子数来表示总原子数。另外，考虑到辐射过程中，试样的蒸发、离解、激发、电离以及同种基态原子对谱线的自吸效应的影响，于是可得谱线强度与原子浓度有如下关系：

$$I = A h\nu \frac{g_i}{g_0} e^{\left(-\frac{E_i}{kT}\right)} \frac{(1-x)\beta}{1-x(1-\beta)} \alpha \tau c^{bq} \tag{5-2}$$

式中，x 为气态原子的电离度；β 为气体分子的离解度；α 为样品蒸发的常数；τ 为原子在蒸气中平均停留时间；q 为与化学反应有关的常数，无化学反应时 $q=1$；b 为自吸系数，无自吸时 $b=1$。在一定条件下，式(5-2)可表示为

$$I = ac^b$$

式中，a、b 为与实验条件相关的常数。在一定条件下，谱线强度只与试样中原子浓度有关，这一公式称为赛伯-罗马金公式，是原子发射光谱定量分析的根据。

从上述可以看出，谱线强度与基态原子数成正比，与发射谱线的频率成正比，同时与激发态能级、激发时的热力学温度等呈指数关系。

5.2.2.2 谱线强度的影响因素

谱线强度的主要影响因素如下所示。

(1) 激发态能级

激发能级越高,其能量越大,谱线强度越小(谱线强度与激发态能级的能量呈负指数关系)。随着激发态能级的增高,处于该激发态的原子数迅速减少,释放谱线的强度降低。激发能量最低的谱线往往是最强线(第一共振线)。

(2) 基态原子数

谱线强度与进入光源的激态原子数成正比,因此,试样中被测元素的含量越大,发射的谱线也就越大。

(3) 跃迁概率

跃迁概率是指电子在某两个能级之间每秒跃迁的可能性的大小,它与激发态的寿命成反比,也就是说,原子处于激发态的时间越长,跃迁概率越小,产生的谱线强度越弱。

(4) 统计权重

统计权重也称为简并度,是指能级在外加磁场的作用下,可分裂成 $2J+1$ 个能级,谱线强度与统计权重成正比。当由两个不同 J 值的高能级向同一低能级跃迁时,产生的谱线强度也是不同的。

(5) 激发温度

温度既影响原子的激发过程,又影响原子的电离过程,谱线强度与温度之间的关系比较复杂。温度开始升高时,气体中的各种粒子、电子等运动速度加快,增强了非弹性碰撞,原子被激发的程度增加,所以谱线强度增强。但超过某一温度之后,电离度增加,原子谱线强度渐渐降低,离子谱线强度继续增强。原子谱线强度随温度的升高,先是增强,到达极大值后又逐渐降低。综合激发温度正反两方面的效应,要获得最大强度的谱线,应选择最适合的激发温度。如图 5-1 所示是部分元素谱线强度与温度的关系。

图 5-1 部分元素谱线强度与温度的关系

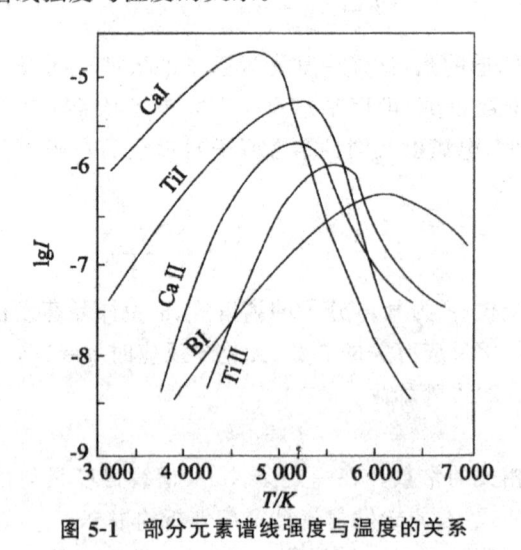

5.2.3 谱线的自吸与自蚀

在发射光谱中,谱线的辐射可以想象它是从弧焰中心轴辐射出来的,它将穿过整个弧层,然后向四周空间发射。弧焰具有一定的厚度,其中心处 a 的温度最高,边缘 b 处的温度较低(图 5-2)。边缘部分的蒸气原子,一般比中心原子处于较低的能级,因而当辐射通过这段路程时,将为其自身的原子所吸收,而使谱线中心减弱,这种现象称为自吸收。

自吸现象可用朗伯-比耳定律表示:

$$I = I_0 e^{-adc} \tag{5-3}$$

式中,I 为射出弧层后的谱线强度;I_0 为弧焰中心发射的谱线强度;a 为吸收系数,其值随各元素而变化,即使同一元素的不同谱线也有所不同,a 值同谱线的固有强度成正比;d 为弧层厚度;c 为吸光原子的浓度。

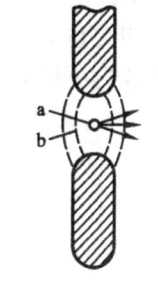

图 5-2 弧焰的示意图

从式(5-3)可见,首先,谱线的固有强度越大,自吸系数越大,自吸现象越严重。共振线是原子由激发态跃迁至基态产生的,强度较大,最易被吸收;其次,弧层越厚,弧层中被测元素浓度越大,自吸也越严重。直流电弧弧层较厚,自吸现象较严重。

自吸现象对谱线形状的影响较大(图 5-3)。当原子浓度低时,谱线不呈现自吸现象;当原子浓度增大时,谱线产生自吸现象,使谱线强度减弱;严重的自吸会使谱线从中央一分为二,称为谱线的自蚀。产生自蚀的原因是由于发射谱线的宽度比吸收线的宽度大,谱线中心的吸收程度比边缘部分大。在谱线表上,一般用 r 表示自吸谱线,用 R 表示自蚀谱线。

在定量分析中,自吸现象的出现,将严重影响谱线的强度,限制可分析的含量范围。

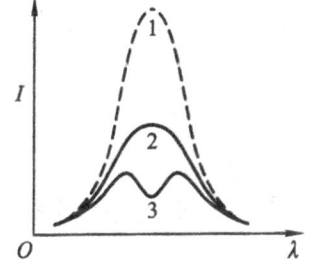

图 5-3 谱线的自吸
1—无自吸;2—自吸;3—自蚀

5.3 原子发射光谱仪

在发射光谱分析时,待测样品要经过蒸发、解离、激发等过程而发射出特征光谱,再经过分光、检测而进行定性、定量分析。发射光谱仪器主要由激发光源、分光系统及检测系统 3 部分组成。

5.3.1 激发光源

光源的作用是提供足够的能量,使试样蒸发、解离并激发,产生光谱。光源的特性在很大程度上影响分析方法的灵敏度、准确度及精密度。理想的光源应满足高灵敏度、高稳定性、背景小、线性范围宽、结构简单、操作方便、使用安全等要求。目前可用的激发光源有火焰、电弧、火花、等离子体、辉光等。

5.3.1.1 火焰

火焰是最早用于原子发射光谱法的光源,它利用燃气和助燃气混合后燃烧,产生足够的热量来使样品蒸发、离解和激发。用不同的燃气和助燃气体、不同的气体流量比例可以得到不同用途的火焰。

利用火焰的热能使原子发光并进行光谱分析的仪器称为火焰光度计,如图5-4所示,其分析方法称为火焰光度法。

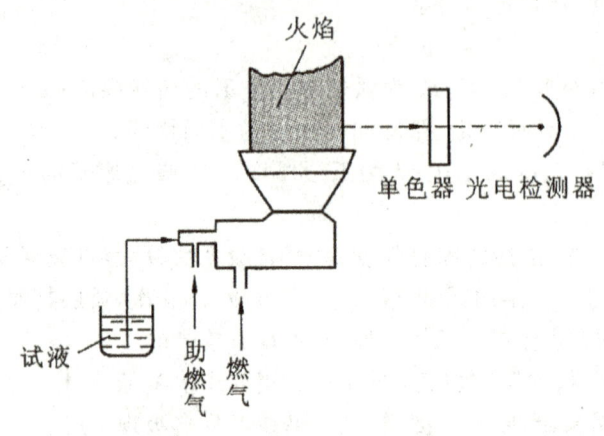

图5-4 火焰光度计的示意图

5.3.1.2 直流电弧

直流电弧是光谱分析中常用的光源,其电路如图5-5所示。图中E为直流电源,通常为220～380 V;R为镇流电阻,用来调节和稳定电流;电流一般为5～30 A;L为电感,用于减小电流波动;G为分析间隙。直流电弧通常用石墨或金属作为电极材料。

当采用电弧或火花光源时,需要将试样处理后装在电极上进行摄谱。当试样为导电性良好的固体金属或合金时可将样品表面进行处理,除去表面的氧化物或污物,加工成电极,与辅助电极配合,进行摄谱。这种用分析样品自身做成的电极称为自电极,而辅助电极则是配合自电极或支持电极产生放电效果的电极,通常用石墨作为电极材料,制成外径为6 mm的柱体。若固体试样量少或者不导电时,则可将其粉碎后装在支持电极上,与辅助电极配合摄谱。支持电极的材料为石墨,在电极头上钻有小孔,以盛放试样,常用的石墨电极如图5-6所示。

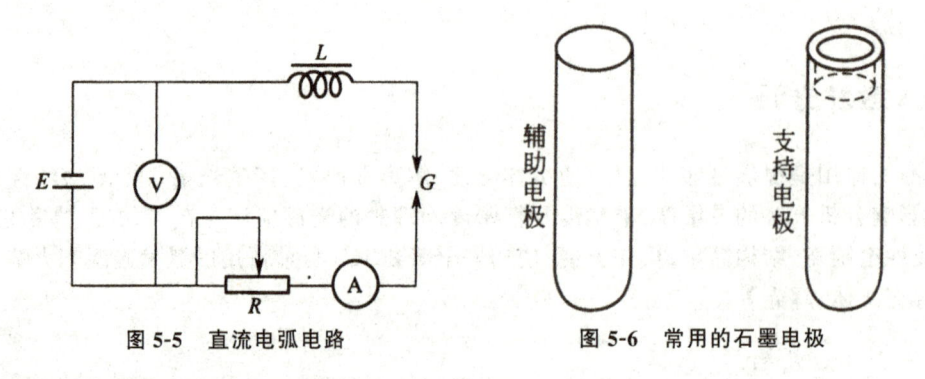

图5-5 直流电弧电路

图5-6 常用的石墨电极

直流电弧电路常用于定性分析及矿石、矿物等难熔物质中痕量组分的定量分析。

5.3.1.3 交流电弧

交流电弧有两类：高压交流电弧和低压交流电弧。高压交流电弧光源灵敏度高、重现性好，工作电压为 2 000～4 000 V，可以直接点弧，但装置复杂，操作危险，现已很少采用。现多用低压交流电弧光源，它使用 110～220 V 的低压交流电作为电弧的主要电源，但在此低压交流电上又叠加了一个高频高压电来"引火"，低压交流电可利用这一"引火"所造成的通路来产生电弧。其基本电路如图 5-7 所示。

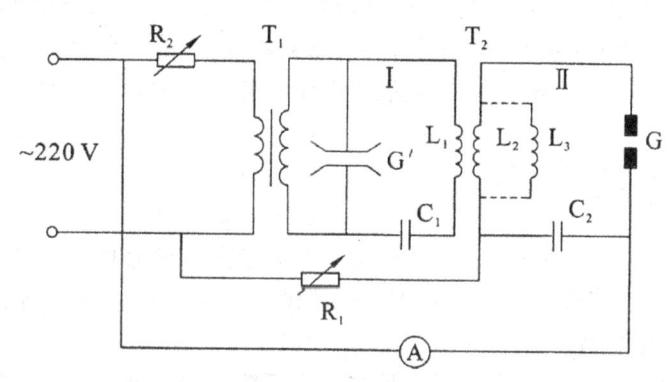

图 5-7 低压交流电弧发生器的基本电路

从图 5-7 中可以看出，低压交流电弧发生器基本电路由两部分组成：高频高压引火电路 I 和低频低压燃弧电路 II。这两个电路借助于高频变压器 T_2 的线圈 L_1 和 L_2 耦合。220 V 的交流电通过变压器 T_1 使电压升至 3 000 V 左右向电容器 C_1 充电，充电速度由 R_2 调节。当 C_1 的充电能量随交流电压每半周升至放电盘 G' 击穿电压时，放电盘被击穿，此时 C_1 通过电感 L_1 向 G' 放电，在 L_1C_1 回路中产生高频振荡电流，振荡的速度由放电盘的距离和充电速度来控制，每半周只振荡一次。高频振荡电流经高频变压器 T_2 耦合到低压电弧回路（II），并升压至10 kV，通过电容器 C_2 使分析间隙 G 的空气电离，形成导电通道。低压电流沿着已造成电离的空气通道，通过 G 引燃电弧。当电压降至低于维持电弧放电所需的电压时，弧焰熄灭。接着第二个半周又开始，该高频电流每半周使电弧重新点燃一次，维持弧焰不熄灭。

交流电弧光源适合于金属、合金的定性、定量分析。

5.3.1.4 火花

火花光源的工作原理是在常压下，利用电容器的充放电作用在两电极间周期性地加上高电压，当施加于两个电极间的电压达到击穿电压时，在两极间尖端迅速放电产生电火花，电火花可分为高压火花和低压火花。高压火花电路与低压交流电弧的引燃电路相似，如图 5-8 所示，但高压火花电路放电功率较大。

220 V 交流电压经可调电阻 R、变压器 T 产生 10 kV 左右的高压，并向电容器 C 充电，当电容器两端的充电电压达到分析间隙的击穿电压时，G 被击穿产生火花放电。

在放电一瞬间释放出很大的能量，放电间隙电流密度很高，因此温度很高，可达 10 000 K 以上，具有很强的激发能力，一些难激发的元素可被激发，而且大多为离子线；放电稳定性好，

图 5-8 高压火花电路的示意图

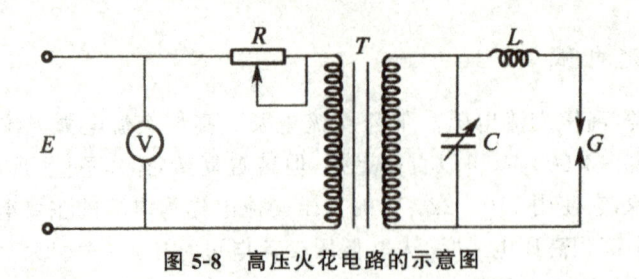

因此重现性好,适宜作定量分析,但是由于放电瞬间完成,有明显的充电间歇,所以电极温度较低,放电通道窄,不利于样品蒸发和原子化,灵敏度较差;适宜做较高含量的分析,同时间歇放电、放电通道窄有利于试样的导入,除了可以用碳作电极对外,待测样品自身也可做电极,如炼钢厂的钢铁分析。

5.3.1.5 等离子体

等离子体是一种由自由电子、离子、中性原子与分子所组成的具有一定的电离度,但在整体上呈电中性的气体,有直流等离子体喷焰和电感耦合等离子体、微波等离子体等。

(1) 直流等离子体喷焰

直流等离子体喷焰(DCP)实际上是一种被气体压缩了的大电流直流电弧,其形状类似火焰。早期的直流等离子体喷焰由电极中间的喷口喷出来,得到等离子体喷燃,从切线方向通入氩气或氦气,将电弧压缩,以获得高电流密度。其示意图如图 5-9 所示。

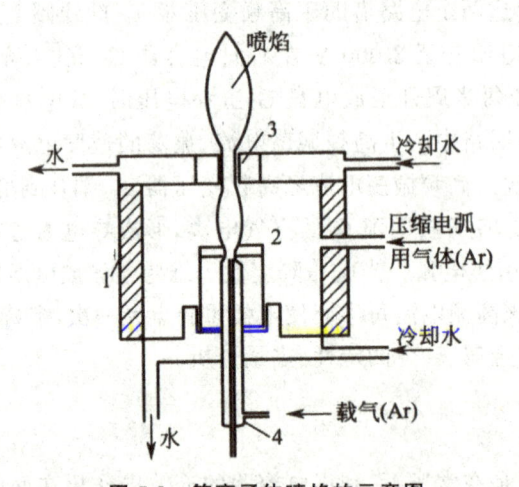

图 5-9 等离子体喷焰的示意图

(2) 电感耦合等离子体

电感耦合等离子体(ICP)是当前发射光谱分析中发展迅速,优点突出的一种新型光源。由高频发生器、同轴的三重石英管和进样系统 3 部分组成。感应线圈一般是由圆形或方形铜管绕制的 2~5 匝水冷线圈。作为发射光谱分析激发光源的电感耦合等离子体焰炬装置如图 5-10 所示。

等离子体炬管为 3 层同心石英管。氩气冷却气从外管切向通入,使等离子体与外层石英管内壁间隔一定距离以免烧毁石英管。切向进气的离心作用在炬管中心产生一个低气压通道以便进样。中层石英管的出口部分一般制成喇叭形,通入氩气以维持等离子体的稳定。内层石英管内径为 1~2 mm。试样气溶胶由气动雾化器或超声雾化器产生,由载气携带从内管进入等离子体。氩为单原子惰性气体,自身光谱简单,作为工作气体不会与试样组分形成难解离的稳定化合物,也不会像分子那样因解离而消耗能量,因而具有很好的激发性能,对大多数元素都有很高的分析灵敏度。

当有高频电流通过线圈时,产生轴向磁场,用高频点火装置产生火花以触发少量气体电离,形成的离子与电子在电磁场作用下,与其他原子碰撞并使之电离,形成更多的离子和电子,当离子和电子累积到使气体的电导率足够大时,在垂直于磁场方向的截面上就会感应出涡流,强大的涡流产生高热将气体加热,瞬间使气体形成最高温度可达 10 000 K 左右的等离子焰炬。当载气携带试样气溶胶通过等离子体时,可被加热至 6 000~7 000 K,从而进行原子化并被激发产生发射光谱。

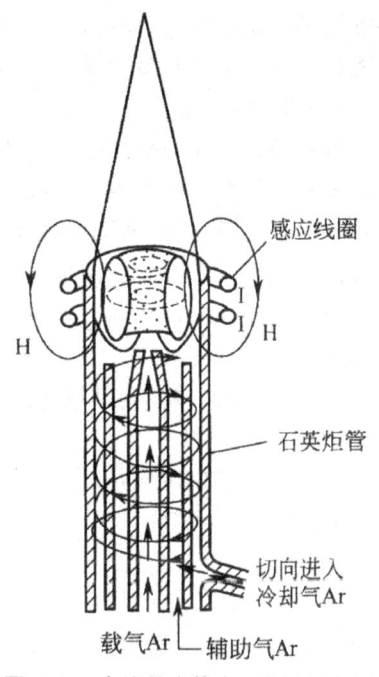

图 5-10　电感耦合等离子体焰炬装置

电感耦合等离子体焰炬可分为焰心、内焰和尾焰 3 个区域。

①焰心区。焰心区呈白色、不透明,温度高达 10 000 K。试样气溶胶通过这一区域时被预热、挥发溶剂和蒸发溶质。这一区域又称预热区,有很强的连续背景辐射。

②内焰区。内焰区位于焰心区上方,在感应线圈以上 10~20 mm,略带淡蓝色,呈半透明状,温度为 6 000~8 000 K,是被测物原子化、激发、电离与辐射的主要区域。这一区域又称测光区。

③尾焰区。尾焰区在内焰区上方,无色透明,温度在 6 000 K 以下,只能激发低能级的谱线。

电感耦合等离子体的温度分布如图 5-11 所示。样品气溶胶在高温焰心区经历了较长时间(约 2 ms)的预热,在测光区的平均停留时间约为 1 ms,比在电弧、电火花光源中平均停留时间(10^{-3}~10^{-2} ms)长得多,因而可以使试样得到充分的原子化,甚至能破坏解离能大于 7 eV 的分子键,如 U—O,Th—O 键等,从而有效地消除了基体的化学干扰,大大地扩展了对被测试样的适应能力,甚至可以用一条工作曲线测定不同基体试样中的同一元素。

电感耦合等离子体的电子密度很高,电离干扰一般可以忽略不计。应用电感耦合等离子体可以同时测定的元素达 70 多种。电感耦合等离子体以耦合方式从高频发生器获得能量,不使用电极,避免了电极对试

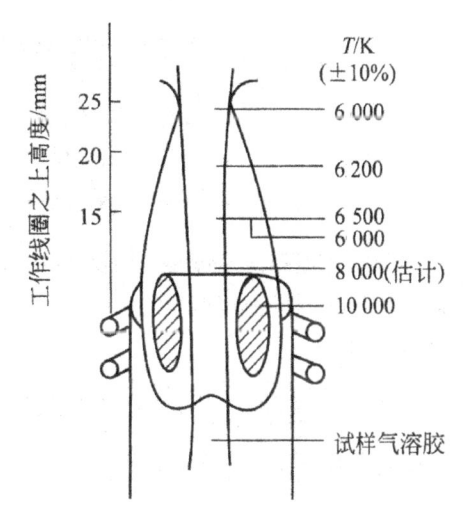

图 5-11　电感耦合等离子体的温度

样的污染。经过中央通道的气溶胶借助于对流、传导和辐射而间接地加热,试样成分的变化对电感耦合等离子体的影响很小,因此电感耦合等离子体具有良好的稳定性。

(3)微波等离子体

微波等离子体的研究不如电感耦合等离子体广泛,但也被用于发射光谱分析。已采用的微波等离子体有两种类型:电容耦合微波等离子体(CMP)和微波诱导等离子体(MIP)。微波等离子体由火花点燃,电子在微波场中振荡且获得充分的动能后通过碰撞电离载气。

电容耦合微波等离子体是通过一根同轴波导管将微波能量传输到电极顶端的,如图 5-12 所示是经过改进的电容耦合微波等离子体炬管。其工作气体为氩气,屏蔽气为氮气。在微波频率为 2 450 MHz 时,应用的微波功率为 200~500 W。电容耦合微波等离子体系统的背景较高,信噪比较差,且电极易受污染,因此不如 MIP 常用。

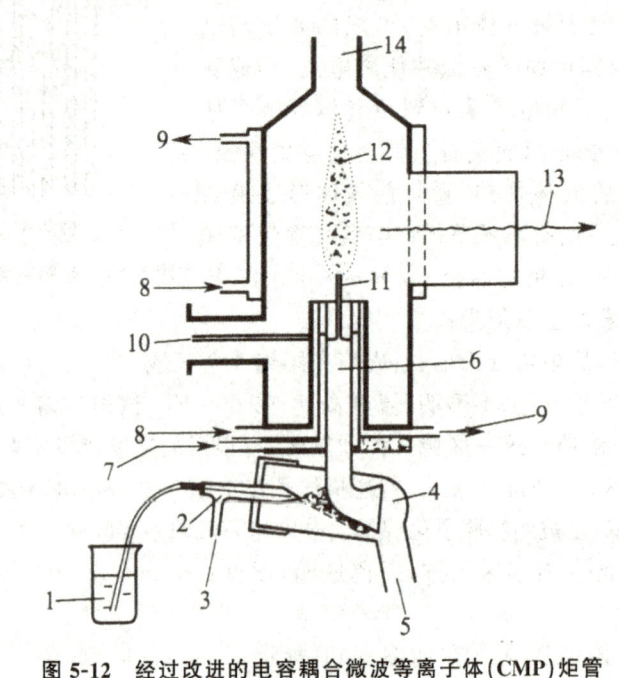

图 5-12 经过改进的电容耦合微波等离子体(CMP)炬管
1—样品溶液;2—雾化器;3—气溶胶气体(加等离子体气);4—雾化室;
5—废液;6—中央导体中的气溶胶通道;7—屏蔽气;8—冷却水入口;
9—冷却水出口;10—微波接头;11—电极尖头;12—等离子体炬;
13—通过屏蔽窗口出射的发射;14—废气排放口

微波诱导等离子体也称为无极微波谐振腔等离子体,如图 5-13 所示,微波诱导等离子体通过外部的谐振腔把微波能耦合给石英管中心的气流,工作气体为氩气或氮气;微波功率为 100~500 W。

对于 He MIP 来说,由于在满足等离子体能稳定维持的氦气流速下,气动雾化器不能工作,所以难以将溶液样品直接雾化引入 He MIP 中。对于 Ar MIP 来说,可以采用气动雾化法并除去溶剂的方法引入 Ar 等离子体,如图 5-14 所示是一种带有去溶剂系统的雾化器。

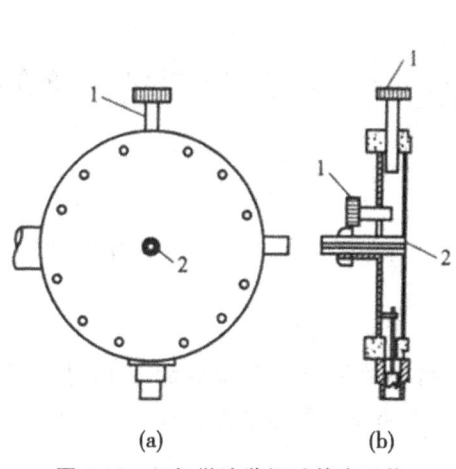

图 5-13 无极微波谐振腔等离子体
(a)正视；(b)侧视
1—调谐杆；2—石英管

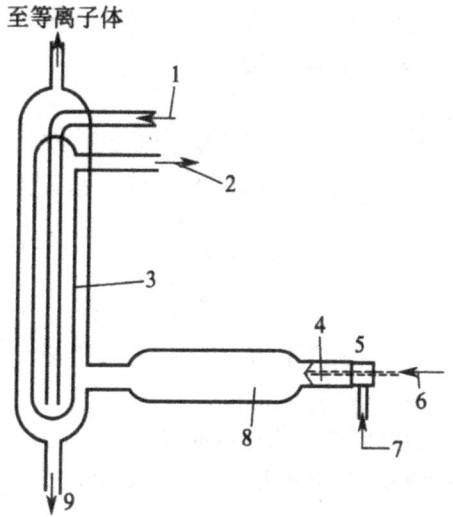

图 5-14 一种带有去溶剂系统的雾化器
1—冷却水；2—冷却水出口；3—冷凝器；
4—毛细管；5—雾化器；6—样品；
7—雾化器气体；8—加热雾化腔；9—废液

电热蒸发法(ETV)是将液体或固体微量样品转变成干气溶胶并引入微波等离子体的最常用方法之一,该方法采用金属丝或金属舟等作为电热原子化器,在电加热下使样品去溶、蒸发和原子化,再进入等离子体(图 5-15)。

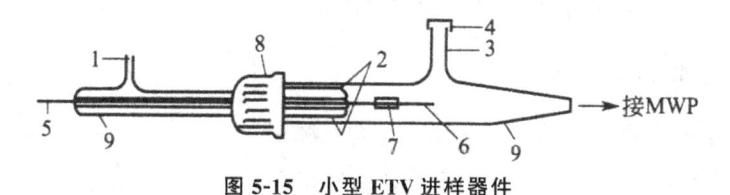

图 5-15 小型 ETV 进样器件
1—气体入口；2—气体出口；3—进样口；4—塞子；5—钨棒；
6—钨丝；7—瓷套管；8—螺旋连接帽；9—硼硅玻璃管

5.3.1.6 辉光

辉光是一种在很低气压下的放电现象。有气体放电管、格里姆放电管及空心阴极放电管多种形式,其中空心阴极放电管应用比较多。一般是将样品放在空心阴极的空腔里或以样品作为阴极,放电时利用气体离子轰击阴极使样品溅射出来进入放电区域而被激发。

辉光光源的激发能力很强,可以激发一些常规方法很难激发的元素,如部分非金属元素、卤素和一些气体。产生谱线强度大,背景小,检出限低,稳定性好,分析的准确度高。但设备复杂,进样不便,操作烦琐。它主要用于超纯物质中杂质分析及难激发元素、气体样品、同位素的分析及谱线超精细结构研究。

5.3.2 分光系统

分光系统的作用是将由激发光源发出的含有不同波长的复合光分解成按波序排列的单色光。常用的分光系统有滤光片、棱镜分光系统和光栅分光系统。

5.3.2.1 滤光片

滤光片有吸收型和干涉型两类,前者比后者便宜,只用于可见光,后者则可在紫外、可见甚至红外光谱范围内使用,而且分光效果要比前者好得多。

(1)吸收滤光片

吸收滤光片的有效带宽在 $80\sim260~\mu m$,性能特征都明显地差于干涉滤光片,但对于许多实际应用,已经完全适用了。吸收滤光片已经被广泛用于可见光区域的波长选择。

(2)干涉滤光片

干涉滤光片是利用光的干涉原理和薄膜技术来改变光的光谱成分的滤光片。由一透明介质和将其夹在中间的、内表面涂有半透明金属膜的两片玻璃片组成,要精心控制透明介质的厚度,透过辐射的波长由它决定。当一束准直辐射垂直地射到滤光片上时,一部分将透过第一层金属膜而其余的则被反射。当透过部分照到第二层金属膜时,会发生同样的情况,如果在第二次作用时所反射的部分具有合适的波长,它就可在第一层内表面与新进入的相同波长的光在相同的相位反射,使该波长的光获得加强干涉,而大部分其他波长的光则由于相位不同而发生相消干涉,从而获得较窄的辐射通带。

如图 5-16 所示是吸收和干涉滤光片的带宽示意。

5.3.2.2 棱镜分光系统

棱镜分光系统的示意图如图 5-17 所示,Q 为光源,K_I、K_{II}、K_{III} 为照明透镜,3 个透镜组成了照明系统,将光源发出的光有效、均匀地照射到狭缝 S 上,然后准光镜 L_1 把由狭缝射出的光变成平行光束,投射到棱镜 P 上,不同波长的光由成像物镜 L_2 分别聚焦在面 FF' 上,便得到按波长顺序展开的光谱。所获得的每一条谱线都是狭缝的像。

棱镜对光的色散基于光的折射现象,构成棱镜的光学材料对不同波长的光具有不同的折射率,在紫外区和可见光区,折射率 n 与波长 λ 之间的关系可用科希公式来表示,即

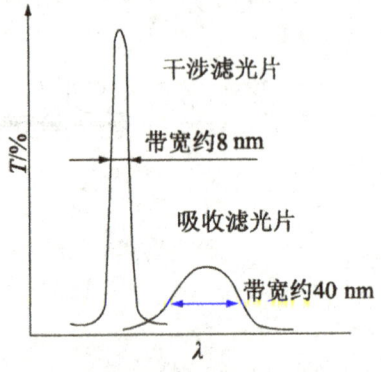

图 5-16 吸收和干涉滤光片的带宽示意图

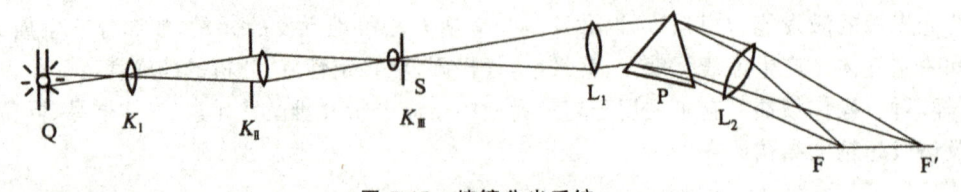

图 5-17 棱镜分光系统

$$n = A + \frac{B}{\lambda^2} + \frac{C}{\lambda^4} + \cdots$$

从上式可以看出,波长短的光折射率大,波长长的光折射率小。因此平行光经过棱镜色散后,按波长顺序被分解成不同波长的光。

棱镜光谱是零级光谱,可用色散率、分辨率来表征棱镜分光系统的光学特性。

① 色散率。色散率是指将不同波长的光分开的能力,有角色散率和线色散率之分。

a. 角色散率 D。角色散率是指两条波长相差 $\mathrm{d}\lambda$ 的谱线被分开的角度 $\mathrm{d}\theta$。

b. 线色散率 D_l。线色散率是指波长相差 $\mathrm{d}\lambda$ 的两条谱线在焦面上被分开的距离 $\mathrm{d}l$。

$$D_l = \frac{f}{\sin\varepsilon} D = \frac{f}{\sin\varepsilon} \times \frac{\mathrm{d}\theta}{\mathrm{d}\lambda}$$

式中,f 为照相物镜 L_2 的焦距;ε 为焦面对波长为 λ 的主光线的倾斜角。

棱镜的线色散率随波长增加而减小,故也常用倒线色散率 $\frac{\mathrm{d}\lambda}{\mathrm{d}l}$ 来表示其分光能力,倒线色散率 $\frac{\mathrm{d}\lambda}{\mathrm{d}l}$ 的含义是焦面上单位长度内容纳的波长数,单位是 nm/mm。其数值越小,说明色散效果越好。

要增大色散能力,可通过增加棱镜数目、增大棱镜的顶角、改变棱镜材料及投影物镜焦距等手段来实现,但同时要考虑成本增加以及光强度减小等因素,一般棱镜数目不超过 3 个,棱镜顶角采用 60°。

② 分辨率。棱镜的理论分辨率可由下式计算:

$$R = \frac{\lambda}{\Delta\lambda}$$

式中,$\Delta\lambda$ 为根据瑞利准则恰能分辨的两条谱线的波长差;λ 为两条谱线的平均波长。

根据瑞利准则,"恰能分辨"是指等强度的两条谱线间,一条谱线的衍射最大强度落在另一条谱线的第一最小强度上。当棱镜位于最小偏向角位置时,对等腰棱镜有

$$R = m'b \frac{\mathrm{d}n}{\mathrm{d}\lambda}$$

式中,$\frac{\mathrm{d}n}{\mathrm{d}\lambda}$ 为棱镜材料的色散率;m' 为棱镜的数目;b 为棱镜的底边长。

R 值越大,分辨能力越强,一般光谱仪的分辨率在 5 000~60 000。

5.3.2.3 光栅分光系统

光栅分光系统采用光栅作为分光器件,光栅利用多狭缝干涉和单狭缝衍射的联合作用,将复合光色散为单色光;多狭缝干涉决定谱线的位置,单狭缝衍射决定谱线的强度分布。目前原子发射光谱仪中采用的光栅分光系统有 3 种类型:凹面光栅、平面反射光栅和中阶梯光栅。

平面反射光栅的分光系统主要应用于单道仪器,每次只能选择一条光谱线作为分析线,检测一种元素,如图 5-18 所示。

凹面光栅的分光系统使发射光谱实现多道多元素同时检测,如图 5-19 所示。

光栅分光系统的光学特性通常用色散率、分辨率来表征。

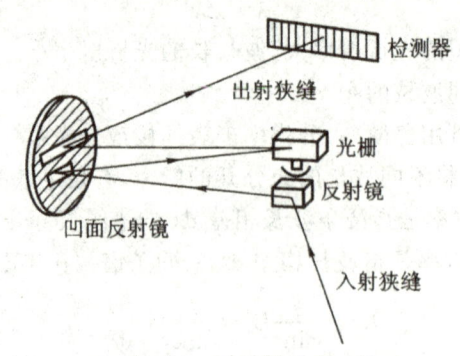

图 5-18 平面光栅分光系统

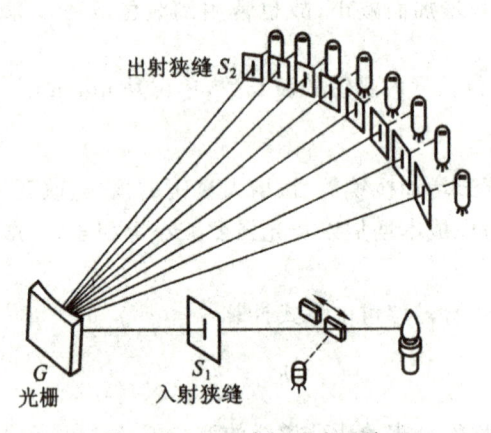

图 5-19 凹面光栅分光系统

①色散率。角色散率 $\dfrac{d\beta}{d\lambda}$ 和线色散率 $\dfrac{dl}{d\lambda}$ 可用光栅公式求得

$$d(\sin i \pm \sin \beta) = m\lambda$$

微分分别求得角色散率和线色散率：

$$\frac{d\beta}{d\lambda} = \frac{m}{d\cos\beta}$$

$$\frac{dl}{d\lambda} = \frac{mf}{d\cos\beta}$$

式中，d 为光栅常数；m 为光谱级次；i 为入射角；β 为衍射角；f 为焦距。

在光栅发现附近，$\cos\beta \approx 1$，记载同一级光谱中，色散率基本不随波长而改变，是均匀色散。色散率随光谱级次增大而增大。

②分辨率。光栅光谱仪的理论分辨率 R 为

$$R = \frac{\lambda}{\Delta\lambda} = mN$$

式中，m 为光谱级次；N 为光栅总刻线数。

如果要获得高分辨率,则可采用大块的光栅,以增加总刻线数。

5.3.3 检测系统

在原子发射光谱法中,常用的检测方法有光电直读法和摄谱法。

5.3.3.1 光电直读法

光电直读法是利用光电测量的方法直接测定谱线波长和强度。目前常用的光电转换元件包括光电倍增管和固体成像器件。光电倍增管的工作原理如图 5-20 所示。

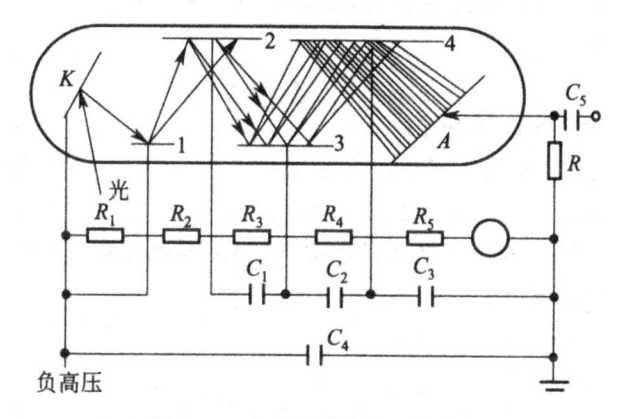

图 5-20 光电倍增管的工作原理
K—光敏阴极;1~4—打拿极;A—阳极;R—电阻;C—电容

光电倍增管是利用次级电子发射原理放大光电流的光电管,由光电阴极、阳极及若干个打拿极组成,阴极电位最低,各打拿极电位依次升高,阳极最高。在光阴极和打拿极上都涂以光敏材料,阴极在光照下产生电子,电子在电场作用下,加速而撞击到第一打拿极上,产生 2~5 倍的次级电子,这些电子再与下一个打拿极撞击,产生更多的次级电子,经过多次放大,最后聚集在阳极上的电子数可达阴极发射电子数的 $10^5 \sim 10^8$ 倍。

5.3.2.3 摄谱法

用感光板来接收与记录光谱的方法称为摄谱法,而采用摄谱法记录光谱的原子发射光谱仪称为摄谱仪。将光谱感光板置于摄谱仪焦面上,接受被分析试样光谱的作用而感光,再经过显影、定影等过程后,制得光谱底片,其上有许许多多黑度不同的光谱线,然后用映谱仪观察谱线的位置和强度,进行光谱定性分析和半定量分析;也可采用测微光度计测量谱线的强度比,进行光谱定量分析。感光板的特性常用反衬度、灵敏度和分辨能力来表征。

感光板主要由片基和感光层组成。感光物质卤化银、支持剂明胶和增感剂构成了感光层,均匀涂布在片基上,片基的材料通常为玻璃或醋酸纤维。改变增感剂,则可制得不同感色范围及灵敏度的各种型号的感光板。

摄谱时,卤化银在不同波长光的作用下形成潜影中心。在显影剂的作用下,包含有潜影中心的卤化银晶体迅速还原成金属银,形成明晰的像,再利用定影剂除去未还原的卤化银,即可得到具有一定波长和黑度的光谱线。利用映谱仪将底片放大 20 倍,可进行定性分析;用测微光度计测定谱线黑度,可进行定量分析。

黑度是指感光板上谱线变黑的程度,将一束光照在谱板上,谱线处光透过率的倒数的对数即为黑度。

$$S = \lg \frac{1}{T} = \lg \frac{I_0}{I}$$

式中,S 为黑度;T 为谱线处光透过率;I_0 为透过未受光作用部分的光强度;I 为透过谱线处的光强度。

感光板上的谱线黑度与总曝光量有关,曝光量等于感光层所接受的照度和曝光时间的乘积。

$$H = Et$$

式中,H 为曝光量;E 为照度;t 为曝光时间。

黑度与曝光量之间的关系极为复杂。如果以黑度为纵坐标,以曝光量的对数为横坐标,则得到实际的乳剂特性曲线如图 5-21 所示,该曲线可分为五部分:AB 是雾翳部分,此段与曝光量无关,BC 是曝光不足部分,CD 是曝光正常部分,黑度与曝光量的对数成直线关系,DE 是曝光过度部分,EF 是负感部分。

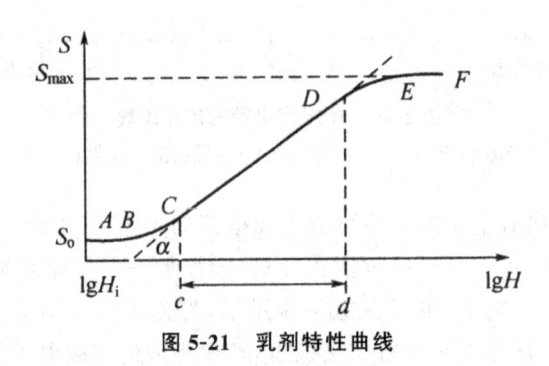

图 5-21 乳剂特性曲线

CD 段为直线,黑度 S 与曝光量的对数值 $\lg H$ 之间的关系可用下式表示:

$$S = r(\lg H - \lg H_i) \tag{5-4}$$

式中,r 为 CD 段直线的斜率,称为感光板的反衬度,表示曝光量改变时黑度变化的快慢。CD 部分延长线在横坐标上的截距为 $\lg H_i$,H_i 称为感光板乳剂的惰延量,可用来表示感光板的灵敏度,H_i 越大,灵敏度越低。AB 段与纵轴交点处的黑度 S_0 称为雾翳黑度,CD 段在横轴上的投影 cd 称为感光板乳剂的展度,决定了可进行定量分析的浓度范围。

对于一定的感光板,$r\lg H_i$ 为一定值,用 i 表示,则式(5-4)可写为

$$S = r\lg H - i \tag{5-5}$$

式中,i 为常数;r 代表乳剂特性曲线直线部分的斜率,称为反衬度。

由于曝光量 H 等于感光板上得到的照度 E 与曝光时间 t 的乘积,而照度 E 又与谱线强度 I 成正比,故式(5-5)可表示为

$$S = r\lg It - i$$

5.4 原子发射光谱法的应用

5.4.1 定性分析

对于不同元素的原子,由于它们的结构不同,其能级的能量也不同,因此发射谱线的波长也不同,可根据元素原子所发出的特征谱线的波长来确认某一元素的存在,这就是光谱定性分析。

要检出某元素是否存在,必须有两条以上不受干扰的最后线与灵敏线。每种元素的特征谱线多少不一,有些元素的特征谱线可多达上千条。在实际定性分析中,要确定某种元素是否存在,只需检出两条以上不受干扰的灵敏线即可。

5.4.1.1 标准试样光谱比较法

将要检出元素的纯物质和纯化合物与试样并列摄谱于同一感光板上,在映谱仪上检查试样光谱与纯物质光谱。若两者谱线出现在同一波长位置上,即可说明某一元素的某条谱线存在。这种方法只适用于试样中指定元素的定性。不适用于光谱全分析。

5.4.1.2 铁光谱比较法

铁光谱比较法是目前最通用的方法,它采用铁的光谱作为波长的标尺,来判断其他元素的谱线。铁光谱作标尺有如下特点:

① 谱线多,在 210~660 nm 范围内有几千条谱线。
② 谱线间距离都很近,在上述波长范围内均匀分布。

对每一条谱线的波长,都已进行了精确的测量。在实验室中,由标准光谱图对照进行分析。

标准光谱图是在相同条件下,在铁光谱上方准确地绘出 68 种元素的逐条谱线并放大 20 倍的图片。铁光谱比较法实际上是与标准光谱图进行比较,因此又称为标准光谱图比较法,如图 5-22 所示。

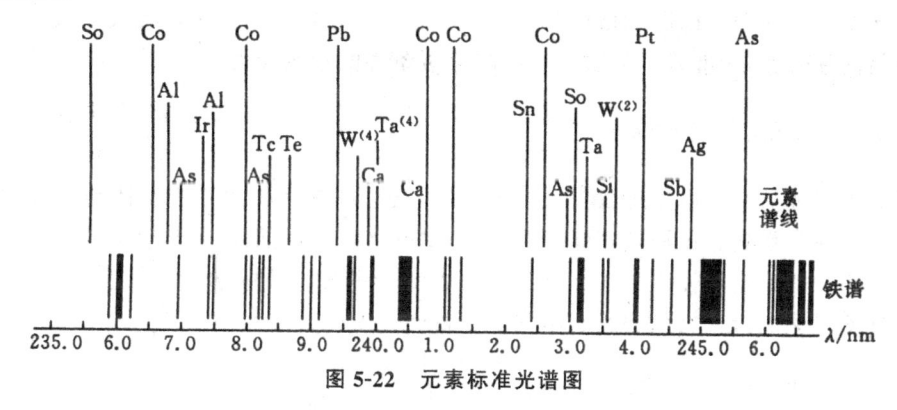

图 5-22 元素标准光谱图

在进行分析时,将试样与纯铁在完全相同的条件下并列并且紧挨着摄谱,摄得的谱片置于映谱仪上;谱片也放大 20 倍,再与标准光谱图进行比较。

比较时,首先须将谱片上的铁谱与标准光谱图上的铁谱对准,然后检查试样中的元素谱线。若试样中的元素谱线与标准图谱中标明的某一元素谱线出现的波长位置相同,即为该元素的谱线。铁谱线比较法可同时进行多元素定性鉴定。

5.4.1.3 波长测定法

当试样的光谱中有些谱线在元素标准谱图上并没有标出时,无法利用铁谱比较法来进行定性分析,此时可采取波长测定法。如果待测元素的谱线(λ_x)处于铁谱中两条已知波长的谱线(λ_1、λ_2)之间(图 5-23),且这些谱线的波长又很接近,则可认为谱线之间距离与波长差成正比,即

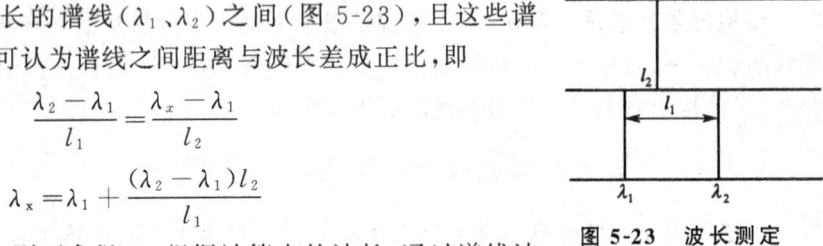

$$\frac{\lambda_2 - \lambda_1}{l_1} = \frac{\lambda_x - \lambda_1}{l_2}$$

$$\lambda_x = \lambda_1 + \frac{(\lambda_2 - \lambda_1) l_2}{l_1}$$

图 5-23 波长测定

利用比长仪测得 λ_1、λ_2,则可求得 λ_x,根据计算出的波长,通过谱线波长表来确定该元素的种类。

5.4.2 半定量分析

光谱半定量分析是一种粗略的定量方法,可以估计样品中元素大概含量,在样品数量较大时,剔除没有仔细定量测定的样品时有重大意义。常用方法有以下几种。

5.4.2.1 谱线呈现法

谱线呈现法是利用某元素出现谱线数目的多少来估计元素含量。当试样中某元素含量较低时,仅出现少数灵敏线,随着该元素含量的增加,谱线的强度逐渐增强,而且谱线的数目也相应增多,一些次灵敏线与较弱的谱线将相继出现。于是可预先配制一系列浓度不同的标准样品,在一定条件下摄谱,然后根据不同浓度下所出现的分析元素的谱线及强度情况列出一张谱线出现与含量的关系表。以后就根据某一谱线是否出现来估计试样中该元素的大致含量。此法的优点是简便快速,但准确度受试样组成与分析条件的影响较大。

5.4.2.2 谱线强度比较法

光谱半定量分析常采用摄谱法中比较黑度法,这个方法须配制一个基体与试样组成近似的被测元素的标准系列。在相同条件下,在同一块感光板上标准系列与试样并列摄谱,然后在映谱仪上用目视法直接比较试样与标准系列中被测元素分析线的黑度。黑度若相同,则可做出试样中被测元素的含量与标准样品中某一个被测元素含量近似相等的判断。

5.4.2.3 均称线对法

对试样进行摄谱,得到的光谱中既有基体元素的谱线,也有待测元素的谱线,基体元素为主要成分,其谱线强度变化很小,而对于待测元素的某一谱线来说,元素含量不同,谱线强度也不同,在此谱线旁边可以找到强度和它相等或接近的基体元素谱线。将这些谱线组成线对,就可以作为确定这个元素含量的标志。这种线对中的基体线和待测元素线应是均称线对,所谓"均称线对",是指两条谱线的激发电位及电离电位分别几乎相等,这样当光源的激发条件有波动时,分析线和基体线的强度随之同时变化,不至于引起估计错误。对于不同金属或合金,分析其中的不同元素时,所用的均称线对可以在一些看谱分析的书中查到。

5.4.3 定量分析

光谱定量分析就是根据样品中被测元素的谱线强度来确定该元素的准确含量。

元素的谱线强度与元素含量的关系是光谱定量分析的依据。各种元素的特征谱线强度与其浓度之间,在一定条件下都存在确定关系,即赛伯-罗马金公式。

$$I = ac^b$$

对上式取对数,得

$$\lg I = b \lg c + \lg a \tag{5-6}$$

这就是光谱定量分析的基本关系式。

自吸常数 b 随试样浓度 c 增加而减小,当试样浓度很小时,自吸消失,$b=1$。以 $\lg I$ 对 $\lg c$ 作图,在一定的浓度范围内为直线。在光谱分析中,试样的蒸发和激发条件、组成、稳定性等都会影响谱线的强度,要完全控制这些条件困难较大,故用测量谱线绝对强度的方法来进行定量分析难以获得准确的结果,实际工作中一般采用以下几种方法。

5.4.3.1 内标法

内标法由盖拉赫提出,此方法克服了工作条件不稳定等因素的影响,使光谱分析可以进行比较准确的定量计算。方法原理是:首先在被测元素的谱线中选一条分析线,其强度为 I_1,然后在内标元素的谱线中选一条与分析线匀称的谱线作为内标线,其强度为 I_2,这两条谱线组成分析线对。在选择适当的实验条件后,分析线与内标线的强度比不受工作条件变化的影响,只随样品中元素含量不同而变化。根据式(5-6),分析线与内标线强度分别为

$$I_1 = a_1 c_1^{b_1}$$
$$I_2 = a_2 c_2^{b_2}$$

分析线对比值 R 为

$$R = \frac{I_1}{I_2} = \frac{a_1}{a_2} \times \frac{c_1^{b_1}}{c_2^{b_2}}$$

由于样品中内标元素浓度是一定的,所以 $c_2^{b_2}$ 可认为是常数,令

$$A = \frac{a_1}{a_2} \times \frac{1}{c_2^{b_2}}$$

则有

$$R = Ac^b$$
$$\lg R = b\lg c + \lg A \tag{5-7}$$

式(5-7)即为内标法定量的基本关系式。以 $\lg R$ 对应 $\lg c$ 作图,绘制标准曲线,在相同条件下,测定试样中待测元素的 $\lg R$,在标准曲线上即可求得未知试样的 $\lg c$。

内标元素与分析线对的选择:
①内标元素可以选择基体元素,或另外加入,其含量固定。
②内标元素与待测元素具有相近的蒸发特性。
③分析线对应匹配,同为原子线或离子线,且激发电位相近,形成"匀称线对"。
④强度相差不大,无相邻谱线干扰,无自吸或自吸小。

而事实上,找到完全符合上述要求的分析线对是十分困难的。即使采用内标法进行光谱定量分析,还是应该尽可能地控制实验条件的相对稳定。

5.4.3.2 绝对强度法

当温度一定时,谱线强度 I 与被测元素浓度 c 成正比,即

$$I = ac$$

当考虑到谱线自吸时,有如下关系式:

$$I = ac^b$$

以上两式称为赛伯-罗马金公式。b 随浓度 c 减小而减小,当浓度很小且谱线强度不大,无自吸时,$b=1$,因此,在定量分析中,选择合适的分析线是十分重要的。a 值受试样组成、形态及光源、蒸发、激发等工作条件的影响。将公式取对数,可得

$$\lg I = \lg a + b\lg c$$

$\lg I$ 与 $\lg c$ 的关系曲线如图 5-24 所示。在一定浓度范围内,$\lg I$ 与 $\lg c$ 呈线性关系。当浓度较高时,谱线产生自吸,由于 $b<1$,曲线发生弯曲。因此,只有在一定的条件下,$\lg I$ 与 $\lg c$ 才能呈线性关系,这种测定方法称为绝对强度法。

由于 a 值在实验中很难保持为常数,故通常不采用谱线的绝对强度来进行光谱定量分析,而是采用内标法。

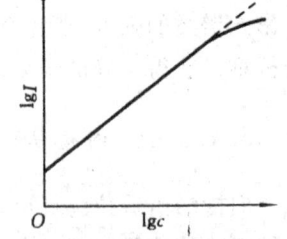

图 5-24 元素浓度与谱线强度的关系曲线

5.4.3.3 标准曲线法

标准曲线法也称为三标样法。在确定的分析条件下,用 3 个或 3 个以上含有不同浓度被测元素的标准样品与试样在相同的条件下激发光谱,以分析线强度 I 或内标分析线对强度比 R 或 $\lg R$ 对浓度 c 或 $\lg c$ 作校准曲线。再由校准曲线求得试样被测元素含量。

标准曲线法是光谱定量分析的基本方法,应用广泛,特别适用于成批样品的分析。

标准试样不得少于 3 个。为了减少误差,提高测量的精度和准确度,每个标样及分析试样一般应平行摄谱 3 次,取其平均值。

5.4.3.4 标准加入法

当测定低含量元素,且找不到合适的基体来配制标准试样时,一般采用标准加入法。设试样中被测元素含量为 c_x,在几份试样中分别加入不同浓度 c_1、c_2、c_3…的被测元素;在同一实验条件下,激发光谱,然后测量试样与不同加入量样品分析线对的强度比 R。当被测元素浓度较低时,自吸系数 $b=1$,分析线对强度 R 正比于 c,R-c 图为一条直线,将直线外推,与横坐标相交的截距的绝对值即为试样中待测元素含量 c_x。如图 5-25 所示。

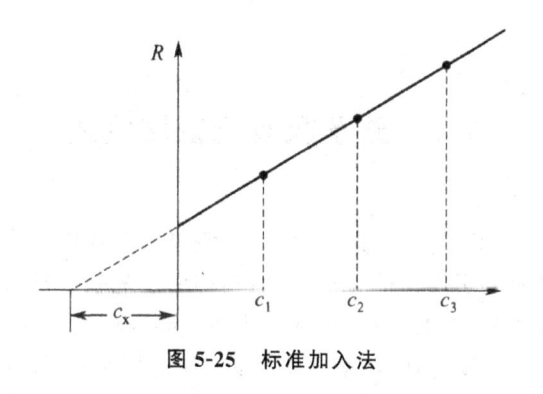

图 5-25 标准加入法

标准加入法可用来检查基体的纯度,估计系统误差、提高测定灵敏度等。可以较好地消除因为基体组成不同给测定带来的影响,得到较为准确的分析结果。但在应用标准加入法时应特别注意加入的分析元素应与原试样中该元素的化合物状态一致或十分接近,同时分析线应无自吸收现象,才能保证测定准确,否则将会产生较大的误差。

第6章 原子吸收光谱法

6.1 原子吸收光谱法概述

原子吸收光谱法也称为原子吸收分光光度法。它是根据物质的基态原子蒸气对特征波长光的吸收,测定试样中待测元素含量的分析方法,简称原子吸收分析法。

早在1859年基尔霍夫就成功地解释了太阳光谱中暗线产生的原因,并且应用于太阳外围大气组成的分析。但原子吸收光谱作为一种分析方法,却是从1955年澳大利亚物理学家A. Walsh发表了"原子吸收光谱在化学分析中的应用"的论文以后才开始的。这篇论文奠定了原子吸收光谱分析的理论基础。20世纪50年代末和60年代初,市场上出现了供分析用的商品原子吸收分光光度计。1961年苏联的Б. В. Льbob提出电热原子化吸收分析,提高了原子吸收分析的灵敏度。1965年威尼斯(J. B. Willis)将氧化亚氮-乙炔火焰成功地应用于火焰原子吸收法,大大扩大了火焰原子化吸收法的应用范围,自20世纪60年代后期开始"间接"原子吸收光谱法的开发,使得原子吸收光谱法不仅可测金属元素还可测一些非金属元素(如卤素、硫、磷)和一些有机化合物(如维生素B_{12}、葡萄糖、核糖核酸酶等),为原子吸收光谱法开辟了广泛的应用领域。

近年来,随着计算机、微电子技术、自动化、人工智能技术和化学计量等的迅猛发展,各种新材料与元器件的出现,大大改善了仪器性能,使原子吸收分光光度计的精度和准确度及自动化程度有了极大提高,使原子吸收光谱法成为痕量元素分析灵敏且有效的方法之一,能够直接测定70多种元素,它已成为一种常规的分析测试手段,广泛地应用于各个领域。

原子吸收光谱法是一种重要的成分分析方法,其特点如下所示。

(1)灵敏度高,检测限低

火焰原子吸收分光光度法测定大多数金属元素的相对灵敏度为$1.0\times10^{-8}\sim1.0\times10^{-10}$ g/mL,非火焰原子吸收光谱法的绝对灵敏度为$1.0\times10^{-12}\sim1.0\times10^{-14}$ g。

(2)测量精密度好

由于温度的变化对测定影响较小,该法具有良好的稳定性和重现性,精密度好。一般仪器的相对标准偏差为1%~2%,性能好的仪器可达0.1%~0.5%。在通常条件下,火焰原子吸收光谱法测定结果的相对标准偏差可小于1%,基测量精密度已接近于经典化学方法。石墨炉原子吸收光谱法的测量精度一般为3%~5%。

(3) 选择性好

原子吸收光谱是元素的固有特征,这是其选择性好的根本原因。用原子吸收光谱法测定元素含量时,通常共存元素对待测元素干扰少,若实验条件合适一般可以在不分离共存元素的情况下直接测定。

(4) 准确度高

测定微、痕量元素的相对误差可达 0.1%～0.5%,分析一个元素只需数十秒至数分钟,如用 P-E5000 型自动原子吸收光谱仪在 35 min 内,能连续测定 50 个试样中的 6 种元素。

(5) 应用范围广

适用分析的元素范围广,用直接原子吸收光谱法可以分析周期表中绝大多数的金属与准金属元素,间接原子吸收光谱法可用于非金属元素、有机化合物成分分析,采用联合技术可以进行元素的形态分析。应用范围遍及各个学科领域和国民经济的各个部门。

原子吸收光谱法也有其局限性,它主要是用于单元素的定量分析,若要测定不同的元素,需改变分析条件和更换不同的光源灯。对某些元素如稀土、锆、钨、铀等的测定灵敏度低,难熔元素、非金属测定困难,目前还不能同时测定多种共存元素。对成分比较复杂的试样,干扰仍然比较严重。但这些情况正在不断得到改进。

6.2 原子吸收光谱法的原理

6.2.1 原子的能级与能级图

通常把核外电子在稳定运行状态时所处的不同电子轨道称为能级,各种元素的原子的核外电子,都是分布在具有一定能量的电子能级上的。原子处于很稳定的状态时,电子在能量最低的轨道能级上运动,这种状态称为基态。当原子受到外来能量如光、热、电等的作用时,原子中的最外层电子就会吸收能量被激发,而从基态跃迁到能量较高的能级,即激发态。处于激发态的原子或离子很不稳定,在极短的时间内,电子就要从激发态跃迁到基态或能量较低的激发态,其多余的能量将以电磁辐射的形式释放出来,这一现象称为原子发射或发光。

能级图是指用图形表示一种元素的各种光谱项及光谱项的能量和可能产生的光谱线。在多数情况下,用简化的能级示意图来表示谱线的跃迁关系。如图 6-1 所示是锂原子的能级图。水平线代表能级或光谱项,纵坐标表示能量,能量的单位是电子伏特(eV)或波数(cm^{-1}),它们之间的换算关系为

$$1 \text{ eV} = 8\,065 \text{ cm}^{-1}$$

根据量子力学原理,原子内电子的跃迁并非在任意两个能级间均可进行,有些跃迁是允许的,有些跃迁是禁止的,只能发生在一些确定的能级间,必须遵循一定的选择定则或规律才能发生两光谱项之间的电子跃迁。

原子跃迁的选择定则如下:

① $\Delta n = 0$ 或任意正整数。

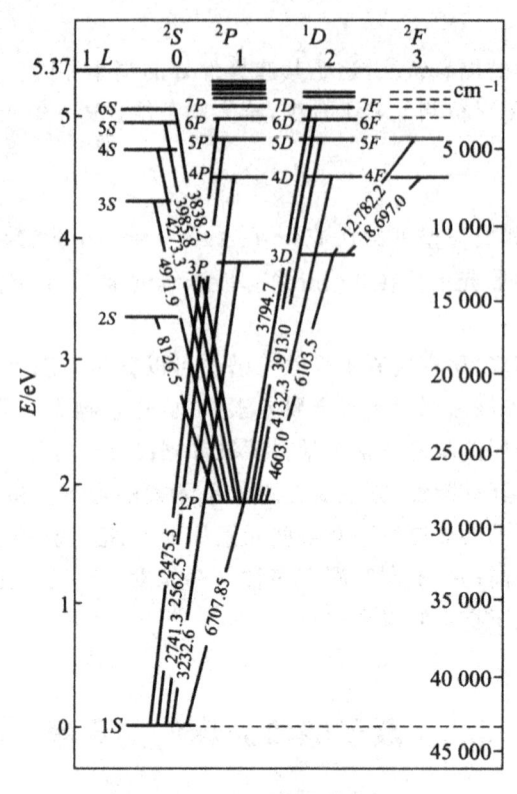

图 6-1 锂原子的能级图

② $\Delta L = \pm 1$,跃迁只能允许在 S 与 P、P 与 S 或 D 与 P 之间跃迁等。
③ $\Delta S = 0$,不同多重性状态之间的跃迁是禁止的。
④ $\Delta J = 0$ 或 ± 1 的跃迁,当 $J = 0$ 时,$\Delta J = 0$ 的跃迁是禁止的。

凡由激发态向基态直接跃迁的谱线称为共振线,由第一激发态与基态直接跃迁的谱线称为第一共振线。那些不符合光谱选律的谱线,称为禁戒跃迁线。

原子在能级 j 和 i 之间的跃迁、发射或吸收辐射的频率与始末能级之间的能量差成正比。

$$\nu_{ji} = \frac{1}{h}(E_j - E_i)$$

式中,E_j 和 E_i 分别为跃迁的始末两个能级的能量;h 为普朗克常数。

若 $E_j > E_i$,则为发射;若 $E_j < E_i$,则为吸收。根据 $\lambda = \frac{c}{\nu}$,则从能级 j 到 i 跃迁的辐射波长可表示为

$$\lambda_{ji} = \frac{hc}{E_j - E_i}$$

6.2.2 基态原子与激发态原子的分布

原子吸收光谱法是利用待测元素的原子蒸气中基态原子对该元素的共振线的吸收来进行

测定的。但是，在原子化过程中，待测元素由分子离解成的原子，不可能全部都是基态原子，其中必有一部分为激发态原子。所以，原子蒸气中基态原子与待测元素原子总数之间有什么关系，其分布状况如何，是原子吸收光谱分析法中必须考虑的问题。

在一定温度下，当处于热力学平衡时，激发态原子数与基态原子数之比遵循玻耳兹曼分布定律：

$$\frac{N_j}{N_0} = \frac{g_j}{g_0} e^{-\frac{E_j - E_0}{kT}}$$

式中，N_j 和 N_0 分别表示单位体积内激发态和基态原子的原子数；g_j 和 g_0 分别为原子激发态和基态的统计权重（表示能级的简并度，即相同能量能级的数目）；E_j 和 E_0 分别为激发态和基态的能量；k 为玻耳兹曼常数（1.38×10^{-23} J/K）；T 为热力学温度。

对共振线来说，电子从基态（$E_0 = 0$）跃迁到第一激发态，因此可得到激发态原子数和基态原子数之比：

$$\frac{N_j}{N_0} = \frac{g_j}{g_0} e^{-\frac{E_j}{kT}} = \frac{g_j}{g_0} e^{-\frac{h\nu}{kT}} \tag{6-1}$$

在原子光谱中，对一定波长的谱线，$\frac{g_j}{g_0}$ 和 E_j 都是已知的。因此只要火焰温度确定后，就可求得 $\frac{N_j}{N_0}$ 值。表 6-1 列出了几种元素共振线的 $\frac{N_j}{N_0}$ 值。

表 6-1　几种元素共振线的 $\frac{N_j}{N_0}$ 值

元素	谱线波长 λ/nm	E_j/eV	$\frac{g_j}{g_0}$	$\frac{N_j}{N_0}$		
				2 000 K	2 500 K	3 000 K
Cs	852.11	1.455	2	4.31×10^{-4}	2.33×10^{-3}	7.19×10^{-3}
K	766.49	1.617	2	1.68×10^{-4}	1.10×10^{-3}	3.84×10^{-3}
Na	589.0	2.104	2	0.99×10^{-5}	1.14×10^{-4}	5.83×10^{-4}
Ba	553.56	2.239	3	6.83×10^{-6}	3.19×10^{-5}	5.19×10^{-4}
Ca	422.67	2.932	3	1.22×10^{-7}	3.67×10^{-6}	3.55×10^{-5}
Cu	324.75	3.817	2	4.82×10^{-10}	4.04×10^{-8}	6.65×10^{-7}
Mg	285.21	4.346	3	3.35×10^{-11}	5.20×10^{-9}	1.50×10^{-7}
Zn	213.86	5.795	3	7.45×10^{-15}	6.22×10^{-12}	5.50×10^{-10}

从式（6-1）及表 6-1 的数据可知，温度越高，$\frac{N_j}{N_0}$ 的值越大。在同一温度下，电子跃迁的能级 E_j 越小，共振线的波长越长，$\frac{N_j}{N_0}$ 的值也越大。由于常用的火焰温度一般低于 3 000 K，大多数共振线的波长小于 600 nm，因此，大多数元素的 $\frac{N_j}{N_0}$ 的值很小，即原子蒸气中激发态原子数

远小于基态原子数,也就是说,火焰中基态原子数占绝对多数,激发态原子数 N_j 可忽略不计,即可用基态原子数 N_0 代表吸收辐射的原子总数。

6.2.3 共振线与吸收线

原子吸收光谱是由于原子的价电子在不同能级间发生跃迁而产生的。当处于基态的原子接受一定频率 ν 的辐射能,根据能量的不同,其价电子会跃迁至不同的能级上。例如,当价电子由基态跃迁至能量最低的第一激发态时会吸收一定的能量,同时由于第一激发态不稳定,又会在很短的时间内跃迁回基态,并且以光波的形式辐射出同样的能量。这种由激发态跃迁回基态所辐射的光谱线称为共振发射线;而使价电子由基态跃迁至激发态所产生的吸收谱线称为共振吸收线。共振发射线与共振吸收线都简称为共振线。

各种元素的原子结构和外层电子排布不同,从基态激发到第一激发态时所吸收的能量也不同,同样,由第一激发态跃迁回基态时所发射的光波频率也不同,因此各种元素具有各自特征的共振线。又由于对于大多数的元素来讲,从基态跃迁至第一激发态的直接跃迁最容易发生,因此,这种共振吸收线或发射线被称为元素的主共振线,即元素的特征谱线。如 Mg 的特征谱线是 285.2 nm,钠的特征谱线是 589.0 nm 等。

对于大多数元素而言,主共振线是元素所有谱线中最灵敏的谱线,原子吸收光谱法就是利用处于基态的待测原子蒸气对光源所辐射的共振线的吸收来进行分析的。

6.2.4 谱线轮廓与谱线变宽

6.2.4.1 谱线轮廓

如果将一束不同频率的光(强度为 I_0)通过原子蒸气时(图 6-2),一部分光被吸收,透过光的强度 I_ν 与原子蒸气宽度 L 有关;如果原子蒸气中原子密度一定,则透过光强度与原子蒸气宽度 L 成正比,符合光吸收定律,有

$$I_\nu = I_0 e^{-K_\nu L}$$

$$A = \lg \frac{I_0}{I_\nu} = 0.434 K_\nu L$$

式中,K_ν 为原子蒸气中基态原子对频率为 ν 的光的吸收系数。

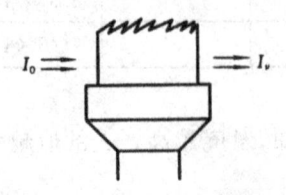

图 6-2 原子吸收示意图

由于基态原子对光的吸收有选择性,即原子对不同频率的光的吸收不尽相同,因此,透射光的强度 I_ν 随光的频率 ν 而变化,其变化规律如图 6-3 所示。

由图 6-3 可知,在频率 ν_0 处,透射的光最少,即吸收最大,也就是说,在特征频率 ν_0 处吸收线的强度最大。ν_0 称为谱线的中心频率或峰值频率。

如果在各种频率 ν 下测定吸收系数 K_ν,并以 K_ν 对 ν 作图得一曲线,称为吸收曲线,如图 6-4 所示。

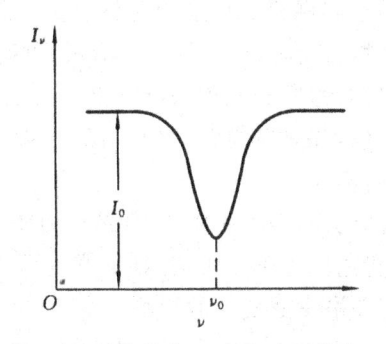

图 6-3　透光强度 I_ν 与频率 ν 的关系　　　　图 6-4　吸收线轮廓

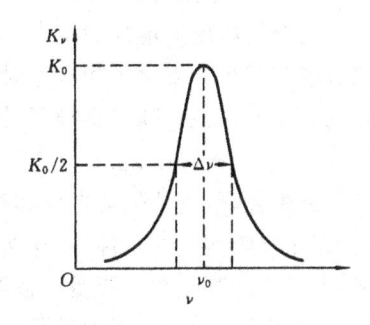

其中,曲线极大值相对应的频率 ν_0 称为中心频率,中心频率处的 K_0 称为峰值吸收系数。在峰值吸收系数一半($K_0/2$)处吸收线呈现的宽度称为半宽度,以 $\Delta\nu$ 表示。吸收曲线的形状就是谱线的轮廓。ν 和 $\Delta\nu$ 是表征谱线轮廓的两个重要参数,前者取决于原子能级的分布特征(不同能级间的能量差),后者除谱线本身具有的自然宽度外,还受多种因素的影响。

6.2.4.2　谱线变宽

造成谱线变宽的原因很多,主要有原子内部因素引起的自然宽度和外部因素引起的多普勒变宽、碰撞变宽、场变宽等。

(1)自然宽度 $\Delta\nu_N$

自然宽度是指无外界条件影响时谱线所具有的宽度。它与激发态原子的有限寿命有关,寿命越长,谱线越窄。吸收线的自然宽度通常约为 10^{-5} nm 数量级,与其他因素引起的变宽相比要小得多,故可忽视不计。

(2)多普勒变宽 $\Delta\nu_D$

多普勒变宽又称为热变宽,在原子吸收分析中的原子蒸气内,气态的原子总是处于无序的热运动状态,其速度和方向都是杂乱无章的,有的原子跑向光源,有的原子背离光源。如果与光源相对静止的基态原子吸收光谱的中心频率为 ν_0,则跑向光源的原子的吸收光的频率就会略低于 ν_0;反之,背离光源的原子的吸收光的频率就会略高于 ν_0,于是检测器便接收到许多频率略有差异的光,这种运动着的原子的多普勒效应便引起了吸收谱线的总体变宽。多普勒变宽由式(7-1)决定:

$$\Delta\nu_D = 7.162 \times 10^{-7} \nu_0 \sqrt{\frac{T}{M}}$$

式中,ν_0 为吸收谱线的中心频率;T 为体系的绝对温度(K);M 为吸光原子的相对原子质量。

由此可知,多普勒变宽 $\Delta\nu_D$ 随温度升高,吸光原子的相对质量减小而增宽。对于大多数元素来说,在原子吸收分析的条件下,$\Delta\nu_D$ 约为 10^{-3} nm 数量级,它是谱线变宽的主要原因。

(3) 碰撞变宽

由于吸光原子与蒸气中原子或分子相互碰撞而引起能级微小的变化,使发射或吸收光量子频率改变,由此而导致的谱线变宽称为碰撞变宽。

当吸光原子与异种元素的原子或分子相碰撞时所引起的谱线变宽称为洛伦兹变宽,用 Δv_L 表示。与此同时,还会引起谱线中心频率的频移和谱线的非对称性。Δv_L 随着其他元素的原子或分子的蒸气浓度的增加而增大,当浓度相当高时,Δv_L 与 Δv_D 有相同的数量级。

当吸光原子与同种元素原子相碰撞时所引起的谱线变宽称为赫尔兹马克变宽,又称为压力变宽,以 Δv_H 表示。Δv_H 随试样原子蒸气浓度的增加而增加,在一般原子吸收测定的条件下,由于试样原子蒸气压较小,Δv_H 完全可以忽略不计。

除了以上因素外,蒸气外部的电场和磁场也会引起谱线的变宽,分别称为斯塔克变宽和塞曼变宽,但在原子吸收测定的条件下,这两种场变宽均可不予考虑,在通常的原子吸收分析的实验条件下,吸收线达到轮廓主要受多普勒变宽和洛伦兹变宽的影响。在 2 000～3 000 K 的温度范围内,Δv_D 与 Δv_L 有相同的数量级(10^{-3}～10^{-2} nm),当采用火焰原子化装置时,Δv_L 是主要的,但由于 Δv_L 与蒸气中其他原子或分子的浓度(压强)有关,当蒸气中异种元素原子或分子的浓度较小时,特别在采用无火焰原子化装置时,多普勒变宽 Δv_D 将占主要地位。但是不论是哪一种因素,谱线的变宽都将导致原子吸收分析灵敏度的下降。

6.2.5　原子吸收值与待测元素浓度的定量关系

6.2.5.1　积分吸收

原子蒸气层中的基态原子吸收共振线的全部能量称为积分吸收,它相当于如图 6-4 所示吸收线轮廓下面所包围的整个面积,以数学式表示为 $\int K_\nu d\nu$。理论证明谱线的积分吸收与基态原子数的关系为

$$\int K_\nu d\nu = \frac{\pi e^2}{mc} f N_0$$

式中,e 为电子电荷;m 为电子质量;c 为光速;f 为振子强度,表示能被光源激发的每个原子的平均电子数,在一定条件下对一定元素,f 为定值;N_0 为单位体积原子蒸气中的基态原子数。

在火焰原子化法中,当火焰温度一定时,N_0 与喷雾速度、雾化效率以及试液浓度等因素有关,而当喷雾速度等实验条件恒定时,单位体积原子蒸气中的基态原子数 N_0 与试液浓度成正比,即 $N_0 \propto c$。对给定元素,在一定实验条件下,$\frac{\pi e^2}{mc} f$ 为常数。因此

$$\int K_\nu d\nu = kc$$

上式表明,在一定实验条件下,基态原子蒸气的积分吸收与试液中待测元素的浓度成正比。因此,若能准确测量出积分吸收,则可求出试液浓度。然而要测出宽度只有 10^{-3}～10^{-2} nm 吸收线的积分吸收,就需要采用高分辨率的单色器,这在目前的技术条件下还难以做到。所以原子吸收法无法通过测量积分吸收求出被测元素的浓度。

6.2.5.2 峰值吸收

1955 年 A Walsh 以锐线光源为激发光源,用测量峰值吸收系数 K_0 的方法来替代积分吸收。所谓锐线光源是指能发射出谱线半宽度很窄($\Delta \nu$ 为 0.000 5～0.002 nm)的共振线的光源。峰值吸收是指基态原子蒸气对入射光中心频率线的吸收。峰值吸收的大小以峰值吸收系数 K_0 表示。

假如仅考虑原子热运动,并且吸收线的轮廓取决于多普勒变宽,则

$$K_0 = \frac{N_0}{\Delta \nu_D} \cdot \frac{2\sqrt{\pi \ln 2}\, e^2 f}{mc}$$

当温度等实验条件恒定时,对给定元素,$\frac{2\sqrt{\pi \ln 2}\, e^2}{\Delta \nu_D mc}$ 为常数,因此

$$K_0 = k'c \tag{6-2}$$

上式表明,在一定实验条件下,基态原子蒸气的峰值吸收与试液中待测元素的浓度成正比。因此可以通过峰值吸收的测量进行定量分析。

为了测定峰值吸收 K_0,必须使用锐线光源代替连续光源,也就是说必须有一个与吸收线中心频率 ν_0 相同、半宽度比吸收线更窄的发射线作光源,如图 6-5 所示。

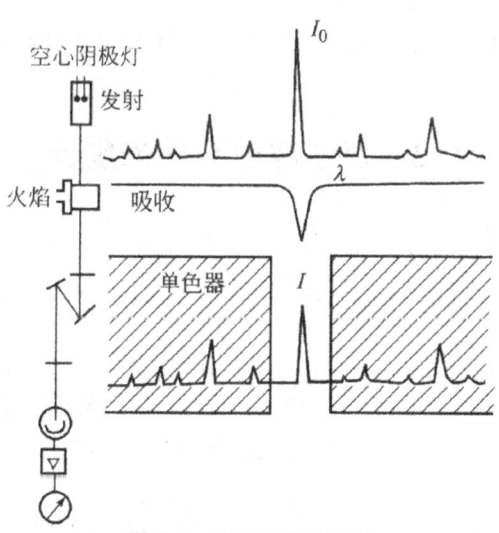

图 6-5 原子吸收的测量

6.2.5.3 原子吸收与原子浓度的关系

虽然峰值吸收 K_0 与试液浓度在一定条件下成正比关系,但在实际测量过程中并不是直接测量 K_0 值大小,而是通过测量基态原子蒸气的吸光度并根据吸收定律进行定量的。

设待测元素的锐线光通量为 Φ_0,当其垂直通过光程为 b 的基态原子蒸气时,由于被试样中待测元素的基态原子蒸气吸收,光通量减小为 Φ_{tr}(图 6-6)。

根据光吸收定律,$\frac{\Phi_{tr}}{\Phi_0} = e^{-K_0 b}$,因此

图 6-6 吸光度的测量

$$A = \lg \frac{\Phi_{tr}}{\Phi_0} = K_0 b \lg e$$

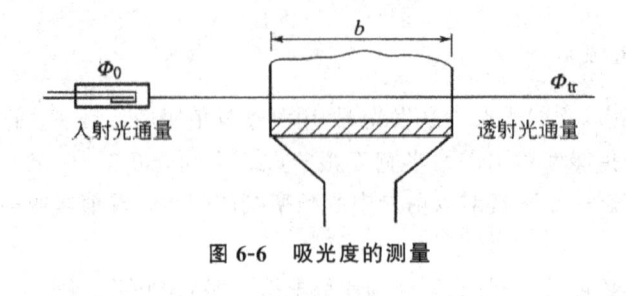

即根据式(6-2)得

$$A = \lg e K_0 b$$

当实验条件一定时，$\lg e k'$ 为一常数，令 $\lg e k' = K$ 则

$$A = Kcb \tag{6-3}$$

上式表明，当锐线光源强度及其他实验条件一定时，基态原子蒸气的吸光度与试液中待测元素的浓度及光程长度(火焰法中燃烧器的缝长)的乘积成正比。火焰法中 b 通常不变，因此式(6-3)可写为

$$A = K'c \tag{6-4}$$

式中，K' 为与实验条件有关的常数。式(6-2)，式(6-4)即为原子吸收光谱法定量依据。

6.3 原子吸收分光光度计

6.3.1 原子吸收分光光度计的组成

进行原子吸收分析的仪器是原子吸收分光光度计。目前，国内外商品化的原子吸收分光光度计的种类繁多、型号各异，但基本构造原理却是相似的，都是由光源、原子化系统、分光系统和检测系统 4 个主要部分组成，如图 6-7 所示，下面分别进行讨论。

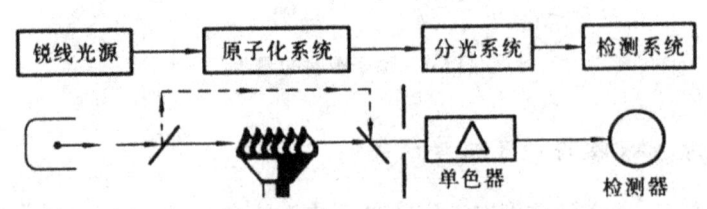

图 6-7 原子吸收分光光度计的结构原理图

6.3.1.1 光源

光源的功能是发射被测元素的特征光谱，以供测量之用。如前所述为了测出待测元素的峰值吸收，必须使用锐线光源。为了获得较高的灵敏度和准确度，使用的光源应满足以下

要求。

①发射线的波长范围必须足够窄,即发射线的半宽度明显小于吸收线的半宽度,以保证峰值吸收的测量。

②辐射的强度要足够大,以保证有足够的信噪比。

③辐射光强度要稳定且背景小,使用寿命长等。

最常见的光源有空心阴极灯和无极放电灯,其他光源还有蒸气放电灯、高频放电灯以及激光光源灯。

(1)空心阴极灯

空心阴极灯(HCL)又称为元素灯,其结构如图 6-8 所示。它有一个由被测元素材料制成的空心阴极和一个由钛、锆、钽或其他材料制作的阳极。阴极和阳极封闭在带有光学窗口的硬质玻璃管内。管内充有几百帕低压的惰性气体氖或氩,其作用是载带电流、使阴极产生溅射及激发原子发射特征的锐线光谱。

目前,国内生产的空心阴极灯完全可以满足国内外各种型号的原子吸收分光光度计的要求,可测元素达 60 余种。实际工作中希望能用一个灯进行多种元素的分析,即可免去换灯的麻烦,减少预热消耗的时间,又可降低原子吸收分析的成本。现已应用的多元素灯,一个灯最多可测 6~7 种元素。

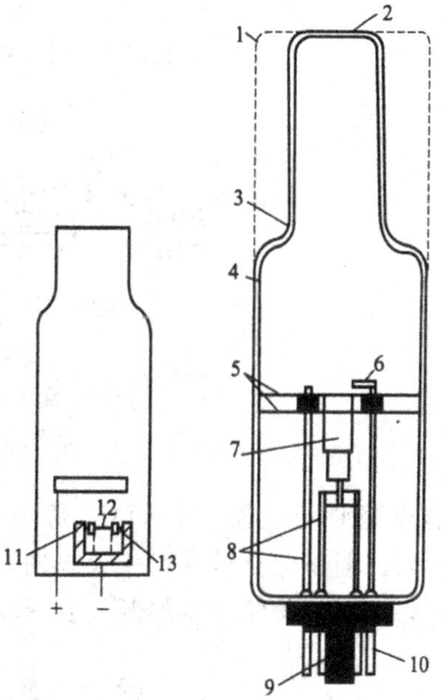

(2)无极放电灯

无极放电灯(EDL)也称为微波激发无极放电灯,其结构如图 6-9 所示。此种光源的发射强度比空心阴极灯强 100~1 000 倍,且主要是共振线,该灯寿命长,共振线强度大,特别适用于共振线在紫外区的易挥发元素的测定。目前已制成 Al、Ge、P、K、Rb、Ti、Tl、Zn、Cd、Hg、In、Sn、Pb、As、Sb、Bi、Se、Te 等 18 种元素的商品无极放电灯。它们优良的光谱特性,引起人们的重视,故目前对此光源的研究和应用逐渐增多。

图 6-8 封闭型空心阴极灯的结构示意图
1—紫外玻璃窗口;2—石英窗口;3—密封;4—玻璃套;5—云母屏蔽;6—阳极;7—阴极;8—支架;9—管套;10—连接管套;11,13—阴极位降区;12—负辉光区

6.3.1.2 原子化系统

原子化器的作用是使各种形式的试样解离出基态原子,并使其进入光源的辐射光程。常用的原子化器有火焰原子化器和无火焰原子化器两类。

(1)火焰原子化器

火焰原子化包括两个步骤,首先将试样溶液变成细小的雾滴——雾化阶段,然后是使小雾滴接受火焰供给的能量形成基态原子——原子化阶段。火焰原子化器由雾化器、预混合室、燃烧器组成,其结构如图 6-10 所示。

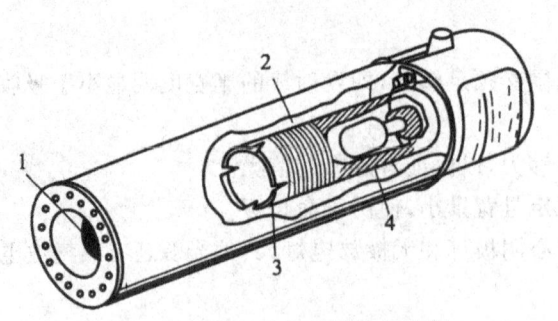

图 6-9　无极放电灯的结构示意图

1—石英窗；2—螺旋振荡线圈；3—陶瓷管；4—石英灯管

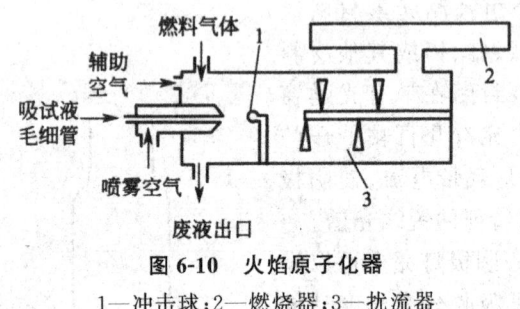

图 6-10　火焰原子化器

1—冲击球；2—燃烧器；3—扰流器

化学火焰原子化器比较简单、普通，但火焰的原子化效率低，普通雾化器的效率仅为 10%～30%。但将分析样品引入火焰使其原子化却是一个复杂的过程，这个过程包括雾粒的脱溶剂、蒸发、解离等阶段。如图 6-11 所示是火焰原子化过程的图解。

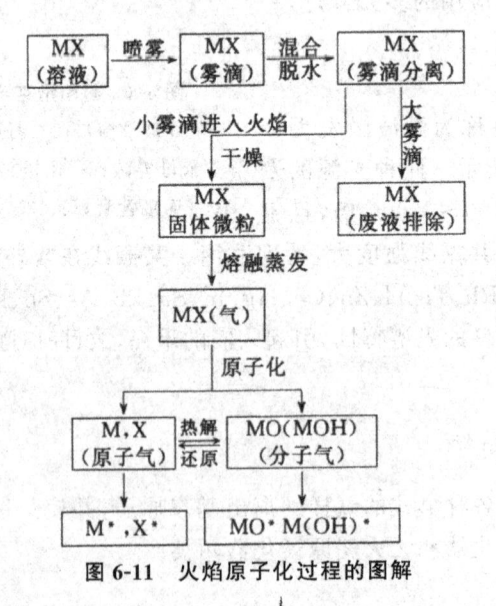

图 6-11　火焰原子化过程的图解

整个原子化过程可大致分为运输过程、蒸发过程和气相平衡 3 个阶段；火焰中发生的基本反应可归纳为 5 种行为，如下所示。

① 热解行为：

$$MX \text{(气态)} \underset{\text{化合}}{\overset{\text{热解}}{\rightleftharpoons}} \begin{matrix} M^* \\ \updownarrow \\ M + X \\ \updownarrow \\ M^+ + e^- \end{matrix}$$

② 还原行为：

$$2MO + C^* \longrightarrow 2M + CO_2$$
$$5MO + 2CH^* \longrightarrow 5M + 2CO_2 + H_2O$$
$$MO + NH \longrightarrow M + N + OH$$
$$MO + CN \longrightarrow M + CO + N$$
......

③ 化合行为：

$$MX + \begin{cases} O \rightleftharpoons MO \rightleftharpoons MO\text{(固)} \\ \updownarrow \\ MO^* \\ OH \rightleftharpoons MOH \rightleftharpoons MOH^* \end{cases}$$

④ 电离行为：

$$M \overset{\triangle}{\rightleftharpoons} M^+ + e$$

⑤ 光谱发射和吸收行为：

$$M^* \longrightarrow M + h\nu \text{(原子光谱)}$$
$$MX^* \longrightarrow MX + h\nu \text{(分子光谱)}$$

火焰原子化是一个动态过程，自由原子在火焰区域内的空间分布是不均匀的。在不同区域的浓度直接取决于元素的性质和火焰的特性。在实际分析工作中，必须选择合适的火焰类型，恰当调节燃气和助燃气的比例，正确选择测量高度。

(2) 无火焰原子化器

无火焰原子化器也称为电热原子化器，应用这种装置可提高试样的原子化效率和试样的利用率，测定灵敏度可提高10～200倍。无火焰原子化器克服了火焰原子化器样品用量多，不能直接分析固体样品的缺点。无火焰原子化器有多种类型，下面介绍几种常用的无火焰原子化器。

① 石墨管原子化器。这是使用最普遍的一种原子化器，其实质就是一个石墨电阻加热器。常用的石墨管外径 6 mm、内径 4 mm、长 30 mm 左右，管的中央上方开有进样口，以便用微量进样器将试样注入石墨管内(图 6-12)。

② 石墨杯原子化器。典型的石墨杯原子化器如图 6-13 所示，它适用于固体、胶体和液体样品，特别适用于有残渣

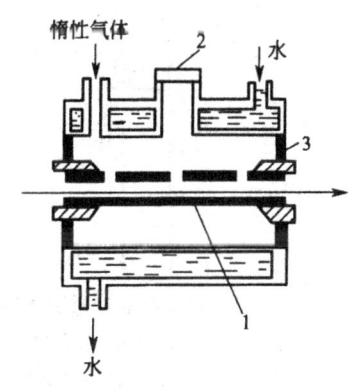

图 6-12 石墨管原子化器
1—石墨管；2—可卸式窗；3—绝缘材料

产生的样品。石墨杯的位置如果横向放置,也可作管状原子化器使用。石墨杯原子化器设备简单,耗电量小,但绝对灵敏度较低。

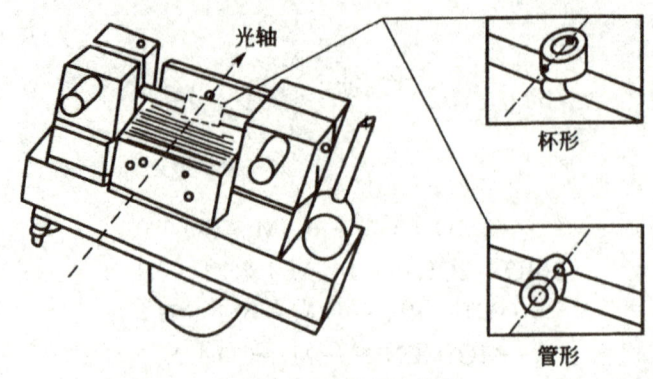

图 6-13 石墨杯原子化器

③石墨棒原子化器。韦斯特设计的棒状石墨原子化器(图 6-14)通常直径 5 mm、长约 50 mm,中间小孔可以滴加样品,其优点是设备简单,耗电量少。石墨棒作为发热体,其功率较小(仅 0.5 kW),只要用空气冷却即可,由于它们所能容纳的试样量少(小于 10 μL),因此灵敏度不高。

④钽舟原子化器。如图 6-15 所示是钽舟原子化器的示意图,在一圆形钢制底板上装有两个黄铜接线柱,钽舟固定在接线柱上端,钽舟用厚 0.1 mm、宽 5 mm 的钽片压制,中间呈凹形,样品滴在凹处。为控制气氛,在底盘罩上一个带石英窗的硬质玻璃罩,通过排气—充气口用泵将吸收室抽真空并充入一定压力的氩气,工作时电流为 100 A 左右。钽舟原子化器优点是体积小、耗电量小、取样量大。但在加热时需通入惰性气体保护,由于原子蒸气直接进入冷气氛,原子可能重新结合,故抗干扰能力较差,有被淘汰的趋势。

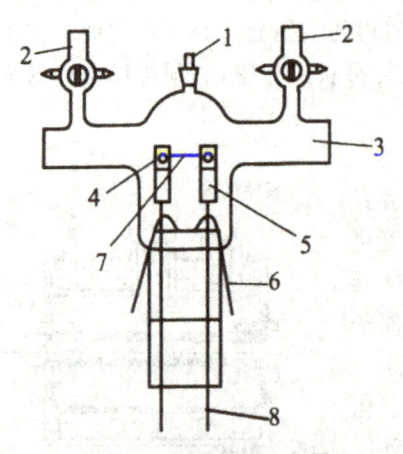

图 6-14 石墨棒原子化器
1—试样入口;2—氩气入口、出口;3—石英窗;
4—固定架;5—支架;6—滑动配合部分;
7—石墨管;8—电缆

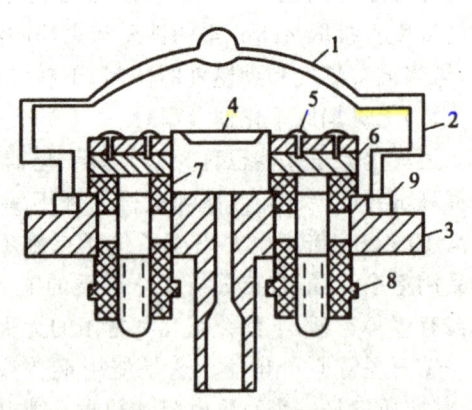

图 6-15 钽舟原子化器
1—玻璃罩;2—熔凝石;3—钢制托盘;
4—钽片;5—压片;6—铜螺柱;
7—垫圈;8—垫片;9—真空胶垫

与火焰原子化法不同,无火焰原子化法采用直接进样和程序升温方式,样品需经干燥→灰化→原子化→净化四个阶段,其原子化过程及损失途径如图 6-16 所示。

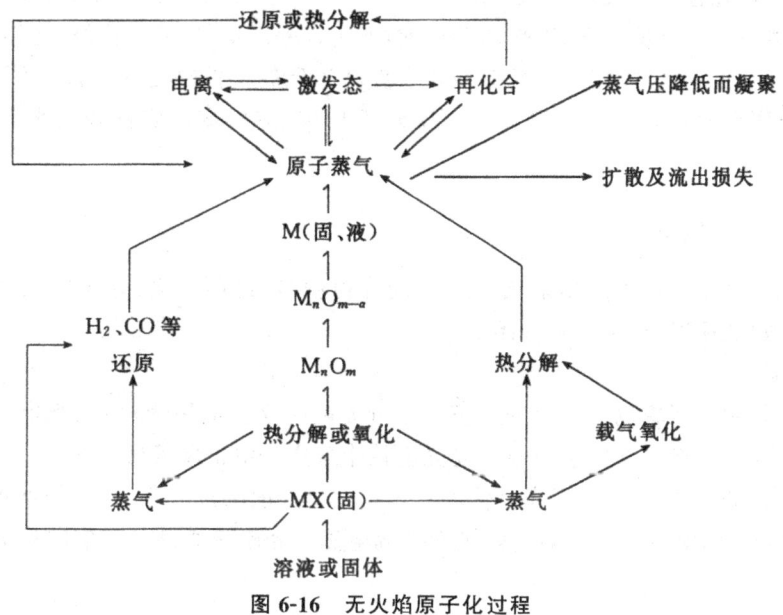

图 6-16 无火焰原子化过程

6.3.1.3 分光系统

分光系统的作用是把待测元素的共振线与其他干扰谱线分离开来,只让待测元素的共振线通过。分光系统(单色器)主要由色散元件(光栅或棱镜)、反射镜、狭缝等组成。如图 6-17 所示是一种分光系统(单光束型)的示意图。由入射狭缝 S_1 投射出来的被待测试液的原子蒸气吸收后的透射光,经反射镜 M、色散元件光栅 G、出射狭缝 S_2,最后照射到光电检测器 PM 上,以备光电转换。

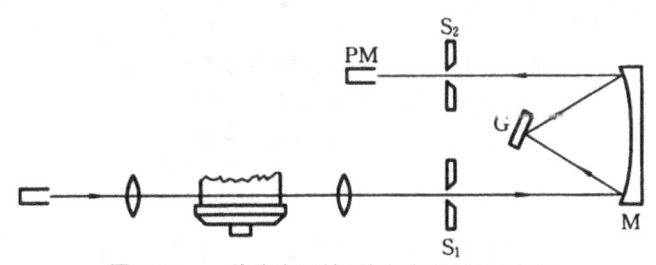

图 6-17 一种分光系统(单光束型)的示意图

原子吸收法要求单色器有一定的分辨率和集光本领,这可选用适当的光谱通带来满足。所谓光谱通带是通过单色器出射狭缝的光束的波长宽度,即光电检测器 PM 所接受到的光的波长范围,用 W 表示,它等于光栅的倒线色散率 D 与出射狭缝宽度 S 的乘积,即
$$W = DS$$
式中,W 为单色器的通带宽度,nm;D 为光栅的倒线色散率,nm/mm;S 为狭缝宽度,mm。

由于仪器中单色器采用的光栅一定,其倒线色散率 D 也为定值,因此单色器的分辨率和集光本领取决于狭缝宽度。调宽狭缝,使光谱通带加宽,单色器的集光本领加强,出射光强度增加;但同时出射光包含的波长范围也相应加宽,使光谱干扰与背景干扰增加,单色器的分辨率降低,导致测得的吸收值偏低,工作曲线弯曲,产生误差。反之,调窄狭缝,光谱通带变窄,实际分辨率提高,但出射光强度降低,相应地要求提高光源的工作电流或增加检测器增益,此时会产生谱线变宽和噪声增加的不利影响。实际工作中,应根据测定的需要调节合适的狭缝宽度。

6.3.1.4 检测系统

检测系统是将分光系统的出射光信号转变为电信号,进而放大、显示的装置。它由检测器、放大器、对数变换器、显示装置等组成。

(1)检测器

检测器的作用是将单色器分出的光信号进行光电转换。应用光电池、光电管或光敏晶体管都可以实现光电转换。在原子吸收分光光度计中常用光电倍增管做检测器。光电倍增管的原理和连接线路如图 6-18 所示。光电倍增管中有一个光敏阴极 K,若干个倍增极和一个阳极 A。最后经过碰撞倍增了的电子射向阳极而形成电流。光电流通过光电倍增管负载电阻 R 而转换成电信号送入放大器。

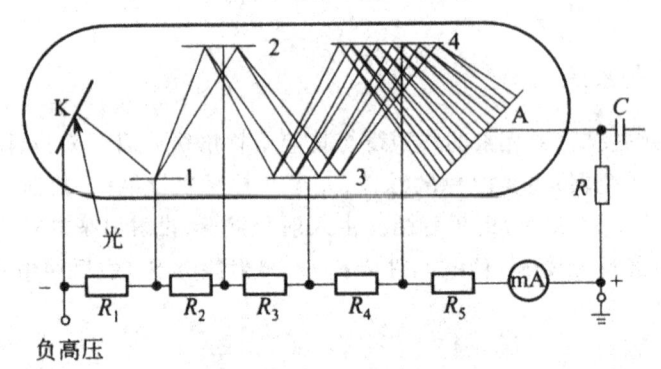

图 6-18 光电倍增管的原理和连接线路示意图
K—光敏阴极;A—阳极;1~4—打拿极;
$R, R_1 \sim R_5$—电阻;C—电容

(2)放大器

放大器的作用是将光电倍增管输出的电压信号进行放大。由于原子吸收测量中处理的信号波形接近方波,因此多采用同步检波放大器,以改善信噪比。由于原子蒸气吸收后的光强度并不直接与浓度呈直线关系,因此信号须经对数变换器进行变换处理后,才能提供给显示装置。

(3)对数变换器

原子吸收光谱法中吸收前后光强度的变化与试样中待测元素的浓度关系,在火焰宽度一定时是服从比尔定律的,吸收后的光强并不直接与浓度呈直线关系。因此为了在指示仪表上显示出与试样浓度成正比例的数值,就必须进行信号的对数变换。

(4) 显示装置

在显示装置里,信号可以转换成吸光度或透光率,也可以转换成浓度用数字显示器显示出来,还可以用记录仪记录吸收峰的峰高或峰面积。当前一些高级原子吸收分光光度计中还设有自动调零、自动校准、积分读数、曲线校正等装置,并可用微机绘制校准工作曲线以及高速处理大量测定数据等。

6.3.2 原子吸收分光光度计的类型

原子吸收分光光度计的型号很多,但依其结构原理划分不过是几种类型。按光束数划分有单光束与双光束型;按分光、检测系统数划分有单道、双道和多道型。

6.3.2.1 单道单光束原子吸收分光光度计

单道单光束仪器结构简单、灵敏度较高,能满足日常原子吸收分析要求。其缺点是光源或检测器的不稳定性可引起吸光度零点漂移——基线漂移。因此,使用单光束仪器时,为了克服零点漂移现象,往往要使光源预热 20~30 min,并且在测量过程中,要时刻注意校正零位。其光路如图 6-19 所示。

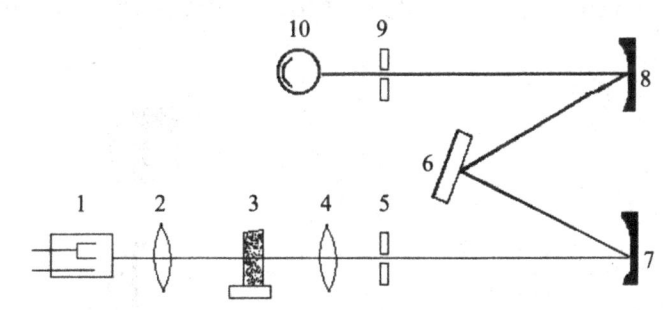

图 6-19 单道单光束原子吸收分光光度计的光路图
1—空心阴极灯;2、4—透镜;3—原子化器 5—入射狭缝 6—光栅;
7、8—反射物镜;9—出射狭缝;10—光电倍增管

6.3.2.2 单道双光束原子吸收分光光度计

如图 6-20 所示是单道双光束仪器的光路图。光源发出的共振线,被切光器分解成两光束——样品光束(S 光束)和参比光束(R 光束)。样品光束经反射镜 M_1 反射通过原子化器,被基态分子所吸收。参比光束从原子化器旁侧通过。两光束通过半透半反射镜 M_2,交替进入分光系统和检测器。

由于两个光束均由同一光源发出,并且共用一个检测器,因此消除了光源和检测器不稳定的影响,但不能消除原子化器不稳定的影响。双光束仪器的稳定性和检出限比单光束仪器好,光源不需预热就能进行分析,提高了分析速度,延长了灯的使用寿命。现代仪器多采用这种类型。

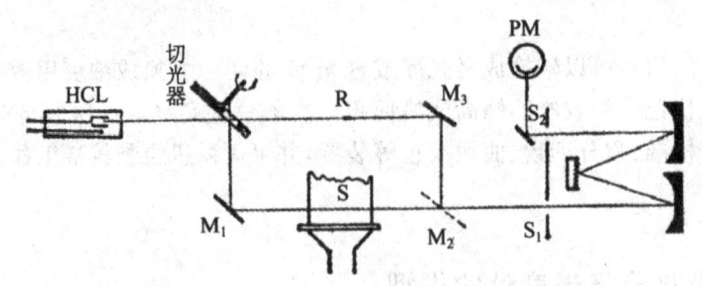

图 6-20　单道双光束原子吸收分光光度计的光路图

HCL—空心阴极灯；R—参比光束；S—样品光束 M_1、M_3—反射镜；
M_2—半透镜半反射镜；PM—光电倍增管

6.3.2.3　双道和多道原子吸收分光光度计

双道双光束原子吸收分光光度计采用两个独立的光源、独立的分光系统和检测系统。如图 6-21 所示是双道双光束仪器的光路图。

光源 A 的共振辐射由半透半反射镜 M_1 分成两束光——样品光束 S 和参比光束 R，切光器分别将两光束进行调制，使它们相位差 180°。样品光束经 M_2 反射，参比光束经 M_4 反射到达 M_3，交替进入 A 道。光源 B 经 M_5 反射到 M_1，像光源 A 光束一样传播，最后进入 B 道。

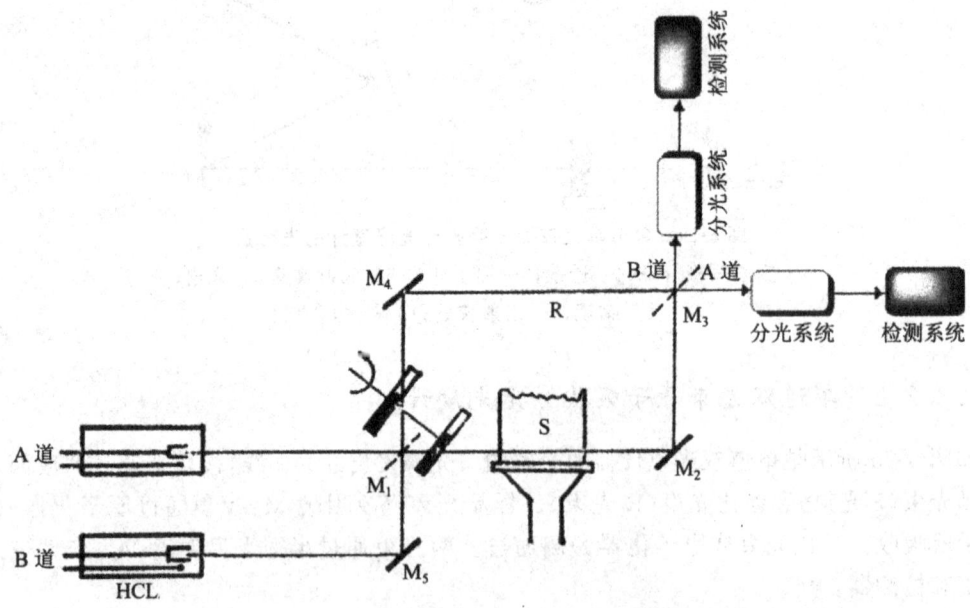

图 6-21　双道双光束原子吸收分光光度计的光路图

HCL—空心阴极灯；R—参比光束；S—样品光束；
M_1、M_3—半透镜半反射镜；M_2、M_4、M_5—反射镜

双道双光束原子吸收分光光度计具有以下性能。

①可以同时测定两个元素。

②将 A 道置被测元素灯,B 道置内标元素灯,使用 A/B 运算方式,可以在一定程度上消除喷雾系统和火焰系统带来的干扰。这种干扰主要是由于试样黏度、火焰漂移和雾化效率的变化而带来的干扰效应。当然,作为内标元素,应当具有与被测元素相似的化学性质和对火焰参数变化的响应特性。例如,Sr 可作 Cu 的内标,但 Cu 不能作 Ca 的内标。因为 Cu 对火焰参数变化响应迟钝,而 Ca 响应灵敏。

③可以进行背景校正。若将 A 道调节在被测元素共振吸收线处,B 道调节在吸收线邻近的非吸收线波长处,则运用 A−B 运算方式,可将背景扣除。B 道亦可用于氘灯连续光源,进行背景扣除。

由此可见,双道双光束型原子吸收分光光度计扩大了原子吸收分析的应用范围,消除了光源漂移、检测器和火焰系统不稳定的影响,测量的稳定性和检出限较好。但是,由于多使用一套分光系统和检测系统,使仪器结构复杂,价格昂贵。

多道原子吸收分光光度计采用多个独立光源、独立分光系统和检测系统,可进行多元素同时测定。

原子吸收光谱分析普遍使用的是单道单光束和单道双光束原子吸收分光光度计。

6.4 原子吸收光谱法的应用

6.4.1 在元素分析方面的应用

6.4.1.1 碱金属

碱金属是原子吸收光谱法中具有很高测定灵敏度的一类元素。碱金属元素的电离电势和激发电势低,易于电离,测定时需要加入消电离剂,宜用低温火焰测定。

6.4.1.2 碱土金属

所有碱土金属在火焰中易生成氧化物和少量的 MOH 型化合物。原子化效率强烈地依赖于火焰组成和火焰高度。因此,必须仔细地控制燃气与助燃气的比例,恰当地调节燃烧器的高度。为了完全分解和防止氧化物的形成,应使用富燃火焰。在空气-乙炔火焰中,碱土金属有一定程度的电离,加入碱金属可抑制电离干扰。镁是原子吸收光谱法测定的最灵敏的元素之一,测定镁、钙、锶和钡的灵敏度依次下降。

6.4.1.3 有色金属

有色金属元素包括 Fe、Co、Ni、Cr、Mo、Mn 等。这组元素的一个明显的特点是它们的光谱都很复杂。因此,应用高强度空心阴极灯光源和窄的光谱通带进行测定是有利的。Fe、Co、Ni、Mn 用贫燃乙炔-空气火焰进行测定。Cr、Mo 用富燃乙炔-空气火焰进行测定。

6.4.1.4 贵金属

Ag、Au、Pd 等的化合物易实现原子化,用原子吸收光谱法测定时显示出很高灵敏度,宜用贫燃乙炔-空气火焰,Ag、Pd 要选用较窄的光谱通带。

6.4.1.5 非金属

原子吸收光谱法除了可以测定金属元素的含量外,还可间接测定非金属的含量。如 SO_4^{2-} 的测定,先用已知过量的钡盐和 SO_4^{2-} 沉淀,再测定过量钡离子含量,从而间接得出 SO_4^{2-} 含量。

6.4.2 在有机物分析方面的应用

先使有机药物与金属离子生成金属配合物,然后用间接法测定有机物。如 8-羟基喹啉可制成 8-羟基喹啉铜,溴丁东莨菪碱可制成溴丁东莨菪碱硫氰酸钴,分别测定铜和钴的含量,即可分别求得 8-羟基喹啉和溴丁东莨菪碱的含量。

还有一些药物,分子结构中含有金属原子。例如,维生素 B_{12} 含有钴原子,可测定钴的含量,以求得维生素 B_{12} 的含量。

第7章 紫外-可见吸收光谱法

7.1 紫外-可见吸收光谱法概述

紫外-可见吸收光谱也称为电子-振动-转动光谱。分子中电子的能量一般为 $1\sim 20$ eV,相当于紫外及可见光的能量。当紫外及可见光照射分子时,分子的能级变化更加复杂,在电子能级之间跃迁的同时,不仅伴随着振动能级之间的跃迁,还伴随着转动能级之间的跃迁。因此,紫外-可见吸收光谱是由许多波长非常相近的一系列谱带组成的,有较宽的波长范围。当分子间作用力较弱时(如蒸气状态时),采用高分辨率的仪器才可检测出这些吸收带,在多数场合,观察到的是平滑曲线。

紫外-可见吸收光谱分析法是在仪器分析中应用最广泛的分析方法之一,其优点如下所示。

(1) 灵敏度高

适于微量组分的测定,一般可测定浓度下限为 $10^{-6}\sim 10^{-5}$ mol/L 的物质。

(2) 准确度较高

相对误差一般为 1%～5%。

(3) 设备和操作简单

方法简便,分析速度快。

(4) 应用广泛

大部分无机化合物的微量成分都可以用这种方法进行测定,更重要的是可用于许多有机化合物的鉴定及结构分析,可鉴定同分异构体。此外,还可用于配合物的组成和稳定常数的测定。

(5) 前景广阔

现代科学技术发展向分光光度法提出了高灵敏、高选择、高精度的要求,而分光光度法依靠本身方法及仪器的发展,使新方法、新仪器不断出现,如双波长分光光度法、导数吸收光谱法和光声光谱法等,使光度分析法不仅能分析液样,还能分析固样、混浊样,不仅能分析单一组分还能分析多组分。目前,用微处理机控制的紫外-可见分光光度计可自动调零、选波长及自动进行功能检查、故障诊断,已为实验室普遍选用。

7.2 紫外-可见吸收光谱法的原理

7.2.1 紫外-可见吸收光谱的产生机理

紫外-可见吸收光谱是由分子中电子的能级跃迁产生的。用一束具有连续波长的紫外-可见光照射某些化合物,其中某些波长的光辐射被化合物的分子所吸收,若将化合物在紫外-可见光作用下的吸光度对波长作图,就可获得该化合物的紫外-可见吸收光谱,图 7-1 所示是茴香醛的紫外-可见吸收光谱。

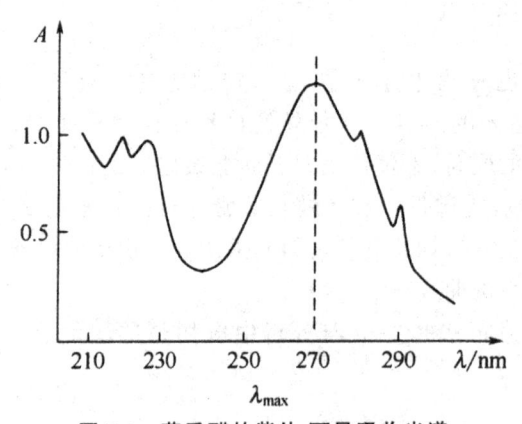

图 7-1 茴香醛的紫外-可见吸收光谱

在紫外-可见吸收光谱中常以吸收谱带最大吸收位置处波长 λ_{max} 和该波长下的摩尔吸光系数 ε_{max} 来表征化合物的吸收特征。紫外-可见吸收光谱反映了物质分子对不同波长光的吸收能力。吸收带的形状 λ_{max} 和 ε_{max} 与吸光分子的结构有密切的关系。各种有机化合物的 λ_{max} 和 ε_{max} 都有定值,同类化合物的这些数值比较接近,处于一定的范围。

7.2.1.1 分子轨道类型

分子轨道最常见的有 π 轨道、σ 轨道和 n 轨道。

(1)π 轨道

分子 π 轨道的电子云分布不呈圆柱形对称,但有一对称面,在此平面上电子云密度等于零,而对称面的上、下部空间则是电子云分布的主要区域。反键 $π^*$ 分子轨道的电子云分布也有一对称面,但 2 个原子的电子云互相分离。处于成键 π 轨道上的电子称为成键 π 电子,处于反键 $π^*$ 轨道上的电子称为反键 $π^*$ 电子。

(2)σ 轨道

成键 σ 轨道的电子云分布呈圆柱形对称,电子云密集于两原子核之间;而反键 $σ^*$ 分子轨道的电子云在原子核之间的分布比较稀疏。处于成键 σ 轨道上的电子称为成键 σ 电子,处于反键 $σ^*$ 轨道上的电子称为反键 $σ^*$ 电子。

(3) n 轨道

含有氧、氮、硫等原子的有机化合物分子中,还存在未参与成键的电子对,常称为孤对电子,孤对电子是非键电子,简称为 n 电子。例如,甲醇分子中的氧原子,其外层有 6 个电子,其中 2 个电子分别与碳原子和氢原子形成 2 个 σ 键,其余 4 个电子并未参与成键,仍处于原子轨道上,称为 n 电子。而含有 n 电子的原子轨道称为 n 轨道。

7.2.1.2 电子跃迁的类型

分子中外层电子的跃迁方式与键的性能有关,也就是说,与化合物的结构有关。分子外层电子的跃迁有以下几种类型(图 7-2)。

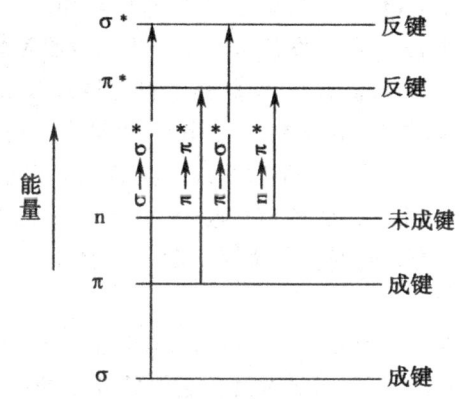

图 7-2 分子中价电子能源及跃迁类型的示意图

(1) σ→σ* 跃迁

σ 轨道上的电子由基态激发到激发态属于 σ→σ* 跃迁。这种电子跃迁需要较高的能量,所以能吸收短波长的紫外线,一般其吸收发生在低于 150 nm 的远紫外区。例如,甲烷的紫外区吸收在 122 nm,乙烷在 135 nm。因为实际应用的紫外光谱区域在 200～400 nm,所以,σ→σ* 跃迁在有机化合物紫外吸收光谱中一般不能测出。

(2) π→π* 跃迁

双键或三键中 π 轨道的电子吸收紫外线后将产生跃迁。π→π* 跃迁的 ΔE 较 σ→σ* 跃迁的小,孤立双键或三键吸收一般在小于 200 nm 的远紫外区。例如,乙烯在 165 nm 处有吸收。

(3) n→π* 跃迁

在 —CO—、—CHO、—COOH、—CONH$_2$、—CN 等基团中,不饱和键一端直接与具有未用电子对的杂原子相连,将产生 n→π* 跃迁。这种跃迁所需能量最小,所以吸收波长在近紫外区或可见区,吸收强度弱,但对有机化合物结构分析很有用,例如,饱和酮在 280 nm 出现的吸收就是 n→π* 跃迁所致。

(4) n→σ* 跃迁

含有未共用电子对的基团,如 —OH、—NH$_2$、—SH、—Cl、—Br、—I 等,它们的未共用电子对将产生 n→σ* 跃迁,吸收一般发生在小于 200 nm 的紫外区,但原子半径较大的杂原子,如硫或碘原子,其 n 轨道能级较高,n→σ* 跃迁能较小,故含硫或含碘的饱和有机化合物可能在

220~250 nm 附近产生 n→σ* 跃迁吸收带。

7.2.1.3 发色基团与助色基团

发色基团也称为生色基团。凡是能导致化合物在紫外及可见光区产生吸收的基团,不论是否显出颜色都称为发色基团。有机化合物分子中,能在紫外-可见光区产生吸收的典型发色基团有羰基、硝基、羧基、酯基、偶氮基及芳香体系等,这些发色基团的结构特征是都含有 π 电子。当这些基团在分子内独立存在,与其他基团或系统没有共轭或没有其他复杂因素影响时,它们将在紫外区产生特征的吸收谱带。孤立的碳碳双键或三键其 λ_{max} 值虽然落在近紫外区之外,但已接近一般仪器可能测量的范围,具有"末端吸收",所以也可以视为发色基团。不同的分子内孤立地存在相同的这类生色基时,它们的吸收峰将有相近的 λ_{max} 和相近的 ε_{max}。若化合物中有几个发色基团互相共轭,则各个发色基团所产生的吸收带将消失,出现新的共轭吸收带,其波长将比单个发色基团的吸收波长长,吸收强度也将显著增强。

助色基团是指它们孤立地存在于分子中时,在紫外-可见光区内不一定产生吸收。但当它与发色基团相连时能使发色基团的吸收谱带明显地发生改变。助色基团通常都含有 n 电子。当助色基团与发色基团相连时,由于 n 电子与 π 电子的 p—π 共轭效应导致 π→π* 跃迁能量降低,发色基团的吸收波长发生较大的变化。常见的助色基团有—OH、—Cl、—NH_2、—NO_2、—SH 等。

由于取代基作用或溶剂效应导致发色基团的吸收峰向长波长移动的现象称为红移。与此相反,由于取代基作用或溶剂效应等原因导致发色基团的吸收峰向短波长方向的移动称为紫移或蓝移。与吸收带波长红移及蓝移相似,由于取代基作用或溶剂效应等原因的影响,使吸收带的强度即摩尔吸光系数增大(或减小)的现象称为增色效应或减色效应。

7.2.2 各类化合物的紫外-可见吸收光谱

7.2.2.1 有机化合物的紫外-可见吸收光谱

(1)饱和的有机化合物

饱和烃的分子中只有 C—C 键和 C—H 键,显然只能发生 σ→σ* 跃迁,这类跃迁所需的能量最大,相应的吸收波长最短,处于 200 nm 以下的远紫外区,如甲烷的 $\lambda_{max}=125$ nm,乙烷的 $\lambda_{max}=135$ nm。远紫外区又称为真空紫外区,无法利用常规的紫外-可见光谱仪进行研究。

含有氧、氮、卤素等杂原子的饱和有机物因为存在 n 电子,还可以发生 n→σ* 的跃迁,其吸收峰通常在 200 nm 附近,如水的 $\lambda_{max}=167$ nm,甲醇的 $\lambda_{max}=183$ nm。n→σ* 属于禁阻跃迁,因此吸收峰强度不大,摩尔吸光系数 ε 通常为 100~3 000 L/(mol·cm)。

饱和有机化合物一般不在近紫外区产生吸收,因此较难采用紫外-可见吸收光谱法直接对这类物质进行分析。但也正是由于这个特点,紫外-可见吸收光谱分析中常采用这类物质作为溶剂。

(2)不饱和脂肪族化合物

C=C 键可以发生 π→π* 跃迁，λ_{max} 在 170～200 nm，该跃迁的 ε 较大，通常为 $5\times(10^3\sim 10^5)$ L/(mol·cm)。类似地，单个 C≡C 或 C≡N 键 π→π* 跃迁的 ε 也较大，但 λ_{max} 均小于 200 nm。若分子中存在两个或两个以上双键（包括三键）形成的共轭体系，则随着共轭体系的延长，π→π* 跃迁所需能量降低，λ_{max} 明显地移向长波长，并伴随着吸收强度的增加。但若分子中存在的多个双键之间没有形成共轭，则其所呈现的吸收仅为所有双键吸收的单纯叠加。

C=O、N=N、N=O 等基团同时存在 π 电子和 n 电子，因此除可以发生具有较强吸收的 n→π* 跃迁外，还可以发生 n→π* 跃迁。该跃迁所需能量最低，处在近紫外或可见光区，但属于禁阻跃迁，吸收强度较低，ε 一般为 10～100 L/(mol·cm)。例如，丙酮 π→π* 跃迁的 λ_{max} = 194 nm，ε 为 900 L/(mol·cm)；n→π* 跃迁的 λ_{max} = 280 nm，ε 仅为 10～30 L/(mol·cm)。如果处在共轭体系中，则 n→π* 跃迁的 λ_{max} 也会移向长波长，并伴随着吸收强度的增加。

(3) 芳香化合物

芳香族化合物为环状共轭体系，通常具有 E_1 带、E_2 带和 B 带 3 个吸收峰。例如，苯的 E_1 带 λ_{max} = 184 nm[ε = 4.7×10^4 L/(mol·cm)]，E_2 带 λ_{max} = 204 nm[ε = 6 900 L/(mol·cm)]，B 带 λ_{max} = 255 nm[ε = 230 L/(mol·cm)]（图 7-3）。

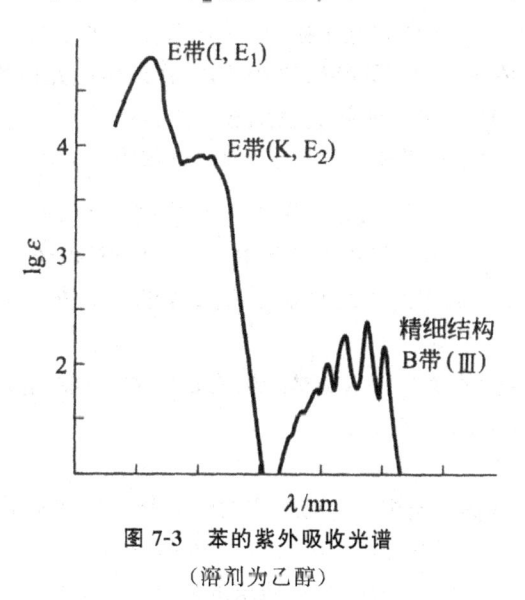

图 7-3 苯的紫外吸收光谱
（溶剂为乙醇）

E_1 带和 E_2 带是由苯环结构中 3 个乙烯环状共轭系统的跃迁产生的，吸收强度大，是芳香族化合物的特征吸收；B 带是由 π→π* 跃迁和苯环的振动重叠引起的，吸收较弱，但经常带有许多精细结构，可用来鉴别芳香族化合物。当苯环上有取代基或处在极性溶剂中时，B 带的精细结构会减弱。对于稠环芳烃，随着苯环的数目增多，E_1、E_2 和 B 带均会向长波方向移动。

当芳环上的—CH 基团被氮原子取代后，相应的氮杂环化合物（如吡啶、喹啉）的吸收光谱与相应的碳化合物极为相似，即吡啶与苯相似，喹啉与萘相似。此外，由于引入含有 n 电子的 N 原子，这类杂环化合物还可能产生 n→π* 吸收带。

由上面的讨论可知，对有机化合物的分析来说，最有用的是基于 π→π* 和 n→π* 跃迁而产生的吸收光谱。因为实现这两类跃迁所需要吸收的能量相对较小，λ_{max} 一般都处于 200 nm 以上的近紫外区,甚至可能在可见光区。此外,有机化合物还可以产生电荷转移吸收光谱,即在光能激发下,某一化合物中的电荷发生重新分布,导致电子从化合物的一部分(电子给体)迁移到另一部分(电子受体)而产生的吸收光谱。例如,某些取代芳烃可产生这种分子内电荷转移吸收带:

$$\text{C}_6\text{H}_5-\text{N}R_1R_2 \xrightarrow{h\nu} \text{C}_6\text{H}_5=\text{N}^+R_1R_2 \qquad \text{C}_6\text{H}_5-\text{C}(=O)R \xrightarrow{h\nu} \text{C}_6\text{H}_5^+=\text{C}(-O^-)R$$

前一例中苯环为电子受体,氮是电子给体;后一例中苯环为电子给体,氧是电子受体。可以看出电荷转移吸收的实质就是一个分子内自氧化还原过程,激发态即是该过程的产物。通常这类吸收光谱的谱带较宽而且强度较大[$\varepsilon > 10^4$ L/(mol·cm)]。

7.2.2.2 无机化合物的紫外-可见吸收光谱

无机化合物的紫外-可见吸收光谱主要有电荷转移光谱和配位体场吸收光谱两种类型。

(1)电荷转移吸收光谱

某些分子同时具有电子给予体和电子接受体,它们在外来辐射激发下会强烈吸收紫外光或可见光,使电子从给予体轨道向接受体轨道跃迁,这样产生的光谱称为电荷转移光谱。许多无机配合物能产生这种光谱。如以 M 和 L 分别表示配合物的中心离子和配位体,当一个电子由配位体的轨道跃迁到与中心离子相关的轨道上时,可用下式表示:

$$M^{n+} - L^{b-} \xrightarrow{h\nu} M^{(n-1)+} - L^{(b-1)-}$$

例如,通常来说,在配合物的电荷转移过程中,金属离子是电子接受体,配位体是电子给予体。此外,一些具有 d^{10} 电子结构的过渡元素形成的卤化物及硫化物,如 AgBr、PhI$_2$、HgS 等也是由于这类电荷转移而产生颜色。

电荷转移吸收光谱谱带的最大特点是摩尔吸光系数大,一般 ε_{max} 大于 10^4。因此用这类谱带进行定量分析可获得较高的测定灵敏度。

(2)配位体场吸收光谱

这种谱带是指过渡金属离子与配位体所形成的配合物在外来辐射作用下,吸收紫外光或可见光而得到相应的吸收光谱。元素周期表中第四、第五周期的过渡元素分别含有 3d 和 4d 轨道,镧系和锕系元素分别含有 4f 和 5f 轨道。这些轨道的能量通常是相等的(兼并的),而当配位体按一定的几何方向配位在金属离子的周围时,使得原来简并的 5 个 d 轨道和 7 个 f 轨道分别分裂成几组能量不等的 d 轨道和 f 轨道。如果轨道是未充满的,当它们的离子吸收光能后,低能态的 d 电子或 f 电子可以分别跃迁到高能态的 d 或 f 轨道上去。这两类跃迁分别称为 d-d 跃迁和 f-f 跃迁。这两类跃迁必须在配位体的配位场作用下才有可能产生,因此又称为配位场跃迁。

由于八面体场中 d 轨道的基态与激发态之间的能量差别不大,这类光谱一般位于可见光区。又由于选择规则的限制,配位场跃迁吸收谱带的摩尔吸光系数较小,一般 ε_{max} 小于 10^2。相对来说,配位体场吸收光谱较少用于定量分析中,但它可用于研究配合物的结构及无机配合物键合理论等方面。

7.2.3 紫外-可见吸收光谱的影响因素

紫外-可见吸收光谱易受分子结构和测定条件等多种因素的影响,其核心是对分子中共轭结构的影响。

(1) 共轭效应

同分异构体之间双键位置或者基团排列位置不同,分子的共轭程度不同,它们的紫外-可见吸收波长及强度也不同。例如,α 和 β 紫罗兰酮分子的末端环中双键位置不同,β 异构体比 α 异构体存在较大的共轭效应,它们的 $\pi \rightarrow \pi^*$ 跃迁吸收波长分别为 227 nm 和 299 nm,就是一个很好的例子:

α 异构体,$\lambda_{max}=227$ nm β 异构体,$\lambda_{max}=299$ nm

在取代烯化合物中,取代基排列位置不同而构成的顺反异构体也具有类似的特征。一般地,在反式异构体中基团间有较好的共平面性,电子跃迁所需能量较低;而顺式异构体中基团间位阻较大,影响体系的共平面作用,电子跃迁需要较高的能量。

某些化合物具有互变异构现象,如 β-二酮在不同的溶剂中可以形成酮式和烯醇式互变异构体:

在酮式异构体中两个羰基并未共轭,它的 $\pi \rightarrow \pi^*$ 跃迁需要较高的能量;而烯醇式异构体中存在双键与羰基的共轭,所以 $\pi \rightarrow \pi^*$ 跃迁能量较低,吸收波长较长。在不同溶剂中两种异构体的比例不同,所以其光谱也不同。

(2) 立体化学效应

立体化学效应是指因空间位阻、构象、跨环共轭等因素导致吸收光谱的红移或蓝移,并常伴随着增色或减色效应,其本质是分子共轭程度受到影响所致。

空间位阻会妨碍分子内共轭的生色团同处一个平面,导致共轭效果变差,引起蓝移和减色。跨环共轭是指两个生色团本身不共轭,但由于空间的排列,使其电子云能相互作用产生共轭效果而引起红移和增色。

(3) 分子离子化

如果化合物在不同的 pH 介质中能形成阳离子或阴离子,则吸收带会随分子的离子化而改变。如苯胺在酸性介质中会形成苯胺盐阳离子。

苯胺形成盐后,氮原子的未成键电子消失,氨基的助色作用也随之消失,因此苯胺盐的吸收带从 230 nm 和 280 nm 蓝移到 203 nm 和 254 nm。

苯酚在碱性介质中能形成苯酚阴离子,其吸收带将从 210 nm 和 270 nm 红移到 235 nm 和 287 nm。

$$\text{C}_6\text{H}_5\text{OH} + \text{OH}^- \rightleftharpoons \text{C}_6\text{H}_5\text{O}^- + \text{H}_2\text{O}$$

苯酚分子中 OH 基团含有两对孤对电子,与苯环上 π 电子形成 n-π 共轭,当形成酚盐阴离子时,氧原子上带有负电荷,供电子能力增强,使 p-π 共轭作用进一步增强,从而导致吸收带红移,同时吸收强度也有所增加。

(4) 溶剂

化合物的紫外-可见吸收光谱通常是在溶液中测定的,溶剂的性质可能会对吸收峰位置、形状和强度有所影响,因此必须加以考虑。

首先,化合物溶剂化后分子的自由转动将受到限制,使得由转动引起的精细结构消失;若溶剂的极性较大,则化合物的振动也将受到限制,使得由振动引起的精细结构也消失,吸收谱带仅呈现为宽的带状包峰。图 7-4 给出了对称四嗪在不同环境下的吸收光谱,可以看出,若想获得吸收图谱的精细结构,应在气态或非极性溶剂中测定。

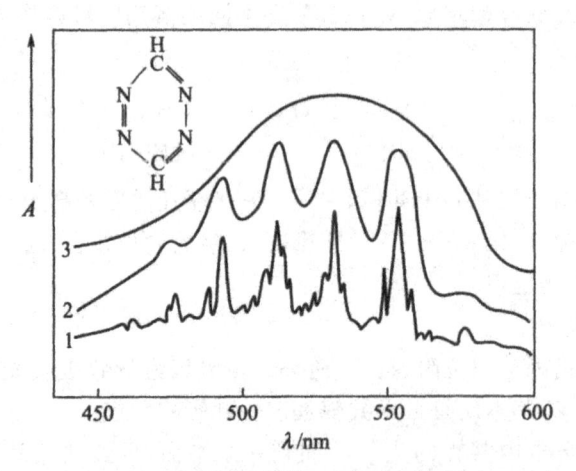

图 7-4 对称四嗪的紫外可见吸收图谱
曲线 1—蒸气态;曲线 2—环己烷中;曲线 3—水中

其次,溶剂极性的增大往往会使化合物中的 π→π* 跃迁红移,n→π* 跃迁蓝移,这种现象称为溶剂效应。如图 7-5 所示,在 π→π* 跃迁中,由于分子激发态的极性大于基态,与极性溶剂间的静电作用更强,能量降低程度也大于基态,因此跃迁时所需能量减小,吸收谱带的 λ_{max} 发生红移;而在 n→π* 跃迁中,由于 n 电子可与极性溶剂形成氢键,使得基态分子能量降低更大,因此跃迁时所需能量增大,吸收谱带的 λ_{max} 发生蓝移。溶剂效应随溶剂极性增大而更为显著,如表 7-1 中的数据所示。

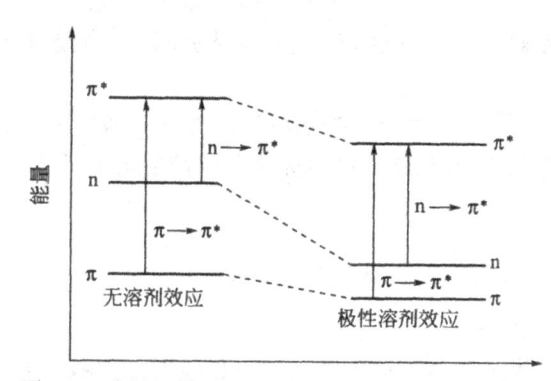

图 7-5 溶剂极性对 $n \to \pi^*$ 和 $\pi \to \pi^*$ 跃迁能量的影响

表 7-1 异亚丙基丙酮的溶剂效应

跃迁类型	溶剂极性由小变大			
	正己烷	氯仿	甲醇	水
$\lambda_{max}(\pi \to \pi^*)$/nm	230	238	237	243
$\lambda_{max}(n \to \pi^*)$/nm	329	315	309	305
$\Delta\lambda_{max}$/nm	99	77	72	62

由上面的讨论可知，溶剂对紫外-可见吸收光谱的影响很大。因此在吸收光谱图上或数据表中必须注明所用的溶剂；与已知化合物的谱图作对照时也应注意所用的溶剂是否相同。进行紫外-可见光谱分析时，必须正确地选择溶剂。选择溶剂时需要注意以下几点。

① 溶剂应能很好地溶解试样且为惰性的，即所配制的溶液应具有良好的化学和光化学稳定性。

② 在溶解度允许的范围内，尽量选择极性较小的溶剂。

③ 溶剂在样品的吸收光谱区应无明显吸收。

(4) pH

对于酸碱性的化合物，溶剂 pH 大小将会影响其解离情况，因此也会对其紫外-可见吸收光谱产生影响，例如，酸碱指示剂的变色现象，本质就是不同 pH 下解离不同而进一步影响共轭结构产生的。

7.2.4 光吸收的基本定律

7.2.4.1 朗伯-比尔定律

1760 年，科学家朗伯总结了物质浓度不变时的吸光实验的规律后指出，当一束单色光通过浓度一定的溶液时，溶液对光的吸收程度与溶液厚度呈正比。这便是朗伯定律，其数学表达式如下：

$$A = \lg \frac{I_0}{I} = k_1 b$$

式中，A 为吸光度，表示光被吸收的程度；I_0 为入射光强度；I 为透过光强度；b 为溶液厚度，cm；k_1 为比例常数。

1852 年，科学家比尔总结了多种无机盐水溶液对红光的吸收实验的规律后指出：当一束单色光通过厚度一定的有色溶液时，溶液的吸光度与溶液的浓度呈正比。这便是比尔定律，其数学表达式为：

$$A = \lg \frac{I_0}{I} = k_2 c$$

式中，c 为溶液中吸光物质的浓度；k_2 为比例常数。

光吸收的基本定律是指定量描述物质对光的吸收程度与吸收光程之间关系的朗伯定律，光的吸收程度与溶液浓度之间关系的比尔定律，把朗伯定律和比尔定律合并起来便得到朗伯-比尔定律。它可表述为：当一束平行单色光通过单一均匀的、非散射的吸光物质溶液时，溶液的吸光度与溶液浓度和厚度的乘积呈正比。这是一条非常重要的、支配物质对各种电磁辐射吸收的基本定律，它不仅适用于溶液对光的吸收，也适用于气体或固体对光的吸收。它是光度分析法定量的基本依据，它的数学表达式为

$$A = \lg \frac{I_0}{I} = abc$$

式中，a 为吸光系数，当浓度 c 的单位为 g/L，液层厚度 b 的单位为 cm 时，其单位为 L/(g·cm)，它在一定的实验条件下为一常数；吸光度 A 是量纲为 1 的量，有时也将其称为消光度（E）或光密度（D）。

若溶液浓度 c 的单位取 mol/L，则吸光系数改称为摩尔吸光系数，用 ε 表示，其单位为 L/(mol·cm)。此时朗伯-比尔定律有另一种表达式：

$$A = \varepsilon bc$$

在实际工作中，有时也用透光度（T）或百分透光度（$T\%$）来表示单色光进入溶液后的透过程度。透光度为透过光强度（I）与入射光强度（I_0）之比，因此也叫透射比，即

$$T = \frac{I}{I_0}$$

$$T\% = \frac{I}{I_0} \times 100\%$$

$$A = \lg \frac{I_0}{I} = -\lg T$$

7.2.4.2 摩尔吸光系数

当浓度 c 为质量浓度，单位以 mg/L 表示，液层厚度 L 的单位以 cm 表示时，朗伯-比尔定律中的比例常数则称为吸光系数，用 K 表示。其意义是：浓度为 1 mg/L 的溶液，液层厚度为 1 cm 时在一定波长下测得的吸光度值，其单位是 L/(mg·cm)。

当浓度 c 为物质的量浓度，单位以 mol/L 表示，液层厚度 L 的单位以 cm 表示时，朗伯-比尔定律中的比例常数 K 就是摩尔吸光系数，用 ε 表示。这时朗伯-比尔定律的表达式为

$$A = \varepsilon c L$$

ε 的意义是：浓度为 1 mol/L 的溶液，液层厚度为 1 cm 时在一定波长下测得的吸光度值，

其单位是 L/(mol·cm)。

摩尔吸光系数 ε 在一定条件下是一常数,它与入射光的波长、吸光物质的性质、溶剂、温度及仪器的质量等因素有关。它表示物质对某一特定波长的光的吸收能力。它的数值越大,表明有色溶液对光越容易吸收,测定的灵敏度就越高。一般 ε 值在 1 000 以上,即可进行吸光光度测定。因此,吸光系数是定性和定量的重要依据。但在实际工作中,不能直接取浓度为 1 mg/L 的有色溶液来测定 ε 值,而是测定适当低浓度有色溶液的吸光度,再计算求出 ε 值。

朗伯-比尔定律不仅适用于有色溶液,也适用于无色溶液及气体和固体的非散射均匀体系;不仅适用于可见光区的单色光,也适用于紫外和红外光区的单色光。但是,朗伯-比尔定律仅适用于单色光和一定范围的低浓度溶液。溶液浓度过大时,透光的性质发生变化,从而使溶液对光的吸光度与溶液浓度不成正比关系。波长较宽的混合光影响光的互补吸收,也会给测定带来误差。

吸光光度分析的灵敏度除了用 ε 值表征外,还常用桑德尔灵敏度 S 来表征。桑德尔灵敏度原指人眼对有色质点在单位截面积液柱内能够检出物质的最低量,以 $\mu g/cm^2$ 表示;后将此概念推广到光度仪器,规定为当仪器所能检测的最低吸光度 $A=0.001$ 时,单位截面积光程内所能检测出来的吸光物质的最低量,单位仍以 $\mu g/cm^2$ 表示。S 与 ε 及吸光物质摩尔质量的关系为

$$S = \frac{M}{\varepsilon}$$

这里的 ε 值是把待测组分看作完全转变成有色化合物而计算的。实际上,溶液中有色物质的浓度常因副反应和显色平衡等因素而改变,并不完全符合这种计量关系,因此所求得的摩尔吸光系数应为表观摩尔吸光系数。在实际工作中,由于在相同条件下测定吸光度,可不考虑这种情况。

7.2.4.3 吸收曲线

当溶液浓度与液层厚度一定时,测定物质对不同波长单色光的吸光度,以波长 λ 为横坐标,以吸光度 A 为纵坐标所绘制的 A-λ 曲线,称为吸收曲线,也称为吸收光谱。测定的波长范围在紫外-可见光谱区,称为紫外-可见吸收光谱,简称紫外光谱,如图 7-6 所示。

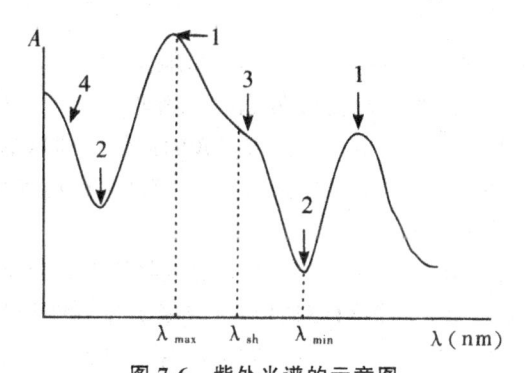

图 7-6 紫外光谱的示意图

1—吸收峰;2—谷;3—肩峰;4—末端吸收

图 7-6 中吸收较大并且成峰形的部分称为吸收峰,凹陷的部分称为谷,它们所对应的波长分别称为最大吸收波长(λ_{max})和最小吸收波长(λ_{min})。在吸收峰的旁边有一个小的曲折称为肩峰,其对应波长为λ_{ab},在吸收曲线短波端呈现的不成峰形的强吸收,称为末端吸收。不同的物质有不同的吸收光谱及特征参数,因此,吸收光谱的特征以及整个光谱的形状是物质定性鉴别的依据,是定量分析选择测定波长的依据,也是推断化合物结构的依据之一。

7.2.4.4 标准曲线与偏离朗伯-比尔定律的因素

根据光的吸收定律,当液层厚度一定时,吸光物质浓度与吸光度之间呈线性关系。以浓度c为横坐标,吸光度A为纵坐标绘制的A-c曲线,称为标准曲线,也称为工作曲线,是一条通过原点的直线。在实际工作中,很多因素会导致标准曲线发生弯曲或不通过原点,给测量结果带来误差,一般称为偏离朗伯-比尔定律,如图7-7所示。

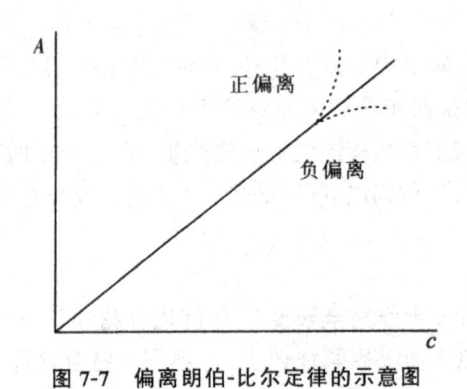

图 7-7 偏离朗伯-比尔定律的示意图

偏离朗伯-比尔定律的主要因素如下所示。

(1)朗伯-比尔定律本身的局限性

事实上,朗伯-比尔定律对适用对象有限制,只有在稀溶液中才能成立。由于在高浓度时(通常$c>0.01$ mol/L),吸收质点之间的平均距离缩小到一定程度,邻近质点彼此的电荷分布都会相互影响,此影响能改变它们对特定辐射的吸收能力,相互影响程度取决于c,因此,此现象可导致A与c的线性关系发生偏差。

(2)物理因素

朗伯-比尔定律只对一定波长的单色光才能成立,但实际上,即使质量较好的分光光度计所得的入射光,仍然具有一定波长范围的波带宽度。因此,吸光度与浓度并不完全呈直线关系,因而导致了对朗伯-比尔定律的偏离。所得入射光的波长范围越窄,即单色光越纯,则偏离越小;非吸收作用引起的对朗伯-比尔定律的偏离,主要有散射效应和荧光效应,一般情况下荧光效应对分光光度法产生的影响较小。

经实验研究,朗伯-比尔定律只适用于十分均匀的吸收体系。当待测液的体系不是很均匀时,入射光通过待测液后将产生光的散射而损失,导致吸收体系的透过率减小,造成实测吸光值增加。朗伯-比尔定律是建立在均匀、非散射的溶液这个基础上的。如果介质不均匀,呈胶体、乳浊、悬浮状态,则入射光除了被吸收外,还会有反射、散射的损失,因而实际测得的吸光度增大,导致对朗伯-比尔定律的偏离;当入射光通过待测液,若吸光物质分子吸收辐射能后所产生的激发态分子以发射辐射能的方式回到基态而发射荧光,则结果必然使待测液的透光率相对增大,造成实测吸光值减小。

(3) 化学因素

朗伯-比尔定律假设溶液中吸光粒子是独立的,即彼此无相互作用。然而实际表明,这种情况在稀溶液中才成立。浓度高时,粒子间距小,相互之间的作用不能忽略不计,这将使粒子的吸光能力发生改变,引起对朗伯-比尔定律的偏离。浓度越大,对朗伯-比尔定律的偏离越大,故朗伯-比尔定律只适用于稀溶液。

另外,吸光物质可因浓度改变而有解离、缔合、溶剂化及配合物组成改变等现象,使吸光物质的存在形式发生改变,因而影响物质对光的吸收能力,导致朗伯-比尔定律的偏离。例如,图7-8 所示是亚甲蓝阳离子水溶液的吸收光谱,单体的吸收峰在 660 nm 处,而二聚体的吸收峰在 610 nm 处。随着浓度的增大,660 nm 处吸收峰减弱;而 610 nm 处吸收峰增强,吸收光谱形状改变。由于这个现象的存在,而使吸光度与浓度关系发生偏离。

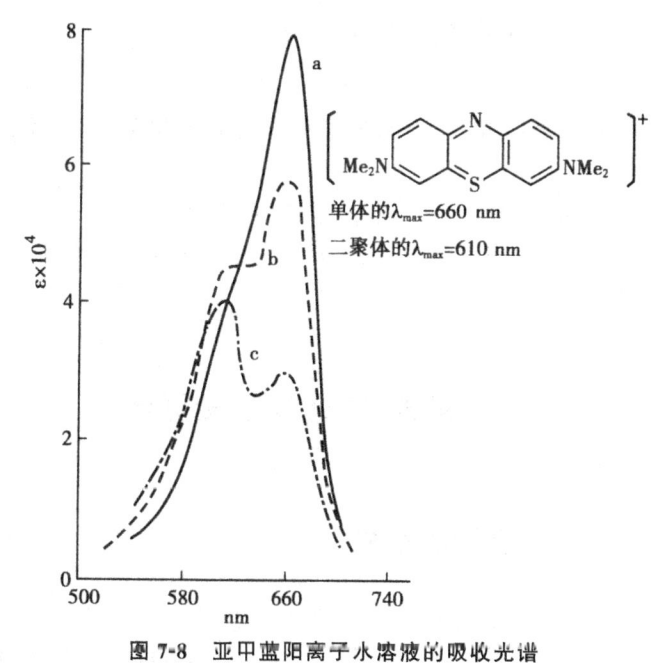

图 7-8 亚甲蓝阳离子水溶液的吸收光谱
a—亚甲蓝阳离子溶液(6.36×10^{-6} mol/L);
b—亚甲蓝阳离子溶液(1.27×10^{-4} mol/L);
c—亚甲蓝阳离子溶液(5.97×10^{-4} mol/L)。

有些化合物在水溶液中有多种存在形式,如 Cr(Ⅵ)的两种离子,$Cr_2O_7^{2-}$(橙色)与 CrO_4^{2-}(黄色)有以下平衡:

$$Cr_2O_7^{2-} + H_2O \rightleftharpoons 2CrO_4^{2-} + 2H^+$$

两种离子有不同的吸收光谱,溶液的吸光度将是两种离子吸光度之和。如果溶液浓度改变时,两种离子浓度的比值 $CrO_4^{2-}/Cr_2O_7^{2-}$ 能保持不变,则浓度与吸光度之间可有直线关系。但由于上述离解平衡,两种离子的比值在水溶液中不能始终保持恒定。浓度降低时,比值变大,使CrO_4^{2-}的吸光度在溶液总吸光度中所占比值增大。由于两者的吸光系数有很大差别,使$Cr(Ⅵ)$的总浓度与吸光度之间的关系偏离直线。

为了防止这类偏离,必须根据物质对光的吸光能力,溶液中的化学平衡的知识,严格控制溶液条件,使被测物质定量地保持在吸光能力相同的形式,以获较好的分析结果。

7.2.4.5 吸光度的加和性

设某一波长(λ)的辐射通过几个相同厚度的不同溶液$c_1,c_2,\cdots,c_n$,其透射光强度分别为$I_1,I_2,\cdots,I_n$,根据吸光度定义,这一吸光系统的总吸光度为$A=\lg(I_t/I_0)$,而各溶液的吸光度分别为$A_1,A_2,\cdots,A_n$,则

$$A_1+A_2+\cdots+A_n=\lg\frac{I_0}{I_1}+\lg\frac{I_1}{I_2}+\cdots+\lg\frac{I_{n-1}}{I_n}=\lg\frac{I_0}{I_n}$$

吸光度的总和为

$$A=\lg\frac{I_0}{I_n}=A_1+A_2+\cdots+A_n$$

即几个(同厚度)溶液的吸光度等于各分层吸光度之和。

如果溶液中同时含有n种吸光物质,只要各组分之间无相互作用(不因共存而改变本身的吸光特性),则

$$A=\varepsilon_1c_1b_1+\varepsilon_2c_2b_2+\cdots+\varepsilon_nc_nb_n=A_1+A_2+\cdots+A_n$$

进行光度分析时,试剂或溶剂有吸收,可由所测的总吸光度A中扣除,即以试剂或溶剂为空白的依据。

7.3 紫外-可见分光光度计

7.3.1 紫外-可见分光光度计的组成

紫外-可见分光光度计用于测量溶液的透光度或吸光度,其仪器种类、型号繁多,特别是近年来产生的仪器,多配有计算机系统,自动化程度较高,但各种仪器的基本组成不变,均是由图7-9所示的几部分构成。

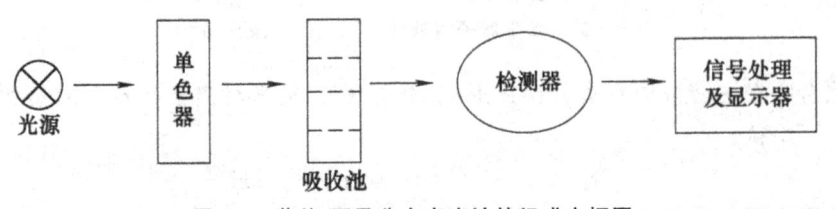

图7-9 紫外-可见分光光度计的组成方框图

光源发射的光经单色器获得测定所需的单色光,再透过吸收池照射到检测器的感光元件(光电池或光电管)上,其所产生的光电流信号的大小与透射光的强度成正比,通过测量光电流

强度即可得到溶液的透光度或吸光度。

7.3.1.1 光源

光源的作用是提供强而稳定的可见或紫外连续入射光。一般分为可见光光源及紫外光源两类。近年来,具有高强度和高单色性的激光已被开发用作紫外光源。已商品化的激光光源有氩离子激光器和可调谐染料激光器。

(1) 可见光光源

最常用的可见光光源为钨丝灯。钨丝灯可发射波长为 320～2 500 nm 范围的连续光谱,其中最适宜的使用范围为 320～1 000 nm,除用作可见光源外,还可用作近红外光源。在可见光区内,钨丝灯的辐射强度与施加电压的 4 次方成正比,因此要严格稳定钨丝灯的电源电压。

卤钨灯的发光效率比钨灯高、寿命也长。在钨丝灯中加入适量卤素或卤化物可制成卤钨灯,例如,加入纯碘制成碘钨灯,溴钨灯是加入溴化氢而制得。新的分光光度计多采用碘钨灯。

(2) 紫外光源

紫外光源多为气体放电光源,如氢、氘、氙放电灯及汞灯等。其中以氢灯及氘灯应用最广泛,其发射光谱的波长范围为 160～500 nm,最适宜的使用范围为 180～350 nm。氘灯发射的光强度比同样的氢灯大 3～5 倍。氢灯可分为高压氢灯和低压氢灯,后者较为常用。低压氢灯或氘灯的构造是:将一对电极密封在干燥的带石英窗的玻璃管内,抽真空后充入低压氢气或氘气。石英窗的使用是为了避免普通玻璃对紫外光的强烈吸收。

近年来,具有高强度和高单色性的激光已被开发用作紫外光源。已商品化的激光光源有氩离子激光器和可调谐染料激光器。

7.3.1.2 单色器

紫外-可见分光光度计的单色器的作用是将来自光源的连续光谱按波长顺序色散,并从中选出任一波长单色光或进行连续扫描的光学系统。一般由下述部分构成。

① 入射狭缝。光源的光由此进入单色器。
② 准光装置。一般由透镜或反射镜使入射光成为平行光束。
③ 色散元件。将复合光分解成单色光。早期的仪器多用棱镜,近年多用光栅,其光路图如图 7-10 所示。
④ 聚焦装置。一般由透镜或凹面反射镜,将分光后所得单色光聚焦至出射狭缝。
⑤ 出射狭缝。分光后的单色光由出射狭缝射出,进入测量室。

色散元件是单色器的核心部分,用于紫外区的光栅,用铝作反射面,在平滑玻璃表面上,每毫米刻槽一般为 600～1 200 条。近年来采用激光全息技术生产的全息光栅质量更高,已得到普遍采用。在紫外分光光度计中一般用镀铝的抛物柱面反射镜作为准直镜,铝面对紫外光反射率比其他金属高,但铝易受腐蚀,应注意保护。早期多采用棱镜作为色散元件,现代分析仪器通常采用高分辨率的光栅作色散元件。光栅单色器结构如图 7-11 所示。

图 7-10 棱镜色散与光栅色散

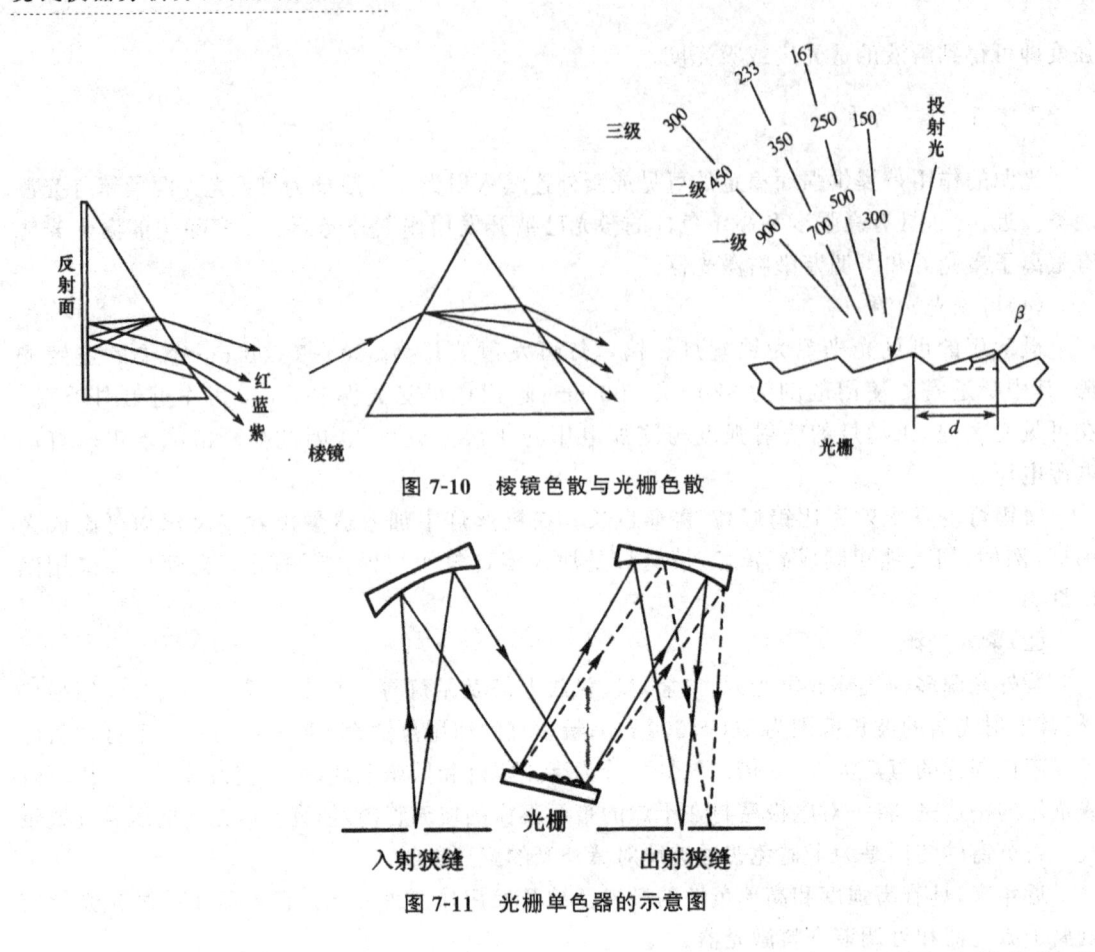

图 7-11 光栅单色器的示意图

色光的纯度取决于色散元件的色散特性和出射狭缝的宽度,用谱带半宽度(有效带宽)表示。谱带半宽度即指在透光曲线(透光度-波长曲线)上,峰高一半处所对应的波长范围,以纳米为单位。谱带半宽度越小,则单色光的纯度越高。

7.3.1.3 吸收池

吸收池也常称为比色皿,有各种规格和类型。用光学玻璃制成的吸收池,只能用于可见光区。用熔融石英(氧化硅)制的吸收池,适用于紫外光区,也可用于可见光区。盛空白溶液的吸收池与盛试样溶液的吸收池应互相匹配,即有相同的厚度与相同的透光性。在测定吸光系数或利用吸光系数进行定量测定时,还要求吸收池有准确的厚度(光程),或用同一只吸收池。吸收池的厚度即吸收光程,有 1 cm、2 cm 及 3 cm 等规格,可根据试样浓度大小和吸光度读数范围选择吸收池。两光面易损蚀,应注意保护。

7.3.1.4 检测器

检测器用于检测光信号。利用光电效应将光强度信号转换成电信号的装置也叫光电器件。用分光光度分析法可以得到一定强度的光信号,这个信号需要用一定的部件检测出来。检测时,需要将光信号转换成电信号才能测量得到。光检测系统的作用就是进行这个转换。

常用的检测器主要有以下几种。

(1) 光电池

用半导体材料制成的光电转换器。用得最多的是硒光电池。其结构和作用原理如图 7-12 所示。

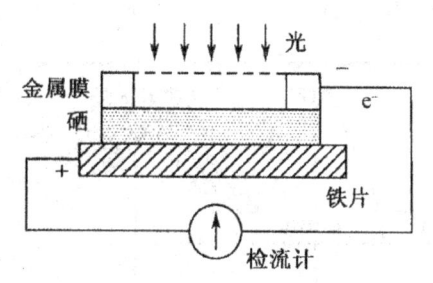

图 7-12 光电池的结构和作用原理

其表层是导电性能良好、可透过光的金属薄膜,中层是具有光电效应的半导体材料硒,底层是铁或铅片。表层为负极,底层为正极,与检流计组成回路。当外电路的电阻较小时,光电流与照射光强度成正比。

硒光电池具有较高的光电灵敏度,可产生 100~200 μA 电流,用普通检流计即可测量。硒光电池测量光的波长相应范围为 300~800 nm,但对波长为 500~600 nm 的光最灵敏。

(2) 光电管

光电管是一个由中心阳极和一个光敏阴极组成的真空(或充少量惰性气体)二极管,结构如图 7-13 所示。阴极表面镀有二层碱金属或碱土金属氧化物(如氧化铯等)等光敏材料,当它被足够能量的光照射时,能够发射出电子。当在两极间有电位差时,发射出的电子流向阳极而产生电流,电流大小决定于照射光的强度。当辐射强度一定时,外加电压增大,光电管所产生的电流随之升高,直至一饱和区(电流不再随电压升高),该电压称为饱和电压。光电管在饱和电压下工作时,光电管的响应与辐射强度具有线性关系。不同的阴极材料,其光谱响应的波长范围不同。在镍阴极表面沉积锑和铯时,光谱响应在"紫敏"(或称"蓝敏")区,波长响应范围为 210~625 nm;当阴极表面沉积银和氧化铯时,光谱响应在"红敏"区,波长范围为 625~1 000 nm。

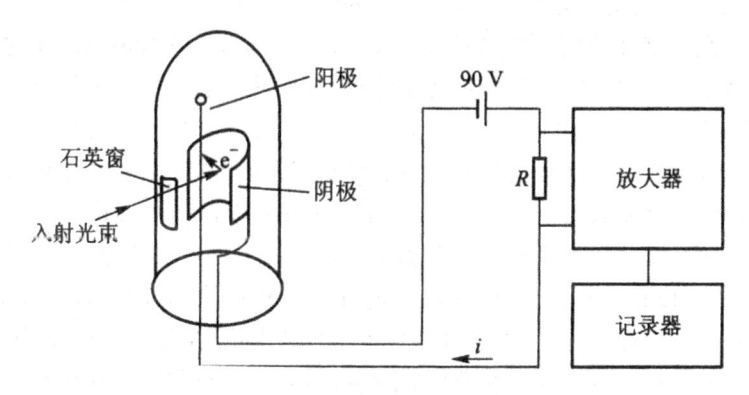

图 7-13 光电管的工作电路图

光电管产生的光电流虽小(约为 10^{-11} A),但可借助于外部放大电路获得较光电池高的灵敏度。另外,光电管还具有响应速度快(响应时间<1 μs),光敏范围广,不易疲劳等优点。

(3)光电倍增管

光电倍增管的原理和光电管相似,结构上的差别是在光敏金属的阴极和阳极之间还有几个倍增级(一般是9个)。光电倍增管的原理与结构如图7-14所示。

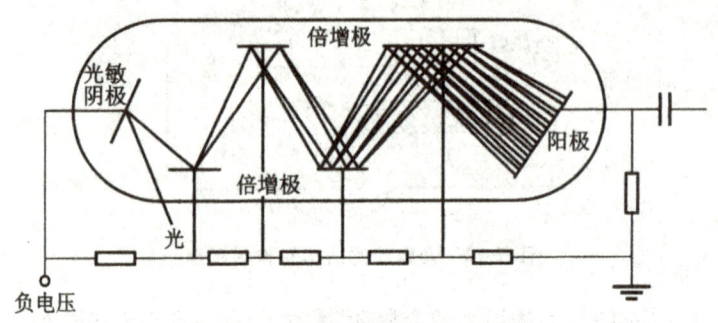

图 7-14　光电倍增管的原理与结构

光电倍增管的外壳由玻璃或石英制成,内部抽成真空,光阴极上涂有能发射电子的光敏物质,在阴极和阳极之间连有一系列次级电子发射极,即电子倍增极,阴极和阳极之间加以约1 000 V 的直流电压,在每两个相邻电极之间有50～100 V 的电位差。当光照射在阴极上时,光敏物质发射的电子,首先被电场加速,落在第1个倍增极上,并击出二次电子。这些二次电子又被电场加速,落在第2个倍增极上,击出更多的二次电子,以此类推,这个过程一直重复到第9个倍增极。从第9个倍增极发射出的电子已比第1个倍增极发射出的电子数大大增加,然后被阳极收集,产生较强的电流,再经放大,由此可见,光电倍增管检测器大大提高了仪器测量的灵敏度。

由于光电倍增管具有灵敏度高(电子放大系数可达 10^8～10^9),线性影响范围宽(光电流在 10^{-8}～10^{-3} A 范围内与光通量成正比),响应时间短(约 10^{-9} s)等,因此广泛用于光谱分析仪器中。

(4)光电二极管

光电二极管的原理是硅二极管受紫外、近红外辐射照射时,其导电性增强的大小与光强成正比。近年来,分光光度计使用光电二极管作检测器在增加,虽然其灵敏度还比不上光电倍增管,但它的稳定性更好,使用寿命更长,价格便宜,因而许多著名品牌的高档分光光度计都在使用它作检测器。

尤其值得注意的是,由于计算机技术的飞速发展,使用光电二极管的二极管阵列分光光度计有了很大的发展,二极管数目已达1 024个,在很大程度上提高了分辨率。这种新型分光光度计的特点是"后分光",即氘灯发射的光经透镜聚焦后穿过样品吸收池,经全息光栅色散后被二极管阵列的各个二极管接收,信号由计算机进行处理和存储,因而扫描速度极快,约 10 ms 就可完成全波段扫描,绘出吸光度、波长和时间的三维立体色谱图,能最方便快速地得到任一波长的吸收数据,它最适宜用于动力学测定,也是高效液相色谱仪最理想的检测器。

7.3.1.5 信号处理及显示器

光电管输出的电信号很弱,需经过放大才能以某种方式将测量结果显示出来,信号处理过程也会包含一些数学运算,如对数函数、浓度因素等运算乃至微分积分等处理。需要仪器的自动化程度和测量精度较高。

近年来,分光光度计多采用屏幕显示,显示器可由电表指示、数字显示、荧光屏显示、结果打印及曲线扫描等。显示方式一般都有透光率与吸光度,有的还可转换成浓度、吸光系数等显示。

7.3.2 紫外-可见分光光度计的类型

紫外-可见分光光度计可分为两类,单波长分光光度计和双波长分光光度计。单波长分光光度计又可分为单光束和双光束两类。

7.3.2.1 单光束分光光度计

单光束分光光度计用钨灯或氢灯作光源,从光源到检测器只有一束单色光,结构简单(图 7-15),价格便宜,对光源发光强度稳定性的要求较高,适于在给定波长处测量吸光度或透光度,但一般不能作全波段光谱扫描。单光束的仪器主要有国产的 751 型、7516 型和 7520 型,英国的 Unican SP500 型、Hilger H700 型,日本岛津的 QV-50 型,日立的 EPU-2A 型等。单光束的仪器可以满足一般定量分析的要求。单波长单光束的仪器是最简单的紫外分光光度计,对光源的稳定性要求极高,如果在测量过程中电源发生波动,则光源的强度不稳定,将对测量产生影响,导致重复性不好。

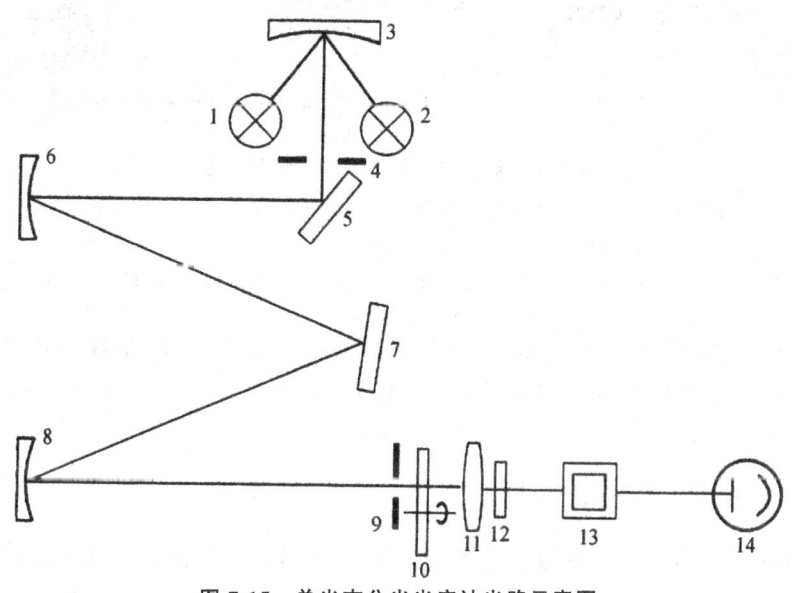

图 7-15 单光束分光光度计光路示意图

1—溴钨灯;2—氘灯;3—凹面镜;4—入射狭缝;5—平面镜;6、8—准直镜;7—光栅;
9—出射狭缝;10—调制器;11—聚光镜;12—滤色片;13—样品室;14—光电倍增管

7.3.2.2 双光束分光光度计

双光束分光光度计的特点是能够自动记录,可在较短时间(0.5~2 min)内获得全波段扫描吸收光谱。测量过程中试样和参比信号进行反复比较,消除了光源不稳定、放大器增益变化及检测器灵敏度变化等因素的影响,因此它特别适合于结构分析。当然,双光束仪器在设计与制造上较单光束仪器复杂,因而价格较高。

双光束光路是被普遍采用的光路,如图 7-16 所示。光源发出的光经反射镜反射,通过过滤散射光的滤光片和入射狭缝,经过准直镜和光栅分光,经出射狭缝得到单色光。单色光被旋转扇面镜分成交替的两束光,分别通过样品池和参比池,再经同步扇面镜将两束光交替地照射到光电倍增管,使光电管产生一个交变脉冲信号,经过比较放大后,由显示器显示出透光率、吸光度、浓度或进行波长扫描,记录吸收光谱。扇面镜以每秒几十转至几百转的速度匀速旋转,使单色光能在很短时间内交替通过空白与试样溶液,可以减免因光源强度不稳而引入的误差。测量中不需要移动吸收池,可在随意改变波长的同时记录所测量的光度值,便于描绘吸收光谱。

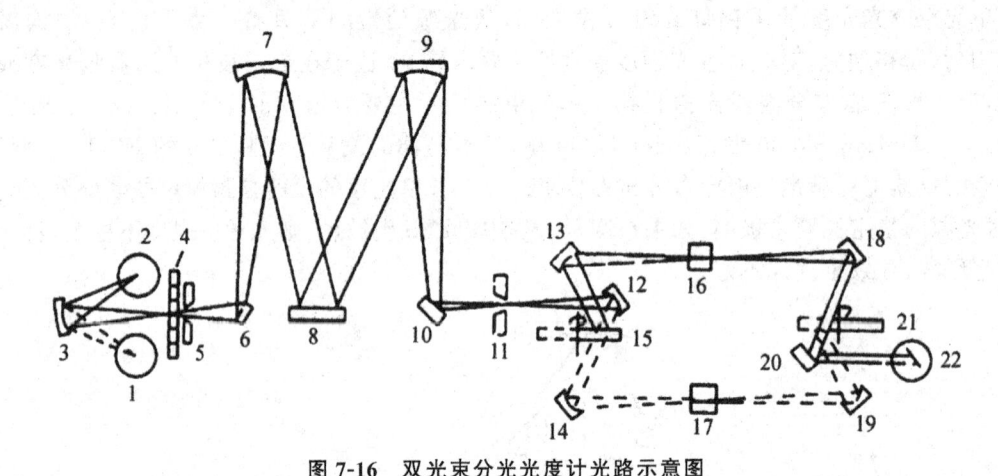

图 7-16 双光束分光光度计光路示意图
1—钨灯;2—氘灯;3—凹面镜;4—滤色片;5—入射狭缝;6、10、20—平面镜;
7、9—准直镜;8—光栅;11—出射狭缝;12、13、14、18、19—凹面镜;
15、21—扇面镜;16—参比池;17—样品池;22—光电倍增管

双光束紫外-可见分光光度计如国产的 730 型、740 型、710 型,菲利浦公司的 PU8600、PU8800,Perkin-Elmer 的 Lambda3、5、7 型,日本岛津的 UV-260、300、365 型,日立的 U-3400 型等均属于这类仪器。

7.3.2.3 双波长分光光度计

双波长分光光度计光路的结构示意图如图 7-17 所示。与单波长分光光度计的主要区别在于采用双单色器。

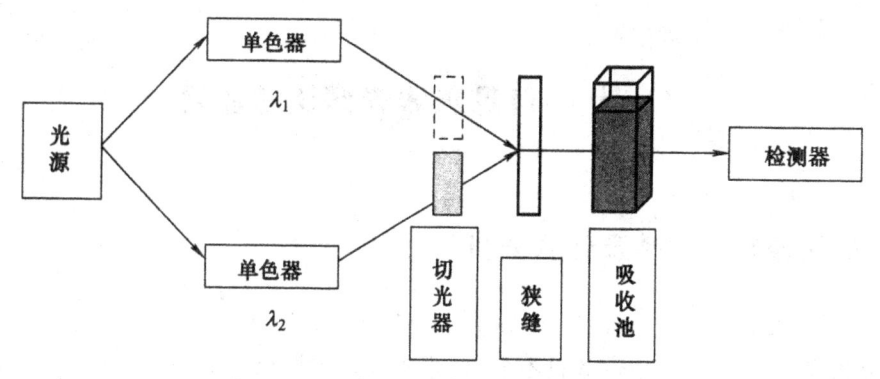

图 7-17 双波长分光光度计的结构示意图

从光源出发的光分成两束,分别经过两个单色器,得到两束强度相同、波长分别为 λ_1 和 λ_2 的单色光。以切光器(旋转镜)调制使 λ_1、λ_2 两单色光交替地照射到同一吸收池上,其透过光被检测器所接收,经信号处理系统处理可以直接获得溶液对 λ_1、λ_2 两单色光的吸光度之差值。对于多组分混合物、浑浊试样(如生物组织液)分析,以及存在背景干扰或共存组分吸收干扰的情况下,利用双波长分光光度法,往往能提高方法的灵敏度和选择性。利用双波长分光光度计,能获得导数光谱。通过光学系统转换,使双波长分光光度计能很方便地转化为单波长工作方式。如果能在 λ_1、λ_2 处分别记录吸光度随时间变化的曲线,还能进行化学反应动力学研究。

现代紫外-可见分光光度计大多具有双光束、双波长、微机数据处理、自动记录及扫描功能,使方法的灵敏度和选择性大大提高。

国产的 WFZ800-S 型、日本岛津的 UV-300 型等属于这种类型。

近年来,还出现了配置光多道二极管阵列检测器的分光光度计,这是一种具有全新光路系统的仪器,其光路原理如图 7-18 所示。由光源发出,经消色差聚光镜聚焦后的多色光通过样品池,再聚焦于多色仪的入口狭缝上,透过光经全息光栅表面色散并投射到二极管阵列检测器上。二极管阵列的电子系统,可在 1/10 s 的极短时间内获得 190~820 m 范围的全光光谱。

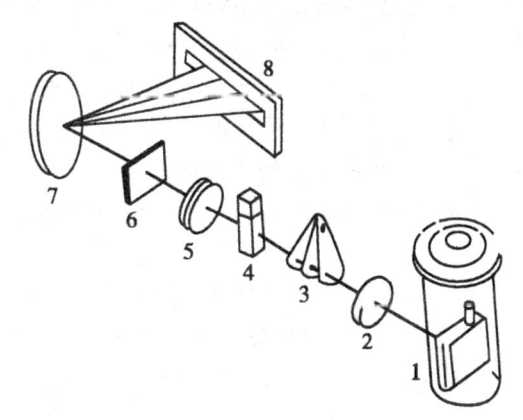

图 7-18 HP8452A 二极管阵列分光光度计光路图
1—光源:钨灯或氘灯;2、5—消色差聚光镜;3—光闸;4—吸收池;
6—入口狭缝;7—全息光栅;8—二极管阵列检测器

7.4 紫外-可见吸收光谱法的应用

7.4.1 有机化合物的定性及结构分析

紫外-可见吸收光谱可用于有机化合物的定性及结构分析,但不是主要工具。因为大多数有机化合物的紫外-可见光谱谱带数目不多、谱带宽、缺少精细结构。但它适用于不饱和有机化合物,尤其是共轭体系的鉴定,以此推断未知物的骨架结构。再配合红外光谱、核磁共振波谱、质谱等进行结构鉴定及分析,是一种好的辅助方法。

7.4.1.1 未知试样的鉴定

一般采用比较光谱法,即在相同的测定条件下,比较待测物与已知标准物的吸收光谱曲线,若它们的吸收光谱曲线完全相同,则可以初步认为是同一物质。

若没有标准物,则可以借助汇编的各种有机化合物的紫外可见标准谱图进行比较。与标准谱图比较时,仪器准确度、精密度要高,操作时测定条件要完全与文献规定的条件相同,否则可靠性差。

7.4.1.2 物质纯度检查

利用紫外吸收光谱法来检查物质的纯度是非常简便可行的方法。例如,无水乙醇中常含有少量的苯,因苯的 λ_{max} 为 256 nm,而乙醇在此波长处无吸收。可通过绘制样品的紫外吸收光谱图来判断是否含有杂质。

7.4.1.3 推测化合物的分子结构

绘制出化合物的紫外可见吸收光谱,根据光谱特征进行推断。若该化合物在紫外-可见光区无吸收峰,则它可能不含双键或共轭体系,而可能是饱和化合物;若在 210~250 nm 有强吸收带,则表明它含有共轭双键;若在 260~350 nm 有强吸收带,则可能有 3~5 个共轭单位。若在 260 nm 附近有中吸收且有一定的精细结构,则可能有苯环;若化合物有许多吸收峰,甚至延伸到可见光区,则可能为一长链共轭化合物或多环芳烃。

按一定的规律进行初步推断后,能缩小该化合物的归属范围,但还需要其他方法才能得到可靠结论。

紫外-可见吸收光谱除可用于推测所含官能团外,还可用来区别同分异构体。例如,乙酰乙酸乙酯在溶液中存在酮式与烯醇式互变异构体:

$$\underset{\text{酮式}}{CH_3-\overset{O}{\overset{\|}{C}}-CH_2-\overset{O}{\overset{\|}{C}}-OC_2H_5} \rightleftharpoons \underset{\text{烯醇式}}{CH_3-\overset{OH}{\overset{|}{C}}=CH-\overset{O}{\overset{\|}{C}}-OC_2H_5}$$

酮式没有共轭双键,它在波长 240 nm 处仅有弱吸收;而烯醇式由于有共轭双键,在波长 245 nm 处有强的 K 吸收带[$\varepsilon=18\,000$ L/(mol·cm)]。故根据它们的紫外吸收光谱可判断其存在与否。

7.4.2 定量分析

紫外-可见吸收光谱法是进行定量分析最有用的工具之一。该法不仅可以直接测定那些本身在紫外-可见光区有吸收的无机和有机化合物,而且还可以采用适当的试剂与吸收较小或非吸收物质反应生成对紫外和可见光区有强烈吸收的产物,即"显色反应",从而对它们进行定量测定。例如,金属元素的分析。

7.4.2.1 单组分的测定

根据朗伯-比尔定律,物质在一定波长处的吸光度与浓度之间有线性关系。因此,只要选择适合的波长测定溶液的吸光度,即可求出浓度。在紫外-可见吸收光谱法中,通常应以被测物质吸收光谱的最大吸收峰处的波长作为测定波长。如被测物有几个吸收峰,则选择不为共存物干扰,峰较高、较宽的吸收峰波长,以提高测定的灵敏度、选择性和准确度。此外,还要注意选用的溶剂应不干扰被测组分的测定。许多溶剂本身在紫外光区有吸收峰,只能在它吸收较弱的波段使用。选择溶剂时,组分的测定波长必须大于溶剂的极限波长。

(1) 吸光系数法

吸光系数是物质的特性常数。只要测定条件不致引起对比尔定律的偏离,即可根据测得的吸光度 A,按朗伯-比尔定律求出浓度或含量。

$$c = \frac{A}{EL}$$

(2) 标准曲线法

标准曲线法对仪器的要求不高,是分光光度法中简便易行的方法,尤其适合于大批量样品的定量分析。此法尤其适用于单色光不纯的仪器,因为虽然测得的吸光度值可以随所用仪器的不同而有相当的变化,但如果是同一台仪器,固定其工作状态和测定条件,则浓度与吸光度之间的关系仍可写成 $A=kc$,不过这里的 k 仅是一个比例常数,不能用作定性的依据,也不能互相通用。

测定时,将一系列浓度不同的标准溶液,在同一条件下分别测定吸光度,考查浓度与吸光度成直线关系的范围,然后以吸光度为纵坐标,浓度为横坐标,绘制 A-c 关系曲线,或叫作工作曲线。若符合朗伯-比尔定律,则会得到一条通过原点的直线。也可用直线回归的方法,求出回归的直线方程。再根据样品溶液所测得的吸光度,从标准曲线或从回归方程求得样品溶液的浓度。

(3) 标准对比法

在相同的条件下,配制浓度为 c_s 的标准溶液和浓度为 c_x 的待测溶液,平行测定样品溶液和标准溶液的吸光度 A_x 和 A_s,根据朗伯-比尔定律:

$$A_x = kLc_x$$

$$A_s = kLc_s$$

由于标准溶液和待测溶液中的吸光物质是同一物质,因而在相同条件下,其吸光系数相等。如选择相同的比色皿,可得待测溶液的浓度:

$$c_x = \frac{A_x}{A_s} c_s$$

这种方法不需要测量吸光系数和样品池厚度,但必须有纯的或含量已知的标准物质用以配制标准溶液。

7.4.2.2 多组分的测定

溶液中有两种或多种组分共存时,可根据各组分吸收光谱相互重叠的程度分别考虑测定方法。最简单的情况是各组分的吸收峰所在波长处,其他组分没有吸收,如图7-19(a)所示,则可按单组分的测定方法分别在 λ_1 处测定现组分a,在 λ_2 处测定现组分b,互不干扰。

若a、b两组分的吸收光谱部分重叠,如图7-19(b)所示,则这时可先在 λ_1 处按单组分方法测定a组分的浓度 c_a,b组分不干扰;然后在 λ_2 处测得混合物溶液的总吸光度 $A_{\lambda 2}^{a+b}$,即可根据吸光度的加合性计算b组分的浓度 c_b。

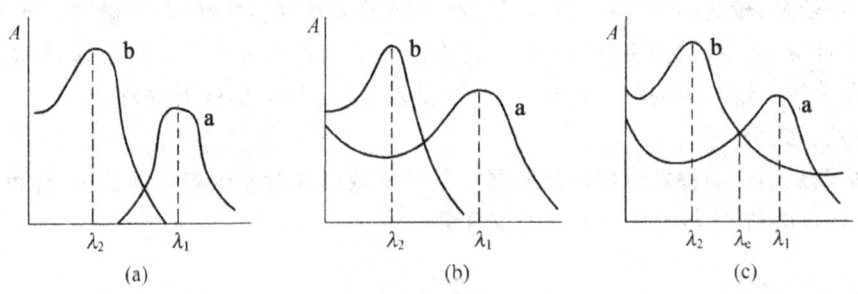

图7-19 混合组分吸收光谱相互重叠的三种情况

因为

$$A_{\lambda 2}^{a+b} = A_{\lambda 2}^a + A_{\lambda 2}^b = E_{\lambda 2}^a \cdot c_a + E_{\lambda 2}^b \cdot c_b$$

所以

$$c_b = (A_{\lambda 2}^{a+b} - E_{\lambda 2}^a \cdot c_a)/E_{\lambda 2}^b$$

式中,a、b中两组分的吸光系数 $E_{\lambda 2}^a$ 和 $E_{\lambda 2}^b$ 需事先求得。

在混合组分测定中,更多遇到的情况是吸收光谱双向重叠,互相干扰,如图7-19(c)所示。这时可根据测定的目的、要求和光谱重叠的不同情况,采取以下的几种方法。

(1)解线性方程组法

两组分在 λ_1、λ_2 处都有吸收,两组分彼此相互干扰,如图7-19(c)所示。在这种情况下,需要首先测定纯物质a和b分别在 λ_1、λ_2 处的吸光系数 $\varepsilon_{\lambda 1}^a$、$\varepsilon_{\lambda 2}^a$ 和 $\varepsilon_{\lambda 1}^b$、$\varepsilon_{\lambda 2}^b$,再分别测定混合组分溶液在 λ_1、λ_2 处的吸光度 $A_{\lambda 1}^{a+b}$,$A_{\lambda 2}^{a+b}$,然后列出联立方程:

$$\begin{cases} A_{\lambda 1}^{a+b} = A_{\lambda 1}^a + A_{\lambda 1}^b = \varepsilon_{\lambda 1}^a l c_a + \varepsilon_{\lambda 1}^b l c_b \\ A_{\lambda 2}^{a+b} = A_{\lambda 2}^a + A_{\lambda 2}^b = \varepsilon_{\lambda 2}^a l c_a + \varepsilon_{\lambda 2}^b l c_b \end{cases}$$

从而求得 a、b 的浓度为

$$c_a = \frac{\varepsilon_{\lambda 2}^b A_{\lambda 1}^{a+b} - \varepsilon_{\lambda 1}^b A_{\lambda 2}^{a+b}}{(\varepsilon_{\lambda 1}^a \varepsilon_{\lambda 2}^b - \varepsilon_{\lambda 2}^a \varepsilon_{\lambda 1}^b) l}$$

$$c_b = \frac{\varepsilon_{\lambda 2}^a A_{\lambda 1}^{a+b} - \varepsilon_{\lambda 1}^a A_{\lambda 2}^{a+b}}{(\varepsilon_{\lambda 1}^a \varepsilon_{\lambda 2}^b - \varepsilon_{\lambda 2}^a \varepsilon_{\lambda 1}^b) l}$$

若有 n 个组分的光谱相互干扰,则必须在 n 个波长处分别测得试样溶液吸光度的加和值,以及该波长下 n 个纯物质的摩尔吸光系数,然后解 n 元一次方程组,进而求出各组分的浓度,这种方法叫作解方程组法。

(2) 等吸收双波长消去法

吸收光谱重叠的 a、b 两组分共存时,可先把一种组分的吸收设法消去,测另一组分的浓度。具体做法如图 7-20 所示。

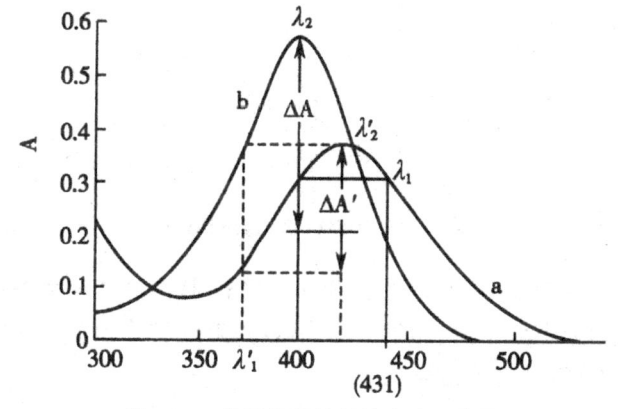

图 7-20 等吸收双波长消去法示意图
a—对-硝基苯酚(3×10^{-5} mol/L);b—邻-硝基苯酚(8×10^{-5} mol/L)

如果欲消去 a 测定 b,在 b 的峰顶 $\lambda_{max}(\lambda_2)$ 处向横坐标作垂线与 a 吸收曲线相交,从相交点作与横坐标的平行线与 a 吸收曲线相交于另一点,所对应的波长为 λ_1,即在 λ_1 与 λ_2 处 a 组分的吸光度相等,而对于被测组分 b,则这两波长处的吸光度有显著差别,见图 7-20 中示出为 ΔA。在这两波长处测得的混合物吸光度之差,只与 b 组分的浓度成正比,而与 a 组分无关。因此可以消去 a 的干扰,而直接测得 b 的浓度,用数学式表达如下

$$\Delta A^{a+b} = \Delta A^b = c_b(E_1^b - E_2^b) = c_b \Delta E^b = K c_b \tag{7-1}$$

由式(7-1)的推导过程可知,在进行波长 λ_1 与 λ_2 的选择时,必须符合两个基本条件:
① 干扰组分 a 在这两个波长处应具有相同的吸光度,即 $\Delta A^a = A_1^a - A_2^a = 0$。
② 欲测组分在 λ_1 与 λ_2 两波长处的吸光度差值应足够大。

被测组分在两波长处的 ΔA 越大,越有利于测定。需测另一组分 a 时,也可用相同的方法,另取两个适宜波长 λ_1' 与 λ_2' 消去 b 的干扰。

本法还适用于浑浊溶液的测定,浑浊液因有固体悬浮于溶液中,遮断一部分光线,使测得的吸光度增高,这种因浑浊表现的吸光度与浑浊程度有关,但一般不受波长影响或影响甚微,可看作在所有波长处吸光度是相等的。因此,可任意选择两个适当波长来用 ΔA 法消去浑浊

干扰。

(3) 系数倍率法

在混合物的吸收光谱中,并非干扰组分的吸收光谱中都能找到等吸收波长。如图 7-21 中的几种光谱组合情况,因干扰组分等吸收点无法找到,而不能用等吸收双波长消去法测定。而系数倍率法不仅可以克服波长选择上的上述限制,而且能方便地任意选择最有利的波长组合,即待测组分吸光度差值大的波长进行测定,从而扩大了双波长分光光度法的应用范围。

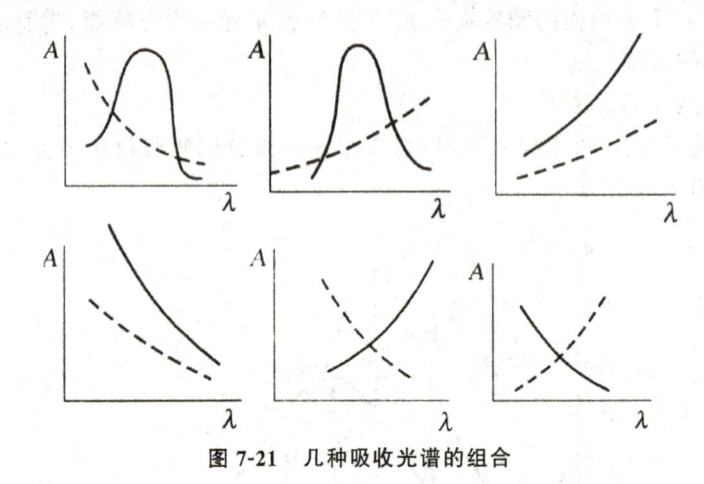

图 7-21 几种吸收光谱的组合

系数倍率法的基本原理如下:在双波长分光光度计中装置了系数倍率器,当两束单色光 λ_1 和 λ_2 分别通过吸收池到达光电倍增管,其信号经过对数转换器转换成吸光度 A_1 和 A_2,再经系数倍率器加以放大,得到差示信号 ΔA。

$$\Delta A = A_2 - A_1 = K(A_{x2} + A_{y2}) - (A_{x1} + A_{y1}) = (K\varepsilon_{x2} - \varepsilon_{x1})c_x$$

也就是说,样品溶液的吸光度差值 ΔA 与被测组分浓度 c_x 成正比关系,而与干扰组分的浓度无关。由于干扰组分和待测组分的吸光度信号放大了 K 倍,因而测得的 ΔA 值也增大,使测得的灵敏度提高。但噪声也随之放大,从而给测定带来不利,故 K 值一般以 5~7 倍为限。

(4) 差示分光光度法

吸光度 A 在 0.2~0.8 范围内误差最小。超出此范围,如高浓度或低浓度溶液,其吸光度测定误差较大。尤其是高浓度溶液,更适合用差示法。一般分光光度法测定选用试剂空白或溶液空白作为参比,差示法则选用一已知浓度的溶液作参比。该法的实质是相当于透光率标度放大。

设待测溶液浓度为 c_x,标准溶液浓度为 $c_s(c_s < c_x)$。则

$$A_x = Ebc_x$$
$$A_s = Ebc_s$$
$$\Delta A = A_x - A_s = Eb(c_x - c_s) = Eb\Delta c$$

测得的吸光度相当于普通法(即吸光度 A 在 0.2~0.8 的正常范围内)中待测溶液与标准溶液的吸光度之差 ΔA。

差示法标尺扩展原理如图 7-22 所示。普通法:c_s 的 $T=10\%$,c_x 的 $T=5\%$;差示法中 c_s 作参比,调节 $T=100\%$,则 c_x 的 $T=50\%$;标尺扩展 10 倍。

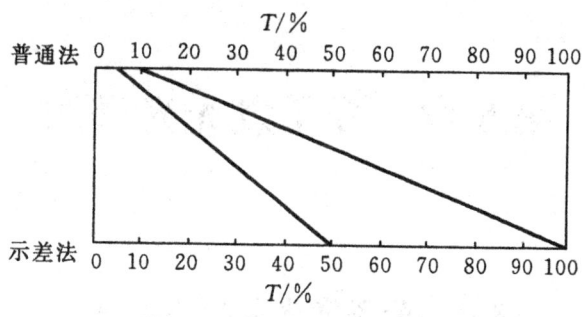

图 7-22 差示法标尺扩展原理

第8章 分子发光光谱法

8.1 分子发光分析法概述

分子吸收外来能量时,分子的外层电子可能被激发而跃迁到更高的电子能级,这种处于激发态的分子是不稳定的,它可以经由多种衰变途径而跃回基态。这些衰变的途径包括辐射跃迁过程和非辐射跃迁过程,辐射跃迁过程伴随的发光现象,称为分子发光。

利用分子的发光进行的分析称为分子发光分析法(MLS)。物质因吸收光而激发发光的现象称为光致发光;吸收电能之后的发光现象称为电致发光;而吸收了化学反应能激发的光称为化学发光;发生在生物体内有酶类物质参与的化学发光则称为生物发光。通常把光致发光分析、电致发光分析、化学发光分析和生物发光分析通称为分子发光分析。分子荧光分析法(MFS)、分子磷光分析法(MPS)属于光致发光分析法。

分子发光分析法具有以下几个特点。

(1)灵敏度高

分子发光分析的检测限一般比吸收光谱法低1~3个数量级,通常在μg/L量级。

(2)信息量大

分子发光分析的参数多,提供的信息量大,有利于定性与定量的分析。

(3)线性范围宽

分子发光分析的线性范围比吸收光谱法宽,一般可达2~3个数量级的浓度范围。

(4)选择性好

选择性优于吸收光谱分析。因为能产生紫外-可见光吸收的分子,不一定发射荧光或磷光。

由于能进行分子发光分析的体系有限,使利用分子发光分析进行的测定受到一定限制。如果采用探针技术,则可大大拓宽分子发光分析的应用范围。

下面主要对分子荧光分析法、分子磷光分析法和化学发光分析法展开讨论。

8.2 分子荧光分析法

分子荧光分析法是根据分子的荧光谱线位置及其强度进行分子鉴定和含量测定的方法,其灵敏度高、选择性好、检测限低。

8.2.1 分子荧光分析法的原理

8.2.1.1 分子荧光和磷光的产生

荧光和磷光是由两种不同发光机理过程产生的,荧光发光过程在激发光停止后的 10^{-8} s 或 0.01 μs 就停止发光,而磷光则往往能延续 10^{-3}~10 s 的时间,因此,可通过测定发光寿命的长短来区分荧光和磷光。由于不同的发光物质的内部结构和固有的发光特性各异,所以可根据其荧光或磷光光谱进行定性或定量分析。

(1) 光的吸收

分子在紫外-可见光的照射下,吸收能量,电子跃迁到较高能级的激发态,变为高能态的激发分子,并在很短的时间内通过分子碰撞以热的形式损失一部分能量,从所处的激发能级跃迁至第一激发态的最低振动能级;再由最低振动能级跃迁至基态的振动能级。在此过程中,激发分子以光的形式放出它所吸收的能量,这时所发的光称为分子荧光。其发射的波长可以同分子所吸收的波长相同,也可以不同,这一现象称为光致发光,最常见的是荧光和磷光。

(2) 电子自旋

基态分子吸收光能后,价电子跃迁到高能级的分子轨道上称为电子激发态。分子荧光和磷光通常是基于 $\pi^* \rightarrow \pi$、$\pi^* \rightarrow n$ 形式的电子跃迁,这两类电子跃迁都需要有不饱和官能团存在以便提供 π 轨道。在光致激发和去激发光的过程中,分子中的价电子可以处在不同的自旋状态,常用电子自旋状态的多重性来描述。一个所有电子自旋都配对的分子的电子态称为单重态,用 S 表示;在激发态分子中,两个电子自旋平行的电子态称为三重态,用 T 表示。

将电子自旋状态的多重性 M 表示为

$$M = 2S + 1$$

式中,S 为电子的总自旋量子数,它是分子中所有价电子自旋量子数的矢量和。

当两个价电子的自旋方向相反时,$S=(-1/2)+1/2=0$,多重性 M=1,该分子便处于单重态。当两个价电子的自旋方向相同时,S=1,M=3,分子处于三重态。基态为单重态的分子具有最低的电子能,该状态用 S_0 表示。S_0 态的一个电子受激跃迁到与它最近的较高分子轨道上且不改变自旋,即成为单重第一激发态 S_1,当受到能量更高的光激发且不改变自旋,就会形成单重第二电子激发态 S_2。如果电子在跃迁过程中使分子具有两个自旋平行的电子,则该分子便处于第一激发三重态 T_1 或第二激发三重态 T_2。

对同一物质,所处的多重态不同其性质明显不同。

① S 态分子在磁场中不会发生能级的分裂,具有抗磁性,而 T 态有顺磁性。

② 电子在不同多重态间跃迁时需换向,不易发生,因此,S 与 T 态间的跃迁概率总比单重与单重间的跃迁概率小。

③ 单重激发态电子相斥比对应的三重激发态强,所以各状态能量高低为:$S_2 > T_2 > S_1 > T_1 > S_0$,$T_1$ 是亚稳态。

④ 受激 S 态的平均寿命大约为 10^{-8} s,T_2 态的寿命也很短,而亚稳的 T_1 态的平均寿命在

$10^{-4} \sim 10$ s。

⑤$S_0 \rightarrow T_1$ 形式的跃迁是"禁阻"的,不易发生,但某些分子的 S_1 态和 T_1 态间可以互相转换,且 $T_1 \rightarrow S_0$ 形式的跃迁有可能导致磷光光谱的产生。

(3)发射过程

处于激发态的分子是不稳定的,通常以辐射跃迁或无辐射跃迁方式返回到基态,这就是激发态分子的失活。辐射跃迁的去活化过程,发生光子的发射,即产生荧光和磷光;无辐射跃迁的去活化过程则是以热的形式失去其多余的能量,它包括振动弛豫、内转换、系间跨越及外转换等过程。如图 8-1 所示,S_0、S_1、S_2 分别表示分子的基态、第一和第二激发单重态;T_1、T_2 分别表示第一和第二激发三重态。

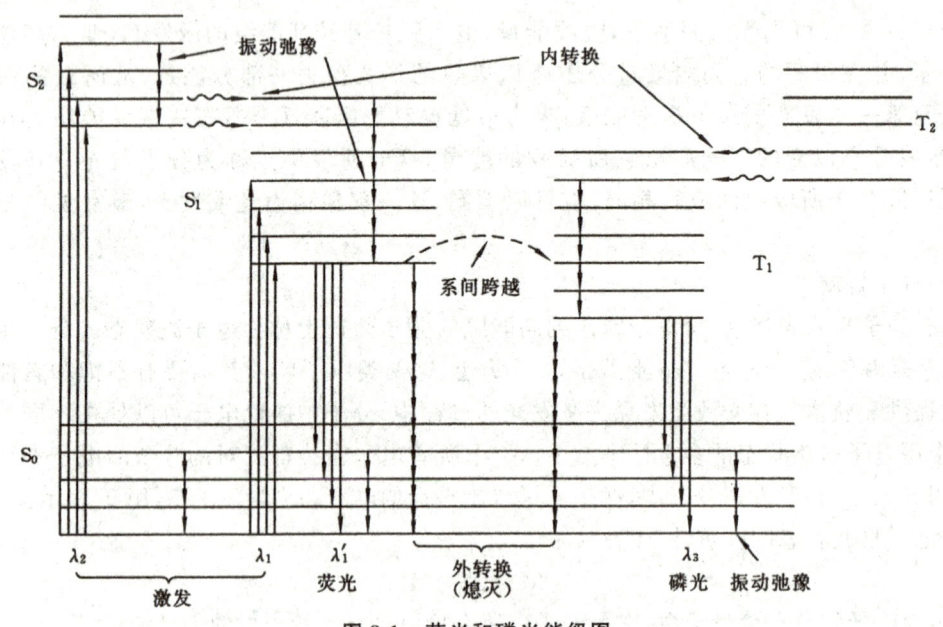

图 8-1 荧光和磷光能级图

①荧光发射。当分子处于单重激发态的最低振动能级时,直接发射一个光量子后回到基态,这一过程称为荧光发射。单重激发态的平均寿命在 $10^{-9} \sim 10^{-7}$ s,而荧光的寿命也在同一数量级上,若没有其他过程同荧光相竞争,则所有激发态分子都将以发射荧光的方式回到基态。

②磷光发射。电子由第一激发三重态的最低振动能级到基态各振动能级的跃迁($T_1 \rightarrow S_0$ 跃迁)产生磷光。三重激发态比单重激发态的能量还要低一些,故产生磷光的波长要比产生荧光的波长长。由于 $S_0 \rightarrow T_1$ 的跃迁属于禁阻跃迁,电子直接进入三重激发态的概率很小,同时也较难发生 $T_1 \rightarrow S_0$ 的跃迁,另外,磷光的产生可能包括了多个过程:$S_0 \rightarrow$ 激发 $\rightarrow$ 振动弛豫 $\rightarrow$ 内转移 $\rightarrow$ 系间交叉跃迁 $\rightarrow$ 振动弛豫 $\rightarrow T_1 \rightarrow S_0$,所以磷光的发光速率与荧光相比要慢得多,为 $10^{-4} \sim 100$ s。光照停止后,某些过程仍在进行,且 $T_1 \rightarrow S_0$ 的跃迁慢,故磷光发射还可持续一段时间。

③振动弛豫。在凝聚相体系中,被激发到激发态(如 S_1 和 S_2)的分子能通过与溶剂分子

的碰撞,迅速以热的形式把多余的振动能量传递给周围的分子,而自身返回该电子能级的最低振动能级,这个过程称为振动弛豫,振动弛豫过程发生极为迅速,约为 10^{-12} s。

④内转换。内转换指在相同多重态的两个电子能级间,电子由高能级转移至低能级的无辐射跃迁过程。当两个电子能级非常靠近以至其能级有重叠时,内转换很容易发生。两个激发单重态或两个激发三重态之间能量差较小,并且它们的振动能级有重叠,显然这两种能态之间易发生内转换。

⑤系间跨越。系间跨越是指不同多重态间的无辐射跃迁,同时伴随着受激电子自旋状态的改变,如 $S_1 \rightarrow T_1$。在含有重原子(如溴或碘)的分子中,系间跨越最常见。这是因为在原子序数较高的原子中,电子的自旋和轨道运动间的相互作用变大,原子核附近产生了强的磁场,有利于电子自旋的改变。所以,含重原子的化合物的荧光很弱或不能发生荧光。

⑥外转换。外转换是指激发分子通过与溶剂或其他溶质分子间的相互作用使能量转换,而使荧光或磷光强度减弱甚至消失的过程。

(4)分子荧光和磷光的类型

①分子荧光。处于 S_1 或 T_1 态的分子返回 S_0 态时伴随发光现象的过程称为辐射去激,分子从 S_1 态的最低振动能级跃迁至 S_0 态各振动能级时所产生的辐射光称为荧光,它是相同多重态间的允许跃迁,概率大,辐射过程快,因而称为快速荧光或瞬时荧光,简称荧光。

由于分子光致激发时,光能经过各种无辐射去激的消耗,落到 S_1 态的最低振动能级后再发光,因而所发射荧光的波长总比激发光长,能量比激发光小,这种现象称为斯托克斯位移,常用符号"s"表示,它是荧光物质最大激发光波长与最大发射荧光波长之差,但习惯上用波长的倒数即波数之差表示如下:

$$s = 10^7 \left[\frac{1}{\lambda_{ex}} - \frac{1}{\lambda_{em}} \right]$$

式中,λ_{ex}、λ_{em} 分别为最大激发光和最大发射荧光波长,nm。该式的物理意义是:荧光未发射之前,在荧光寿命期间能量的损失。斯托克斯位移越大,激发光对荧光测定的干扰越小,当它们相差大于 20 nm 以上时,激发光的干扰很小,能进行荧光测定。

②分子磷光。当受激分子降至 S_1 态的最低振动能级后,若经系间窜跃至 T_1 态,并经 T_1 态的最低振动能级回到 S_0 态的各振动能级,则此过程辐射的光称为磷光。磷光在发射过程中不但要改变电子的自旋,而且可以在亚稳的 T_1 态停留较长的时间,分子相互碰撞的无辐射能量损耗大。所以,磷光的波长比荧光更长些,其寿命通常为 $10^{-4} \sim 10$ s。为了抑制因分子运动和碰撞造成的无辐射去激,一般要在液氮冷却下使溶剂固化,在刚性玻璃态的溶剂中观测试样的磷光。

分子荧光和磷光的产生原理如图 8-2 所示。

③延迟荧光。某些物质的分子跃迁至 T_1 态后,因相互碰撞或通过激活作用又回到 S_1 态,经振动弛豫到达 S_1 态的最低振动能级再发射荧光,这种荧光称为延迟荧光,其寿命与该物质的分子磷光相当。不论何种荧光都是从 S_1 态的最低振动能级跃迁至 S_0 态的各振动能级产生的。所以,同一物质在相同条件下观察到的各种荧光其波长完全相同,只是发光途径和寿命不同。延迟荧光在激发光源熄灭后,可拖后一段时间,但和磷光又有本质区别,同一物质的磷光波长总比发射荧光的波长要长。

图 8-2　分子荧光和磷光的产生原理

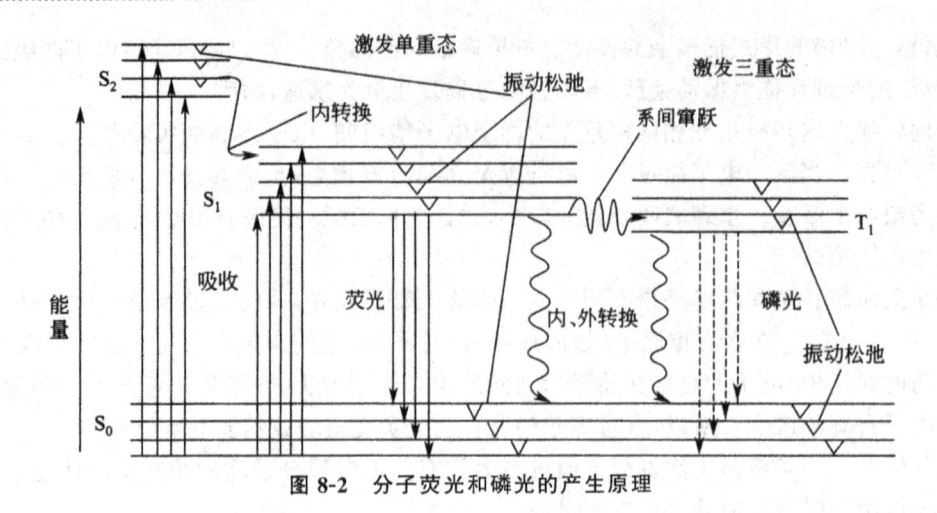

8.2.1.2　激发光谱和发射光谱

任何荧光或磷光化合物都具有两种特征的光谱：激发光谱和发射光谱。

(1) 激发光谱

荧光和磷光均为光致发光现象，所以必须选择合适的激发光波长。激发光谱的测绘方法为：固定荧光的最大发射波长，然后改变激发光的波长。根据所测得的荧光（或磷光）强度与激发光波长的关系作图，得到激发光谱曲线，如图8-3中曲线A所示。激发光谱曲线上的最大荧光（或磷光）强度所对应的波长，称为最大激发波长，用 λ_{ex} 表示。它表示在此波长处，分子吸收的能量最大，处于激发态分子的数目最多，因而能产生最强的荧光。

(2) 发射光谱

发射光谱又称为荧光（或磷光）光谱。选择最大激发波长作为激发光波长，然后测定不同发射波长时所发射的荧光（或磷光）强度，得到荧光（或磷光）光谱曲线，如图8-3中曲线F（或P）所示。其最大荧光（或磷光）强度处所对应的波长称为最大发射波长，用 λ_{em} 表示。

激发光谱与发射光谱的特征如下所示。

(1) 镜像对称规则

分子的荧光发射光谱与其吸收光谱之间存在着镜像关系。如图8-4所示是苊在苯溶液中的吸收和荧光发射光谱图。由图8-4看出吸收和发射间存在较好的镜像关系。但是大多数化合物虽然存在这样的镜像关系，不过其对称程度不像苊这样好。大多数吸收光谱的形状表明了分子的第一激发态的振动能级结构，而荧光发射光谱则表明了分子基态的振动能级结构。一般情况下，分子的基态和第一激发单重态的振

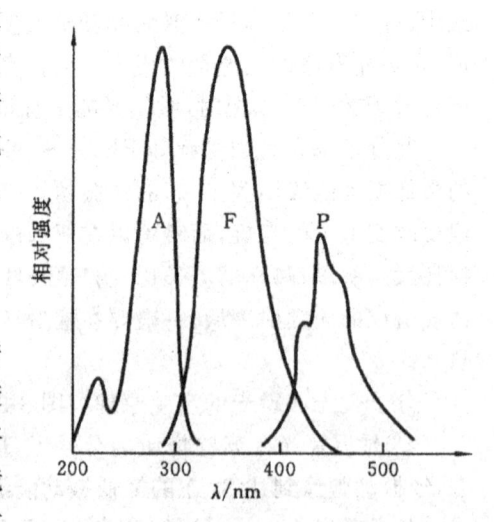

图 8-3　激发光谱和发射光谱
A—萘的激发光谱曲线；F—荧光光谱曲线；
P—磷光光谱曲线

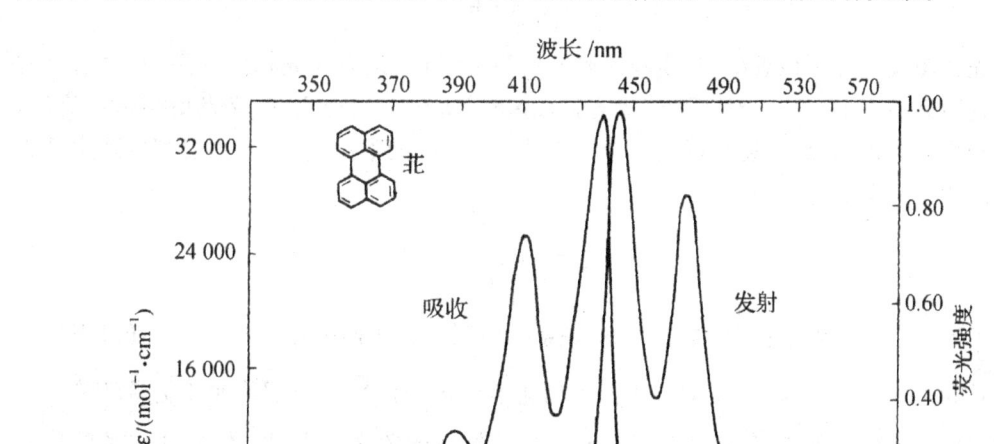

动能级结构类似,因此吸收光谱的形状与荧光发射光谱的形状呈镜像对称关系。

图 8-4 芘在苯溶液中的吸收和发射光谱图

(2)斯托克斯位移

在溶液荧光光谱中,所观察到的荧光发射波长总是大于激发波长,斯托克斯在1852年首次观察到这种波长位移的现象,因而称为斯托克斯位移。斯托克斯位移说明了在激发与发射之间存在着一定的能量损失。激发态分子在发射荧光之前,很快经历了振动松弛或内转化过程而损失部分激发能,致使发射相对于激发有一定的能量损失,这是产生斯托克斯位移的主要原因。其次,辐射跃迁可能只使激发态分子衰变到基态的不同振动能级,然后通过振动松弛进一步损失振动能量,这也导致了斯托克斯位移。此外,溶剂效应以及激发态分子所发生的反应,也将进一步加大斯托克斯位移现象。

(3)发射光谱的形状通常与激发波长无关

虽然分子的吸收光谱可能含有几个吸收带,但其发射光谱却通常只含有一个发射带。绝大多数情况下即使分子被激发到 S_2 电子态以上的不同振动能级,然而由于内转化和振动松弛的速率非常快,以致很快地丧失多余的能量而衰变到 S_1 态的最低振动能级,然后发射荧光,因而其发射光谱通常只含有一个发射带,且发射光谱的形状与激发波长无关,只与基态中振动能级的分布情况以及各振动带的跃迁概率有关。

8.2.1.3 分子荧光的参数

(1)荧光量子效率

荧光量子效率也称为量子效率,是发荧光的分子数与总的激发态分子数之比。也可以定义为物质吸光后发射荧光的光子数与吸收激发光的光子数的比值,即

$$\phi = \frac{\text{发射的光子数}}{\text{吸收的光子数}}$$

由荧光去激发过程可以看出,物质吸收光被激发后,既有发射荧光返回基态的可能,也有无辐射跃迁回到基态的可能。对于强的荧光物质来说,如荧光素分子,荧光发射将是主要的,而对低荧光物质来说,则无辐射过程占主导。因此,荧光量子效率与荧光发射过程的速率及无辐射过程的速率有关。即

$$\phi = \frac{k_f}{k_f + \sum k_i}$$

式中,k_f 为荧光发射过程的速率常数;$\sum k_i$ 是系间跨跃和外转换等有关无辐射跃迁过程的速率常数的总和。一般而言,k_f 主要取决于分子的化学结构,而 $\sum k_i$ 主要取决于化学环境。

化学结构能使体系的 k_f 升高,k_i 降低,从而可使体系的荧光增强;反之,则使体系的荧光减弱。

(2)荧光寿命

荧光寿命用 τ 来表示。荧光寿命是处于激发态的荧光体返回基态之前停留在激发态的平均时间,或者说处于激发态的分子数目衰减到原来的 $1/e$ 所经历的时间,这意味着在 $t=\tau$ 时,大约有 63% 的激发态分子已去激衰变。荧光寿命在荧光分析或生命科学的研究中有重要意义,因为它能给出分子相互作用的许多动力学信息。

荧光寿命的测定方法,应用较广泛的是脉冲光激发时间分解法和相调制法。通过实验求得最大荧光强度 I_{0f} 和衰减不同时间 t 的荧光强度 I_t 后,用 $\ln(I_{0f}/I_t)$ 值为纵坐标,以对应的时间 t 为横坐标作图可得一直线,该直线的斜率等于 $1/t$,因此,可以求出荧光寿命 τ。

8.2.1.4 荧光强度

(1)荧光强度与溶液浓度的关系

当一束强度为 I_0 的紫外-可见光照射于一盛有溶液浓度为 c mol/L、厚度为 b cm 的样品池时,可在吸收池的各个方向观察到荧光,其强度为 F,透过光强度为 I_t,吸收光强度为 I_a。由于激发光的一部分能透过样品池,故一般在与激发光源垂直的方向上测量荧光,如图8-5所示。

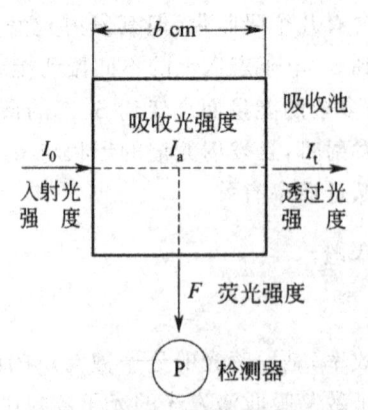

图 8-5 光吸收与荧光的示意图

荧光的产生是由于物质在吸收了激发光部分能量后发射的波长更长的光,因此,溶液的荧光强度 F 与该溶液吸收光的强度 I_a 以及物质的荧光效率 ϕ 成正比

$$F = \phi I_a$$

根据朗伯-比耳定律可以推导出：

$$F = 2.303 \phi I_0 \varepsilon bc \tag{8-1}$$

当入射光强度 I_0 和 b 一定时,式(8-1)可写成

$$F = Kc \tag{8-2}$$

即荧光强度 F 与溶液浓度 c 成正比,这是荧光分析定量的基本依据。荧光强度和溶液浓度呈线性关系成立条件为 $\varepsilon bc \leqslant 0.02$,即只限于很稀的溶液;$\phi_a$ 与浓度无关,为一定值;无荧光的再吸收。当溶液浓度高时,由于存在自猝灭和自吸收等原因,荧光强度和浓度不再呈现线性关系。

由于荧光强度和入射光强度成正比,因此增加 I_0 可以提高分析灵敏度。在可见吸光光度法中,当溶液浓度很稀时,吸光度 A 很小而难于测定,故其灵敏度不太高。而荧光分析法可采用足够强的光源和高灵敏度的检测放大系统,从而获得比可见吸光光度法高得多的灵敏度。

(2)荧光与分子结构的关系

①跃迁类型。实验证明,$\pi \rightarrow \pi^*$ 跃迁是产生荧光的主要跃迁类型,所以绝大多数能产生荧光的物质含有芳香环或杂环。

②共轭效应。增加系统的共轭度,荧光效率一般也将增大,并使荧光波长向长波方向移动。共轭效应使荧光增强,主要是由于增大荧光物质的摩尔吸光系数,π 电子更容易被激发,产生更多的激发态分子,使荧光增强。

③刚性平面结构。荧光效率高的物质,其分子多是平面构型,且具有一定的刚性。例如,荧光素和酚酞结构十分相似,荧光素呈平面构型,是强荧光物质,而酚酞没有氧桥,其分子不易保持平面构型,不是荧光物质。又如,芴和联苯,芴在强碱溶液中的荧光效率接近1,而联苯仅为 0.20,这主要是由于芴中引入亚甲基,使芴刚性增强的缘故。再有萘和维生素 A 都有 5 个共轭双键,萘是平面刚性结构,维生素 A 为非刚性结构,因而萘的荧光强度是维生素 A 的 5 倍。

通常来说,分子结构刚性增强,共平面性增加,荧光增强。这主要是由于增加了 π 电子的共轭度,同时减少了分子的内转换和系间跨越过程以及分子内部的振动等非辐射跃迁的能量损失,增强了荧光效率。

④取代基效应。芳烃和杂环化合物的荧光光谱和荧光强度常随取代基而改变。通常来说,给电子取代基(如—OH、—NH$_2$、—OR、—NR$_2$ 等)能增强荧光,这是由于产生了 n-π 共轭作用,增强了 π 电子的共轭程度,导致荧光增强,荧光波长红移。而吸电子取代基(如—NO$_2$、—COOH、卤素离子等)使荧光减弱。这类取代基也都含有 π 电子,然而其 n 电子的电子云不与芳环上 π 电子共平面,不能扩大 π 电子共轭程度,反而使 $S_1 \rightarrow T_1$ 系间跨越增强,导致荧光减弱,磷光增强。

卤素取代基随卤素相对原子质量的增加,其荧光效率下降,磷光增强。这是由于在卤素重原子中能级交叉现象比较严重,使分子中电子自旋轨道耦合作用加强,使 $S_1 \rightarrow T_1$ 系间跨越明显增强的缘故,称为重原子效应。

(3)荧光强度的影响因素

①溶剂。除了溶剂对光的散射、折射等影响外,溶剂对荧光强度和形状的影响主要表现在溶剂的极性、形成氢键及配位键等的能力方面。溶剂极性增大时,通常将使荧光光谱发生红移。氢键及配位键的形成更使荧光强度和形状发生较大变化。

②温度。荧光强度对温度变化十分敏感。温度增加,溶剂的弛豫作用减小,溶剂分子与荧光分子激发态的碰撞频率增加,外转换去激发的概率增加,荧光量子产率下降。由于低温可以使荧光有显著地增加,提高了分析的灵敏度,低温荧光分析日益受到重视。

③溶液 pH。对含有酸碱基团的荧光分子,受溶液 pH 的影响较大,需要严格控制。当荧光物质为弱酸或弱碱时,溶液 pH 的改变对溶液的荧光强度有很大影响,这是由于它们的分子和离子在电子结构上的差异导致的。

④荧光猝灭。荧光分子与溶剂分子或其他分子之间相互作用,使荧光消失或强度减弱的现象称为荧光猝灭。能引起荧光猝灭的物质称为猝灭剂。发生荧光猝灭现象的原因有碰撞猝灭(动态猝灭)、静态猝灭、转入三重态猝灭和自吸收猝灭等。碰撞猝灭是由于激发态荧光分子与猝灭剂分子碰撞失去能量,无辐射回到基态,这是引起荧光猝灭的主要原因。静态猝灭是指荧光分子与猝灭剂生成不能产生荧光的配合物。O_2 是最常见的猝灭剂,故荧光分析时需要除去溶液中的氧。荧光分子由激发单重态转入激发三重态后也不能发射荧光。浓度高时,荧光分子发生自吸收现象也是发生荧光猝灭的原因之一。

⑤内滤光作用。内滤光作用是指溶液中含有能吸收荧光的组分,使荧光分子发射的荧光强度减弱的现象。例如,色氨酸中有重铬酸钾存在时,重铬酸钾正好吸收了色氨酸的激发和发射峰,测得的色氨酸荧光强度显著降低。

⑥自吸收现象。自吸收现象是指荧光分子的荧光发射光谱的短波长端与其吸收光谱的长波长端重叠,在溶液浓度较大时,一些分子的荧光发射光谱被另一些分子吸收的现象。自吸收现象也可以使荧光分子的测定到的荧光强度降低,浓度越大这种影响越严重。

8.2.2 荧光分光光度计

如图 8-6 所示是荧光分光光度计的示意图。由光源发出的光,经第一单色器(激发单色器)后,得到所需要的激发光波长。设其强度为 I_0,通过样品池后,由于一部分光被荧光物质所吸收,故其透射强度减为 I。荧光物质被激发后,将向四面八方发射荧光,但为了消除入射光及散射光的影响,荧光的测量应在与激发光呈直角的方向上进行。仪器中的第二单色器称为发射单色器,它的作用是消除溶液中可能共存的其他光线的干扰,以获得所需要的荧光。

8.2.2.1 光源

激发光源具有强度大、适应波长范围宽这两个特点。在大多数情况下,需要有一个比在吸收光谱测量中所用的钨灯或氢灯更强的光源。激发光波长固定的荧光计可用非连续光源,如汞弧灯在 254 nm、365 nm、398 nm、436 nm、546 nm、579 nm、690 nm、734 nm 产生强烈的线光谱,配合适当的滤光片可选取其中某一谱线作为激发光。通用性较好的荧光分光光度计大

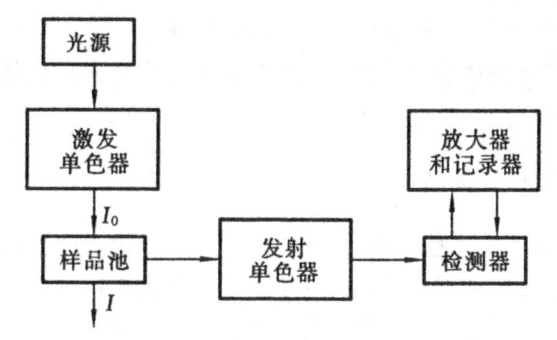

图 8-6 荧光分光光度计的示意图

多采用氙灯,这种灯在紫外-可见光区都可提供很强的光。氙灯属于气体放电光源,与一般气体放电光源一样,稳定性较差,所以对电压的稳定性要求较高。

8.2.2.2 单色器

荧光分光光度计中有激发和发射两个独立的单色器。大多数荧光光度计一般采用两个光栅单色器,有较高的分辨率,能扫描图谱,既可获得激发光谱,又可获得荧光光谱。激发单色器作用:分离出所需要的激发光,选择最佳激发波长 λ_{ex},用此激发光激发液池内的荧光物质。发射单色器作用:滤掉一些杂散光和杂质所发射的干扰光,用来选择测定用的荧光发射波长 λ_{em},在选定的 λ_{em} 下测定荧光强度,进行定量分析。

8.2.2.3 样品池

荧光分析的样品池需用低荧光材料、不吸收紫外光的石英池,其形状为方形或长方形。样品池四面都经抛光处理,以减少散射光的干扰。

8.2.2.4 检测器

检测器用来将光信号转换成电信号,并放大转成荧光强度。荧光强度一般较弱,要求检测器有较高的灵敏度,荧光光度计多采用光电倍增管。现代荧光光谱仪中普遍使光电倍增管作为检测器。新一代荧光光谱仪中使用了电荷耦合元件检测器,可一次获得荧光二维光谱。

8.2.3 新型荧光分析法

随着仪器分析的日趋发展,分子荧光分析法也得到了长足的发展。下面介绍几种新型荧光分析法。

8.2.3.1 同步荧光分析法

在荧光物质的激发光谱和荧光光谱中选择一适宜的波长差值 $\Delta\lambda(\lambda_{ex}^{max}-\lambda_{em}^{max})$,同时扫描发射波长和激发波长,得到同步荧光光谱。如果 $\Delta\lambda$ 值相当于或大于斯托克斯位移,就能获得尖而窄的同步荧光峰。因荧光物质浓度与同步荧光峰峰高呈线性关系,故可用于定量分析。同步荧光光谱的信号 $F_{sp}(\lambda_{ex},\lambda_{em})$ 与激发光信号 F_{ex} 及荧光发射信号 F_{em} 间的关系为

$$F_{sp}(\lambda_{ex},\lambda_{em}) = KcF_{ex}F_{em}$$

式中，K 为常数。可见当物质浓度 c 一定时，同步荧光信号与所用的激发波长信号及发射波长信号的乘积成正比，所以此法的灵敏度较高。

8.2.3.2　激光荧光分析法

激光荧光分析法使用了单色性极好，强度更大的激光作为光源，因而大大提高了荧光分析法的灵敏度和选择性，特别是可调谐激光器用于分子荧光具有很突出的优点。另外，普通的荧光分光光度计一般用两个单色器，而以激光为光源仅用一个单色器。目前，激光荧光分析法已成为分析超低浓度物质的灵敏而有效的方法。

8.2.3.3　时间分辨荧光分析法

时间分辨荧光分析法是利用不同物质的荧光寿命不同，在激发和检测之间延缓的时间不同，以实现分别检测的目的。时间分辨荧光分析采用脉冲激光作为光源。激光照射试样后所发射的荧光是一束混合光，它包括待测组分的荧光、其他组分或杂质的荧光和仪器的噪声。若选择合适的延缓时间，则可测定被测组分的荧光而不受其他组分、杂质的荧光及噪声的干扰。

目前，已将时间分辨荧光分析法应用于免疫分析，发展成为时间分辨荧光免疫分析法。

8.2.3.4　胶束增敏荧光分析法

可用化学方法提高荧光效率，从而提高荧光分析的灵敏度。例如，胶束溶液对荧光物质有增溶、增敏和增稳的作用，后来发展成胶束增敏荧光分析法。

胶束溶液即浓度在临界浓度以上的表面活性剂溶液。表面活性剂的化学结构中都具有一个极性的亲水基和一个非极性的疏水基。在极性溶剂中，几十个表面活性剂分子聚合成团，将非极性的疏水基尾部靠在一起，形成亲水基向外、疏水基向内的胶束。

极性较小而难溶于水的荧光物质在胶束溶液中溶解度显著增加，例如，室温时芘在水中的溶解度为 $5.2 \times 10^{-7} \sim 8.5 \times 10^{-7}$ mol/L，而在十二烷基硫酸钠的胶束水溶液中溶解度为 0.043 mol/L。胶束溶液对荧光物质的增敏作用是因非极性的有机物与胶束的非极性尾部有亲和作用，减弱了荧光质点之间的碰撞，减少了分子的无辐射跃迁，增加了荧光效率，从而增加了荧光强度。此外，因为荧光物质被分散和定域于胶束中，降低了由于荧光熄灭剂的存在而产生的熄灭作用，也降低了荧光物质荧光自熄灭，从而使荧光寿命延长，对荧光起到增稳作用。由于胶束溶液的增溶、增敏和增稳的作用，因此可大大提高荧光分析法的灵敏度和稳定性。

8.2.4　分子荧光分析法的应用

8.2.4.1　定量分析

荧光分析法可用于对荧光物质进行定性和定量分析。荧光定性分析可采用直接比较法，即将试样与已知物质并列于紫外线下，根据它们所发出荧光的颜色和强度等来鉴定它们是否含有同一荧光物质。也可根据荧光发射光谱的特征进行定性鉴定。但由于能产生荧光的化合物占被分析物的数量是相当有限的,并且许多化合物几乎在同一波长下产生光致发光,所以荧光分析法较少用作定性分析。

目前荧光分析法主要用于对无机和有机化合物的定量分析。荧光定量分析的方法主要有校正曲线法和标准对照法。

(1) 校正曲线法

根据荧光强度与荧光物质浓度成正比的关系,先用已知量的标准物质经过和试样一样的处理后,配制一系列标准溶液,在一定条件下测定它们的荧光强度,以荧光强度对标准溶液浓度绘制校正曲线。然后在相同的仪器条件下,测定未知试样的荧光强度,从校正曲线上查出它们的浓度。

(2) 标准对照法

若荧光物质的校正曲线通过零点,则可在线性范围内用标准对照法测定含量。具体做法是:在相同条件下,测定试样溶液和标准溶液的荧光强度,由二者荧光强度的比值和标准溶液的浓度可求得试样中荧光物质的含量。

8.2.4.2 有机化合物的分析

(1) 脂肪族化合物

脂肪族化合物的分子结构较为简单,本身能产生荧光的很少,如醇、醛、酮、有机酸及糖类。但也有许多脂肪族化合物与某些有机试剂反应后的产物具有荧光性质,此时就可通过测量荧光化合物的荧光强度进行定量分析。

(2) 芳香族有机化合物的分析

芳香族化合物具有共轭不饱和结构,大多能产生荧光,可以直接进行荧光测定。有时为了提高测定方法的灵敏度和选择性,还常使某些弱荧光的芳香族化合物与某些有机试剂反应生成强荧光的产物进行测定。例如,降肾上腺素经与甲醛缩合而得到强荧光产物,然后采用荧光显微法可以检测组织切片中含量低至 10^{-17} g 的降肾上腺素。

此外,氨基酸、蛋白质、维生素、胺类等有机物大多具有荧光,可用荧光分析法进行测定或研究其结构或生理作用机理。在现代的分离技术中,以荧光法作为检测手段,常可以测定这些物质的低微含量。

8.2.4.3 无机化合物的分析

(1) 荧光猝灭法

某些元素虽不与有机试剂组成会发荧光的配合物,但它们可以从其他会发荧光的金属离子-有机试剂配合物中取代金属离子或有机试剂,组成更稳定的不发荧光配合物或难溶化合物,而导致溶液荧光强度的降低,由降低的程度来测定该元素的含量,这种方法称为荧光猝灭法。有时,金属离子与能发荧光配位体反应,生成不发荧光的配合物,导致荧光配位体的荧光猝灭,同样可以测定金属离子的含量,这也属于荧光猝灭法。该法可以测定氟、硫、铁、银、钴、镍、钛等元素和氰离子。

对静态猝灭,荧光分子 M 与猝灭剂 Q 如果生成非荧光基态配合物 MQ,则

$$M + Q \rightleftharpoons MQ$$

$$K = \frac{[MQ]}{[M][Q]}$$

由于荧光总浓度 $c_M = [M] + [MQ]$，根据荧光强度与荧光分子 M 浓度的线性关系有

$$\frac{I_{0f} - I_f}{I_f} = \frac{c_M - [M]}{[M]} = \frac{[MQ]}{[M]} = K[Q]$$

即

$$\frac{I_{0f}}{I_f} = 1 + K[Q] \tag{8-3}$$

式中，I_{0f} 与 I_f 分别为猝灭剂加入前与加入后试液的荧光强度。当猝灭剂的总浓度 $c_Q < c_M$ 时式(8-3)成立，且 c_Q 与 $[Q]$ 之间成正比关系。同理，也可以推导出与此式完全相似的动态猝灭关系式。

与工作曲线法相似，对一定浓度的荧光物质体系，分别加入一系列不同量的猝灭剂 Q，配成一个荧光物质体系，然后在相同条件下测定它们的荧光强度。以 I_{0f}/I_f 值对 c_Q 绘制工作曲线即可方便地进行工作。该法具有较高的灵敏度和选择性。

(2) 直接荧光法

无机化合物能自身产生荧光用于测定的比较少，主要依赖于待测元素与有机试剂组成的能发荧光的配合物，通过检测配合物的荧光强度来测定该元素的含量，这种方法称为直接荧光法。现在可以利用有机试剂以进行荧光分析的元素已达到 70 多种。较常用荧光法分析的元素为铍、铝、硼、镓、硒、镁、锌、镉及某些稀土元素等。

(3) 间接荧光法

许多有机物和绝大多数的无机化合物，有的不发荧光，有的因荧光量子产率很低而只有微弱的荧光，因而无法进行直接的测定，只能采用间接测定的方法。

间接荧光法常用于某些阴离子如 F^-、CN^- 等的分析，它们可以从某些不发荧光的金属有机配合物中夺取金属离子，而释放出能发荧光的配位体，从而测定这些阴离子的含量。常用的有荧光衍生法。

(4) 催化荧光法

某些反应的产物虽能产生荧光，但反应速率很慢，荧光微弱，难以测定。如果在某些金属离子的催化作用下，则反应将加速进行，利用这种催化动力学的性质，可以测定金属离子的含量。铜、铍、铁、钴、锇、银、金、过氧化氢及氰离子等都曾采用这种方法测定。

(5) 荧光衍生法

荧光衍生法是通过某种手段使本身不发荧光的待测物转变为发荧光的另一种物质，再通过测定该物质来测定待测物的方法。荧光衍生法根据采用的衍生反应大致可分为化学衍生法、电化学衍生法和光化学衍生法。其中化学衍生法和光化学衍生法用得较多，尤其是化学衍生法用得最多。许多无机金属离子的荧光测定，一般就是通过它们与金属螯合剂反应生成具有荧光的螯合物之后加以测定的。

8.2.4.4 多组分混合物的分析

如果荧光峰互相干扰，但激发光谱有显著差别，其中一个组分在某一激发光下不吸收光，

不会产生荧光,因而可选择不同的激发光进行测定。

如果混合物中各组分的荧光峰相互不干扰,可分别在不同的波长处测定,直接求出它们的浓度。

如果在同一激发光波长下荧光光谱互相干扰,可以利用荧光强度的加和性,在适宜的荧光波长处测定,利用列联立方程的方法求结果。

8.2.4.5 溶液中单分子行为的研究

分子荧光方法利用激光诱导产生超高灵敏度,这已能实时检测到溶液中单分子的行为。目前,已观察到溶液中罗丹明6G分子、荧光素分子等及其标记的DNA分子的单分子行为。

8.2.4.6 基因研究及检测

遗传物质的DNA自身的荧光效率很低,一般条件下几乎检测不到DNA的荧光。因此,人们常选用某些荧光分子作为探针,通过探针标记分子的荧光变化来研究DNA与小分子及药物的作用机理,从而探讨致病原因及筛选和设计新的高效低毒药物。目前,典型的荧光探针分子为溴化乙锭(EB)。在基因检测方面,已逐步使用荧光染料作为标记物来代替同位素标记,从而克服了同位素标记物易产生污染、价格昂贵及难保存等的不足。

8.3 分子磷光分析法

磷光和荧光都是光致发光。磷光的产生伴随着自旋多重态的改变,并且激发光消失后还可以在一定时间内观察到磷光。但对于荧光,电子能量的转移不涉及电子自旋的改变、激发光消失、荧光消失。任何发射磷光的物质也都具有两个特征光谱,即磷光激发光谱和磷光发射光谱。其定量分析的依据是在一定的条件下磷光强度与磷光物质的浓度成正比。在仪器和应用方面磷光法与荧光法也是相似的。

8.3.1 分子磷光分析法的原理

8.3.1.1 磷光的特点

磷光是由第一激发单重态(S_1)的最低振动能级的分子,经体系间交叉跃迁到第一激发三重态(T_1),并经振动弛豫至最低振动能级,然后跃迁到基态时所产生的。

与荧光相比,磷光具有以下几个特点。

(1) 寿命更长

这是因为荧光是由 $S_1 \rightarrow S_0$ 跃迁产生的,这种跃迁不涉及电子自旋方向的改变,是自旋允许的跃迁,因而 S_1 态的辐射寿命通常在 $10^{-9} \sim 10^{-7}$ s;磷光是由 $T_1 \rightarrow S_0$ 跃迁产生的,这种跃迁要求电子自旋反转,由于分子中存在显著的对自旋反转的势垒,因此属于自旋禁阻的跃迁,寿命要比较长,在 $10^{-4} \sim 10$ s 或更长。所以,当关闭入射的激发光源后,经典的荧光基本上瞬间熄灭,而磷光还能持续一段时间。

(2)辐射波长更长

这是因为分子的激发三重态(T_1)的能量比单重态(S_1)低。

(3)对粒子的敏感性更强

磷光的寿命和辐射强度对于重原子和顺磁性离子是极其敏感的。

8.3.1.2 低温磷光分析

低温磷光分析是将试样溶于有机溶剂中,在液氮条件下形成刚性玻璃状物后,测量磷光。这样,可减小分子间的碰撞,防止磷光猝灭。所用的溶剂应具备下列条件。

①易于制备和提纯。
②能很好地溶解被分析物质。
③在 77 K 温度下应有足够的黏度并能形成明净的刚性玻璃体。
④在所研究的光谱区背景要低,没有明显的光吸收和光发射现象。

表 8-1 列出了部分低温磷光分析常用溶剂。

表 8-1 部分低温磷光分析常用溶剂

溶剂及组成	混合比例(体积比)	使用温度/K
水+乙二醇	1+2	123~150
异丙醇+异戊醇+乙醚	2+5+5	77
乙醇+甲醇+碘乙(丙)烷	16+4+1	77
乙醚+氯仿	12+1	77
乙醇+异戊醇+乙醚	2+5+5	77
乙醚+碘甲烷	10+1	77
三乙醇胺	纯溶剂	193~213

所用溶剂在混合使用之前必须通过萃取或蒸馏加以提纯,使用含有 Cl、Br、I 重原子的混合溶剂不但有利于系间窜跃,提高方法的灵敏度,还能利用重原子对磷光体的选择性作用,以及对磷光寿命影响的差异,达到提高分析选择性的目的。

8.3.1.3 室温磷光测量

低温测量不可避免地带来操作上的不便和溶剂选择的限制,但也促进了室温磷光测量方法的不断建立。目前采用的室温磷光测量方法主要有以下几种。

(1)固体基质法

固体基质法是将磷光物质吸附在固体载体上直接进行测量。吸附固化后消除了溶剂分子与三重激发态磷光分子间的碰撞,增强了磷光强度。常用的固体基质有纤维载体、无机载体及有机载体等。

(2)溶剂胶束增稳法

在溶液中加入表面活性剂,当其浓度达到胶束临界值时,便相互聚集形成胶束。室温下磷光分子与胶束形成缔合物,改变了磷光基团的微环境和定向的约束力,使其刚性增强,减小了内转换和碰撞能量损失等非辐射去激发过程发生的概率,明显增强了三重态的稳定性,从而实现溶液中的室温磷光测定。胶束增稳、重原子效应和溶液除氧构成了该方法的基础。

(3) 敏化溶液法

在溶液中加入称为"能量受体"的组分,磷光不是由分析组分而是由能量受体发射,分析组分作为能量给予体将能量转移给能量受体,引发受体在室温下发射磷光。能量跃迁过程如图 8-7 所示。敏化溶液法中需要选择合适的能量受体。

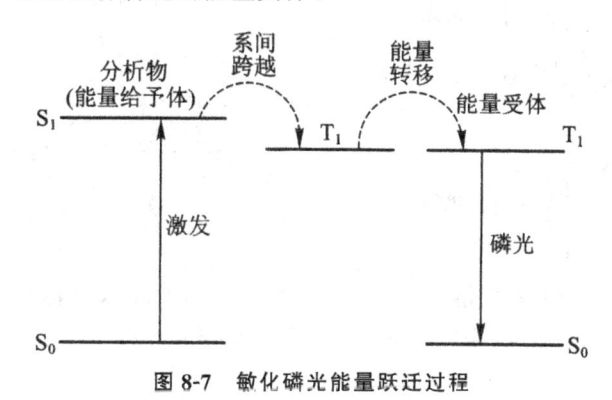

图 8-7 敏化磷光能量跃迁过程

8.3.1.4 重原子效应

在含有重原子的溶剂中或在磷光物质中引入重原子取代基都可以提高磷光物质的磷光强度。利用重原子效应是提高磷光分析灵敏度的简单而有效的方法。

8.3.2 磷光分光光度计

在荧光分光光度计上配上磷光附件,即可用于磷光测定。磷光附件主要如下所示。

8.3.2.1 液槽

液槽是用来实现低温下磷光测量的,将样品溶液放置在盛液氮的石英杜瓦瓶内。

8.3.2.2 磷光镜

有些物质能同时产生荧光和磷光,为了能在荧光发射的情况下测定磷光,通常在激发单色器与液槽之间以及在液槽和发射单色器之间各装一个磷光镜(斩波片),并由一个同步电动机带动,如图 8-8 所示。

现以转盘式磷光镜为例说明其工作原理。当两个磷光镜调节为同相时,荧光和磷光一起进入发射单色器,测得荧光和磷光的总强度;当两个磷光镜调节为异相时,激发光被挡住,此时,由于荧光寿命短,立即消失,而磷光的寿命长,所以测到的仅是磷光信号。利用磷光镜,不仅可以分别测出荧光和磷光,而且可以通过调节两个磷光镜的转速,测出不同寿命的荧光。这种具有时间分辨功能的装置,是磷光光度计的一个特点。

(a) 转筒式磷光镜　　　　(b) 转盘式磷光镜

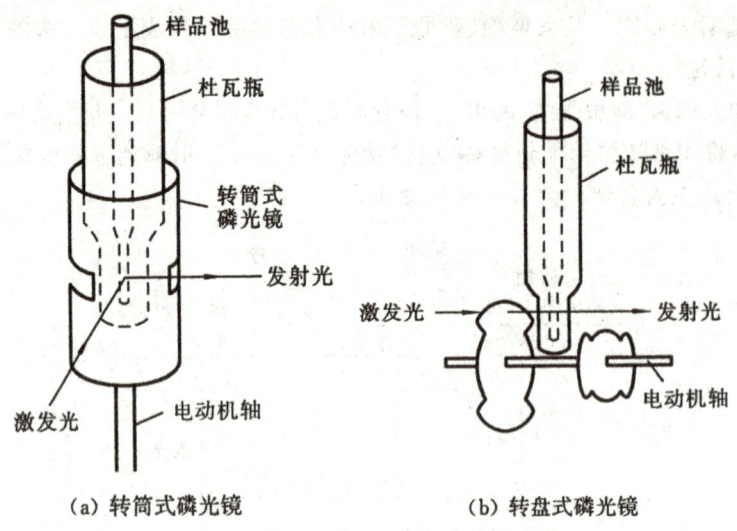

图 8-8　转筒式磷光镜和转盘式磷光镜

(a)转筒式磷光镜；(b)转盘式磷光镜

8.3.3　分子磷光分析法的应用

8.3.3.1　稠环芳烃和杂环化合物的分析

许多稠环芳烃和杂环化合物具有较大的致癌性，目前，固体表面室温磷光分析法已成为这些化合物灵敏、快速的重要检测方法。表 8-2 所示是某些稠环芳烃和杂环化合物的分析条件，可用于空气粉尘、合成材料和煤液化试样中此类化合物的检测。

表 8-2　某些稠环芳烃和杂环化合物的室温磷光分析条件

化合物	λ_{ex}/nm	λ_{em}/nm	含重原子的化合物	检出限/ng
吖啶	360	640	Pb(Ac)$_2$	0.4
咔唑	296	415	CsI	0.005
1-萘酚	310	530	NaI	0.03
荧蒽	365	545	Pb(Ac)$_2$	0.05
芴	270	428	CsI	0.2
芘	343	595	Pb(Ac)$_2$	0.1
苯并[a]芘	395	698	Pb(Ac)$_2$	0.5
苯并[e]芘	335	545	CsI	0.01
2,3-苯并芴	243	505	NaI	0.028

续表

化合物	λ_{ex}/nm	λ_{em}/nm	含重原子的化合物	检出限/ng
1,2,3,4-二苯并蒽	295	567	CsI	0.08
1,2,5,6-二苯并蒽	305	555	NaI	0.005
1,3-H-二苯并[a,i]咪唑	295	475	NaI	0.002

8.3.3.2 药物与临床分析

分子磷光分析法已广泛应用于药物与临床分析,如血液和尿液中的普鲁卡因、苯巴比妥、可卡因、阿司匹林、阿托品、对硝基苯酚磺胺嘧啶、犬尿烯酸等药物和组分的检测;致幻剂、抗凝剂(双香豆醇、苯茚二酮等)、维生素等药物的分析;鸟嘌呤、腺嘌呤、吲哚、酪氨酸、色氨酸甲酯等生物活性物质以及蛋白质结构的分析。

8.3.3.3 农药、生物碱和植物生长素的分析

低温磷光分析法已经用于分析 DDT 等 52 种农药、烟碱、降烟碱和新烟碱等 3 种生物碱以及 2,4-D 和萘乙酸植物生长素。检出限约为 0.01 μg/mL。

目前,还可用固体表面室温磷光分析法对杀鼠剂、蝇毒磷、草萘胺、萘乙酸等 10 余种农药和植物生长素进行适时监控和测定。

8.4 化学发光分析法

化学发光是指化学反应释放的化学能激发体系中的分子,而此分子由激发态回到基态时产生的光辐射现象。根据化学发光的强度测定物质含量的分析方法叫作化学发光分析法。

8.4.1 化学发光分析法的原理

化学发光是基于化学反应所提供足够的能量,使其中一种产物的分子的电子被激发成激发态,当其返回基态时发射一定波长的光。化学发光可表示为

$$A + B \longrightarrow C^* + D$$
$$C^* \longrightarrow C + h\nu$$

化学发光包括吸收化学能和发光两个过程。为此,它必须满足化学发光反应,必须能提供足够的化学能,以引起电子激发;要有有利的化学反应机理,以使所产生的化学能用于不断地产生激发态分子;激发态分子能以辐射跃迁的方式返回基态,而不是以热的形式消耗能量 3 个条件。

化学发光反应的化学发光效率 φ_{Cl},取决于生成激发态产物分子的化学激发效率 φ_r 和激发态分子的发光效率 φ_f 这两个因素。可表示为

$$\varphi_{Cl} = \frac{发射光子数}{参加反应的分子数} = \varphi_r \varphi_f$$

化学发光的发光强度 I_{Cl} 以单位时间内发射的光子数来表示,它等于化学发光效率 φ_{Cl} 与单位时间内起反应的被测物浓度 c_A 的变化(以微分表示)的乘积,即

$$I_{Cl}(t) = \varphi_{Cl}\frac{dc_A}{dt}$$

在发光分析中,被分析物的浓度与发光试剂相比要小很多,故发光试剂浓度可认为是一常数,因此发光反应可视为一级动力学反应,此时反应速率可表示为

$$\frac{dc_A}{dt} = kc_A$$

式中,k 为反应速率常数。由此可得:在合适的条件下,t 时刻的化学发光强度与该时刻的分析物浓度成正比,可以用于定量分析,也可以利用总发光强度 S 与被分析浓度的关系进行定量分析,于是有

$$S = \int_{t_1}^{t_2} I_{Cl} dt = \varphi_{Cl}\int_{t_1}^{t_2}\frac{dc_A}{dt}dt = \varphi_{Cl}c_A$$

若取 $t_1=0$,t_2 为反应结束时的时间,则整个反应产生的总发光强度与分析物的浓度呈线性关系。

8.4.2 化学发光反应类型

化学发光反应按其过程可分为直接化学发光和间接化学发光两种。按反应体系的状态,化学发光反应还主要包括气相化学发光和液相化学发光。

8.4.2.1 直接化学发光

直接化学发光是被测物作为反应物直接参加化学发光反应,当生成的激发态产物分子跃迁回基态时产生发光,反应方程为

$$A + B \longrightarrow C^* + D$$
$$C^* \longrightarrow C + h\nu$$

式中,A 或 B 是被测物,C^* 是 A 和 B 反应产物 C 的激发态。

8.4.2.2 间接化学发光

间接化学发光是被测物 A 或 B 通过化学反应生成激发态的 C^*,C^* 不直接发光,而是 C^* 作为激发中间体将能量传递给 F,从而使 F 处于激发态 F^*,当 F^* 跃迁回到基态时产生发光,反应方程为

$$A + B \longrightarrow C^* + D$$
$$C^* + F \longrightarrow F^* + E$$
$$F^* \longrightarrow F + h\nu$$

8.4.2.3 气相化学发光

化学发光反应在气相中进行称为气相化学发光,其主要用于监测大气中 O_3、NO、NO_2、H_2S、SO_2 和 CO 等。一氧化氮与臭氧的气相化学发光反应如下:

$$NO + O_3 \longrightarrow NO_2^* + O_2$$
$$NO_2^* \longrightarrow NO_2 + h\nu$$

该反应检测 NO 灵敏度可达 1 ng/cm³,其发射波长范围为 600～875 nm。

对臭氧,发光试剂是乙烯,其反应为

$$2O_3 + C_2H_4 \longrightarrow 2HCHO^* + 2O_2$$
$$CH_2O^* \longrightarrow CH_2O + h\nu$$

在生成羰基化合物的同时产生化学发光,激发态甲醛为化学发光物质。该化学发光反应的发射波长为 435 nm,对 O_3 是特效的,检测的线性范围为 1 ng/cm³ ～ 1 μg/cm³。

此外,生物发光是涉及生物或酶反应的一类化学发光。某些生物反应的化学发光效率大于 50%,最著名的生物发光反应是萤火虫反应:

$$LH_2 + E + ATP \xrightarrow{Mg^{2+}} E:LH_2:AMP + PP$$
$$E:LH_2:AMP + O_2 \longrightarrow E + L=O^* + CO_2 + AMP$$
$$L=O^* \longrightarrow L=O + h\nu$$

该反应的最大发射波长为 562 nm。式中,LH_2 为萤火虫荧光素;L=O 为氧荧光素;E 为萤火虫荧光素酶;PP 为焦磷酸盐;ATP 为三磷酸腺苷;AMP 为单磷酸腺苷。利用上述反应可测定 ATP,对 10 μg ATP 样品,检出限可低达 10^{-14} μg。生物发光分析可检测辅酶 NADH 和 NADPH 等物质。

8.4.2.4 液相化学发光

化学发光反应在液相中进行称为液相化学发光。常用的液相化学发光试剂主要有鲁米诺(3-氨基苯二甲酰肼)、光泽精(N,N-甲基二吖啶硝酸盐)、洛粉碱(2,4,5-三苯基咪唑)等,其结构如图 8-9 所示。

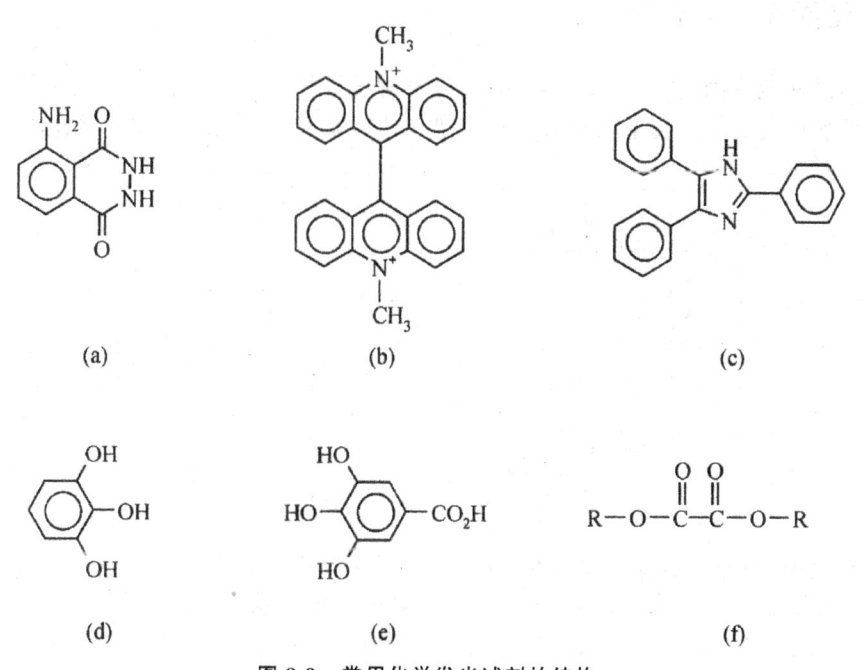

图 8-9 常用化学发光试剂的结构
(a)鲁米诺;(b)光泽精;(c)洛粉碱;(d)焦桐酚;(e)桐酸;(f)过氧草酸衍生物

通常，在碱性溶液中（pH=9～11），通过氧化剂氧化发光试剂，常用的氧化剂有 H_2O_2，次氯酸盐或铁氰酸盐。鲁米诺是最有效的化学发光试剂，在碱性溶液中它氧化生成激发态的3-氨基邻苯二甲酸盐为化学发光物质。其反应如下：

其最大发射波长为 425 nm。该化学发光反应的速率很慢，但某些金属离子可催化这一反应，增强发光强度，利用这一性质可以测定这些金属离子，如 Fe(Ⅱ)、Cu(Ⅱ)、CO(Ⅱ)、Cr(Ⅲ)、Cr(Ⅵ)等。

8.4.3 化学发光分析仪

直接用来测定待测物质进行化学发光反应时所发射的化学发光强度并进行定量分析的仪器称为化学发光分析仪。化学发光分析仪主要包括样品室、光检测器、放大器和信号显示记录系统，如图 8-10 所示。

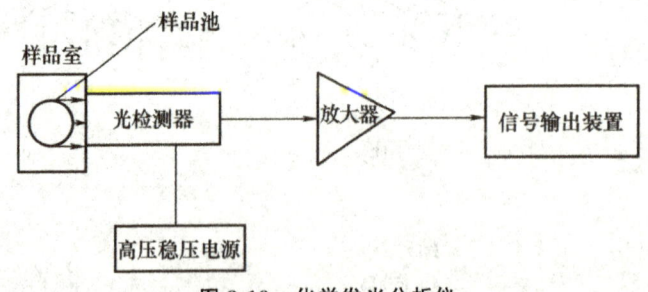

图 8-10 化学发光分析仪

在样品室中，当样品与有关试剂混合后，化学发光反应立即发生，从样品室产生的化学发光直接进入检测系统进行光电转换，再通过放大器处理输出信号。在样品与有关试剂混合过程中应立即测定信号强度，否则就会造成光信号的损失。检测时，样品与试剂混合方式的重复性是影响分析结果精密度的主要因素。按照进样的方式，有流动注射式和分立取样式两种发光分析仪，它们的结构如图 8-11 和图 8-12 所示。

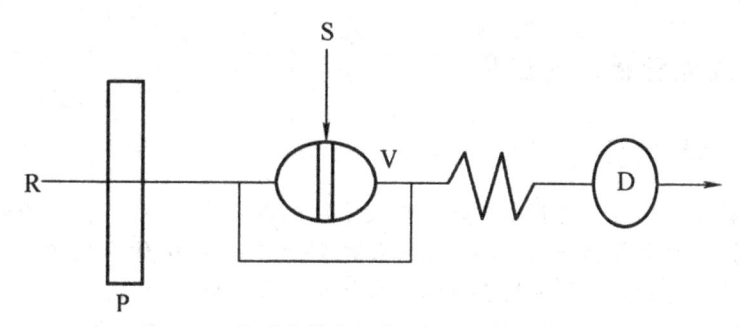

图 8-11　流动注射式化学发光分析仪的示意图
R—试剂载流；S—试液；P—蠕动泵；V—进样阀；D—化学发光检测器

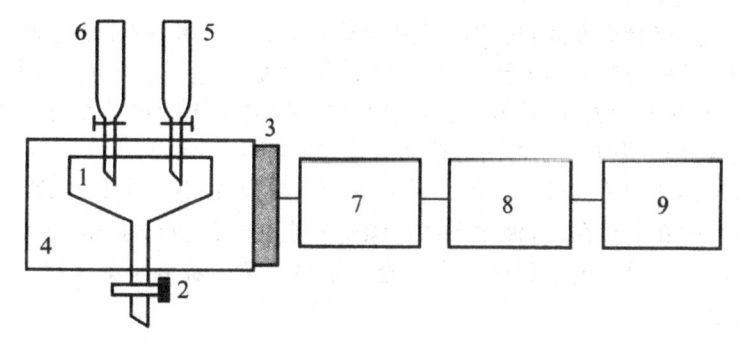

图 8-12　分立取样式化学发光分析仪的示意图
1—发光反应池；2—废液排放旋塞；3—滤光片反应池；4—暗室；
5—试液贮管；6—试剂加入管；7—光电倍增管；
8—信号放大系统；9—记录仪或数字显示器

8.4.3.1　流动注射式化学发光分析仪

流动注射分析是一种自动化溶液分析方法，它把一定体积的液体样品注射到一个流动着的、无空气间隔的、由适当液体组成的连续载流中，样品在流动过程中分散、反应，然后被载带到检测器中，再连续地记录其信号强度。流动注射式进样能准确地控制试液及有关试剂的体积，并能选择样品准确进入检测器的时间，使发光峰值的出现时间与混合组分进入检测器的时间相一致。

8.4.3.2　分立取样式化学发光分析仪

分立取样式化学发光分析仪是一种在静态下测量化学发光信号的装置。利用移液管或注射器先将样品与试剂加入储液管中，然后开启旋塞使溶液流入反应室中混合均匀，根据发光峰面积的积分值或峰高进行定量测定。分立式仪器具有简单、灵敏度高的特点，还可用于反应动力学的研究。但手动进样重复性差，测量的精密度不高，且难于实现自动化，分析效率也较低。

8.4.4　化学发光分析法的应用

8.4.4.1　环境监测

在环境监测方面,大气中的有毒气体可直接采用气相化学发光分析法,方便快捷,检出限约 1 ng/g。废水中的金属离子的分析也越来越多地采用液相化学发光分析。如溶液中 Cr(Ⅲ)和 Cr(Ⅵ)共存时,可在碱性条件下,采用 Cr(Ⅲ)-鲁米诺-H_2O_2 发光体系测定,而 Cr(Ⅵ)在酸性条件下可被 H_2O_2 还原为 Cr(Ⅲ),因此可分别测得 Cr(Ⅲ)和 Cr(Ⅵ)的含量。

8.4.4.2　生物和药物试样分析

在生物和药物试样分析方面,化学发光分析发挥着重要作用,如对氨基酸、葡萄糖、三磷酸腺苷、乳酸脱氢酶、己糖激酶等的分析,具有很高的灵敏度。利用化学发光分析法的高灵敏度和选择性,与流动注射分析法、高效液相色谱分析法和高效毛细管电泳结合将发挥更大作用。如高效毛细管电泳分离-化学发光检测的联用技术,使丹酰化的牛血清白蛋白和鸡蛋白蛋白的分离和检测灵敏度都达到了很好的效果。另外,自由基参与的各种发病机理研究越来越受到重视。黄嘌呤氧化酶在氧存在下,催化底物黄嘌呤发生氧化反应产生 O_2^-,O_2^- 进一步与鲁米诺反应产生化学发光。机体内的超氧歧化酶能消除 O_2^-,所以抑制了鲁米诺的发光,利用此原理可间接测定超氧歧化酶。

8.4.4.3　核酸杂交分析

核酸杂交分析技术是生物化学和分子生物学研究中应用最广泛的技术之一,是定性及定量检测特异性 DNA 或 RNA 序列片段的有效手段。传统的核酸分子杂交采用的是放射性标记的检测方法,但由于放射性同位素本身固有的缺点以及所用仪器的限制,该方法的发展受到一定的影响。化学发光分析技术以其分析快速,操作简单,以及无放射性污染等显著优点,成功地应用在核酸杂交分析中。

8.4.4.4　免疫分析

化学发光免疫分析(CLIA)是借助于化学发光反应的高灵敏性和免疫反应的高特异性而建立的一种测定方法,是继荧光免疫分析法、酶免疫分析法和放射免疫分析法之后,迅速发展起来的一种新型免疫分析技术。它包括标记化学发光物质的化学发光免疫分析、标记酶的化学发光酶免疫分析和标记荧光物质的荧光化学发光免疫分析。由于化学发光免疫分析是以发光剂标记或酶标记进行测定的,使其灵敏度可以达到甚至超过放射免疫分析。

但化学发光免疫分析也存在一些缺陷,如影响的因素较多,稳定性较差以及试样的发光不能再现等。免疫电化学发光(IECL)是一种先进的发光免疫分析技术,它具有电化学和化学发光免疫分析的特点,已用于多种抗体、抗原和标记物的分析。

8.4.4.5　生物体内活性氧的化学发光研究

在生物学和生物医学等领域中有关活性氧的研究备受关注,自由基参与的各种发病机理研究越来越受到重视。活性氧在生物体内,通过电子转移、加成以及脱氢等方式与多种分子作用,使细胞坏死或突变,造成机体损伤和病变。因此,研究简单、灵敏、快速的方法测定活性氧具有重要意义。ESR 和 HPLC 法是最常用的两种方法,但均需要昂贵的仪器,且操作较复杂。与以上方法相比,化学发光分析法用于活性氧的分析研究,更具有优越性。

化学发光法测定超氧阴离子自由基($O_2^-\cdot$),通常是利用黄嘌呤氧化酶在有氧条件下催化底物黄嘌呤或次黄嘌呤发生氧化反应产生 $O_2^-\cdot$,$O_2^-\cdot$ 进一步与鲁米诺反应产生化学发光。

羟自由基($HO\cdot$)是活性氧中毒害最大的一种自由基,其化学性质非常活泼,寿命极短,现有的分析技术难以直接检测生物体内 $HO\cdot$。但可通过 Fenton 反应体外模拟间接证明生物体内确有 $HO\cdot$ 存在。Fenton 反应是研究 $HO\cdot$ 的最常用反应。$HO\cdot$ 可直接氧化鲁米诺产生化学发光,这是化学发光法测定 $HO\cdot$ 的原理。

第9章 红外吸收光谱法

9.1 红外吸收光谱法概述

红外吸收光谱法也称为红外分光光度法,是基于研究物质分子对红外光的吸收特性来进行定性和定量分析的方法。红外吸收光谱也属于分子光谱的范畴,但与紫外-可见吸收光谱的产生机理有明显的区别,它来源于分子振动和分子转动能级的跃迁,因此红外吸收光谱也被称为分子振动转动光谱。

紫外-可见吸收光谱是电子—振—转光谱,常用于研究不饱和有机化合物,特别是具有共轭系统的有机化合物。红外光谱波长长,能量低,物质分子吸收红外光后,只能引起振动和转动能级的跃迁,不会引起电子能级跃迁,因而红外光谱又称为振动-转动光谱。红外光谱主要研究在振动—转动中伴随有偶极矩变化的化合物,除单原子和同核分子之外,几乎所有的有机化合物在红外光区都有吸收。红外吸收带的波长位置与吸收谱带的强度反映了分子结构的特点,可以用来鉴定未知物的结构组成或确定其化学基团,因而红外吸收光谱最重要和最广泛的用途是对有机化合物进行结构分析;而吸收谱带的吸收强度与分子组成或其化学基团的含量有关,可以进行定量分析和纯度鉴定。红外吸收光谱分析对气、液、固样品都适用,具有用量少、分析速度快、不破坏试样等特点。红外光谱法与紫外吸收光谱分析法、质谱法和核磁共振波谱法一起,被称为四大谱学方法,已成为有机化合物结构分析的重要手段。

19世纪初,人们通过实验证实了红外光的存在。20世纪初,人们进一步系统地了解了不同官能团具有不同红外吸收频率这一事实。1947年以后出现了自动记录式红外吸收光谱仪。1960年出现了光栅代替棱镜作色散元件的第二代红外吸收光谱仪,但它仍是色散型的仪器,分辨率和灵敏度还不够高,扫描速度慢。随着计算机科学的进步,1970年以后出现了傅里叶变换红外吸收光谱仪。基于光相干性原理而设计的干涉型傅里叶变换红外吸收光谱仪,解决了光栅型仪器固有的弱点,使仪器的性能得到了极大的提高。近年来,用可调激光作为红外光源代替单色器,成功研制了激光红外吸收光谱仪,扩大了应用范围,它具有更高的分辨率、更高的灵敏度,这是第四代仪器。现在红外吸收光谱仪还与其他仪器联用,更加扩大了应用范围。利用计算机存储及检索光谱,分析更为方便、快捷。因此,红外光谱已成为现代分析化学和结构化学领域不可缺少的重要工具。

红外光谱在可见光和微波区之间,其波长范围为 $0.75\sim1\ 000\ \mu m$。根据实验技术和应用的不同,通常将红外光谱划分为3个区域,见表9-1。其中中红外区是研究最多的区域,一般说的红外光谱就是指中红外区的红外光谱。

表 9-1　红外区的划分

红外光谱区	$\lambda/\mu m$	σ/cm^{-1}	能级跃迁类型
近红外区	0.75～2.5	13 300～4 000	分子化学键振动的倍频和组合频
中红外区	2.5～25	4 000～400	化学键振动的基频
远红外区	25～1 000	400～10	骨架振动、转动

在 3 个红外光区中,近红外光谱是由分子的倍频、合频产生的,主要用于稀土,过渡金属离子化合物,以及水、醇和某些高分子化合物的分析;远红外区属于分子的转动光谱和某些基团的振动光谱,主要用于异构体的研究,金属有机化合物(包括配合物)、氢键、吸附现象的研究;中红外区是属于分子的基频振动光谱,绝大多数有机物和无机离子的化学键基频吸收都出现在中红外区。同时,由于中红外区光谱仪器最为成熟简单,使用历史悠久,应用广泛,积累的资料也最多,因此它是应用极为广泛的光谱区。

9.2　红外吸收光谱法的原理

9.2.1　红外光谱的产生

当分子受到频率连续变化的红外光照射时,分子吸收某些频率的辐射,引起振动和转动能级的跃迁,使相应于这些吸收区域的透射光强度减弱,将分子吸收红外辐射的情况记录下来,便得到红外光谱图。红外光谱图多以波长 λ 或波数 σ 为横坐标,表示吸收峰的位置;以透光率 T 为纵坐标,表示吸收强度。如图 9-1 所示是聚苯乙烯的红外吸收光谱图。

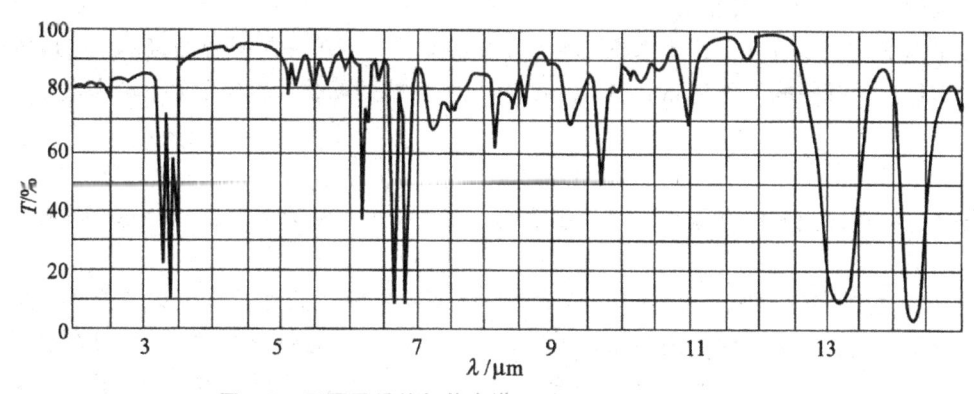

图 9-1　聚苯乙烯的红外光谱(二氯乙烷溶液流延薄膜)

红外光谱是由分子振动能级的跃迁而产生,但并不是所有的振动能级跃迁都能在红外光谱中产生吸收峰,物质吸收红外光发生振动和转动能级跃迁必须满足以下两个条件。
①红外辐射光量子具有的能量等于分子振动能级的能量差。
②分子振动时,偶极矩的大小或方向必须有一定的变化,即具有偶极矩变化的分子振动是

红外活性振动，否则是非红外活性振动。

由上述可见，当一定频率的红外光照射分子时，若分子中某个基团的振动频率和它一样，则二者就会产生共振，此时光的能量通过分子偶极矩的变化传递给分子，这个基团就会吸收该频率的红外光而发生振动能级跃迁，产生红外吸收峰。

9.2.1.1 跃迁能量

与紫外-可见光谱产生的原因类似，红外吸收光谱是由于分子振动能级跃迁，同时伴随转动能级而产生的，因为分子振动能级差为 $0.05\sim1.0$ eV，比转动能极差（$0.000\ 1\sim0.05$ eV）大，因此分子发生振动能级跃迁时，不可避免地伴随着振动能级跃迁，因而无法测得纯振动光谱。

辐射光子具有的能量与发生振动跃迁所需的跃迁能量相等。当照射的红外辐射的能量与分子的两能级差相等，该频率的红外辐射就被该分子吸收，从而引起分子对应能级的跃迁，宏观表现为透射光强度变小。红外辐射与分子两能级差相等为物质产生红外吸收光谱必须满足的条件之一，这同时也决定了吸收峰出现的位置。

以双原子分子的纯振动光谱为例，双原子分子可近似地看作谐振子。根据量子力学，其振动能量 E_v 是量子化的：

$$E_v = \left(v + \frac{1}{2}\right)h\nu\ (v = 0, 1, 2, \cdots)$$

式中，ν 为分子振动频率；h 为普朗克常数；v 为振动量子数，$v=0,1,2,3,\cdots$。

分子中不同振动能级的能量差 $\Delta E_v = \Delta v \cdot h\nu$。吸收光子的能量 $h\nu_a$ 必须恰等于该能量差，因此

$$\nu_a = \Delta v \nu$$

此式表明，只有当红外辐射频率等于振动量子数的差值与分子振动频率的乘积时，分子才能吸收红外辐射，产生红外吸收光谱。

在常温下绝大多数分子处于基态（$v=0$），由基态跃迁到第一振动激发态（$v=1$），所产生的吸收谱带称为基频峰。因为 $\Delta v=1$，$\nu_a=\nu$，所以基频峰的峰位（ν_a）等于分子的振动频率。

9.2.1.2 耦合作用

辐射与物质之间有耦合作用。为了满足这个条件，分子振动时其偶极矩（μ）必须发生变化，即 $\Delta\mu\neq0$。

红外吸收光谱产生的第二个条件，实质上是保证外界辐射的能量能传递给分子。这种能量的传递是通过分子振动偶极矩的变化来实现的。红外跃迁是偶极矩诱导的，即能量转移的机制是通过振动过程所导致的偶极矩的变化和交变的电磁场（这里是红外光）相互作用而发生的。

分子由于构成它的各原子的电负性不同，也显示不同的极性，称为偶极子。通常用分子的偶极矩（μ）来描述分子极性的大小。当偶极子处在电磁辐射的电场中时，该电场做周期性反转，偶极子将经受交替的作用力而使偶极矩增加或减少。由于偶极子具有一定的原有振动频率，只有当辐射频率与偶极子频率相匹配时，分子才与辐射相互作用（振动耦合）而增加它的振

动能,使振动振幅增大,即分子由原来的基态振动跃迁到较高的振动能级。因此,并非所有的振动都会产生红外吸收,只有发生偶极矩变化($\Delta\mu \neq 0$)的振动才能引起可观测的红外吸收光谱,我们称该分子为红外活性的。反之,$\Delta\mu = 0$的分子振动不能产生红外振动吸收,称为非红外活性的。

由此可知,当一定频率的红外辐射照射分子时,若分子某个基团的振动频率和它一致,则两者就产生共振,此时的光子能量通过分子偶极矩的变化传递给分子,被其基团吸收而产生振动跃迁;若红外辐射频率与分子基团振动频率不一致,则该部分的红外辐射就不会被吸收。因此,如果用连续改变频率的红外辐射照射某试样,由于试样对不同频率的红外辐射吸收的程度不同,使通过试样后的红外辐射在一些波数范围内减弱,在另一些波数范围内则仍然较强。

9.2.2 原子分子的振动

9.2.2.1 双原子分子的振动

分子是由各种原子以化学键相互联结而成。如果用不同质量的小球代表原子,以不同硬度的弹簧代表各种化学键,它们以一定的次序相互联结,就成为分子的近似机械模型,这样就可以根据力学定理来处理分子的振动。

由经典力学或量子力学均可推出双原子分子振动频率的计算公式为

$$\nu = \frac{1}{2\pi}\sqrt{\frac{k}{\mu}} \tag{9-1}$$

用波数作单位时

$$\sigma = \frac{1}{2\pi c}\sqrt{\frac{k}{\mu}} \ (\mathrm{cm}^{-1}) \tag{9-2}$$

式中,k为键的力常数,N/m;μ为折合质量,kg,$\mu = \dfrac{m_1 m_2}{m_1 + m_2}$,其中$m_1$、$m_2$分别为两个原子的质量;$c$为光速,$3 \times 10^8$ m/s。

如果力常数k单位用N/cm,折合质量μ以相对原子质量M代替原子质量m,则式(9-2)可写成

$$\sigma = 1\,307\sqrt{k\left(\frac{1}{M_1} + \frac{1}{M_2}\right)} \ (\mathrm{cm}^{-1}) \tag{9-3}$$

根据式(9-3)可以计算出基频吸收峰的位置。

由此式可见,影响基本振动频率的直接因素是原子质量和化学键的力常数。由于各种有机化合物的结构不同,它们的原子质量和化学键的力常数各不相同,就会出现不同的吸收频率,因此各有其特征的红外吸收光谱。

9.2.2.2 多原子分子的振动

(1)振动类型

双原子分子的振动只有伸缩振动一种类型,而对于多原子分子,其振动类型有伸缩振动和

变形振动两类。伸缩振动是指原子沿键轴方向来回运动,键长变化而键角不变的振动,用符号 ν 表示。伸缩振动有对称伸缩振动(ν_s)和不对称伸缩振动(ν_{as})两种形式。变形振动又称为弯曲振动,是指原子垂直于价键方向的振动,键长不变而键角变化的振动,用符号 δ 表示。变形振动有面内变形振动和面外变形振动。分子振动的各种形式可以亚甲基为例说明,如图 9-2 所示。

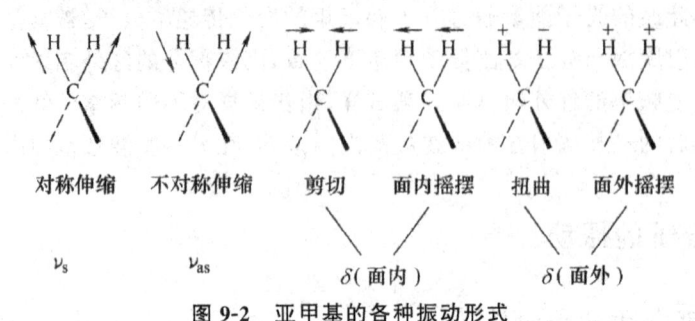

图 9-2 亚甲基的各种振动形式

+——运动方向垂直纸面向内;−——运动方向垂直纸面向外

(2) 振动数目

振动数目称为振动自由度,每个振动自由度相应于红外光谱的一个基频吸收峰。一个原子在空间的位置需要 3 个坐标或自由度(x, y, z)来确定,对于含有 N 个原子的分子,则需要 $3N$ 个坐标或自由度。这 $3N$ 个自由度包括整个分子分别沿 x、y、z 轴方向的 3 个平动自由度和整个分子绕 x、y、z 轴方向的转动自由度,平动自由度和转动自由度都不是分子的振动自由度,因此

$$振动自由度 = 3N - 平动自由度 - 转动自由度$$

对于线性分子和非线性分子的转动如图 9-3 所示。可以看出,线性分子绕 y 和 z 轴的转动,引起原子的位置改变,但是其绕 x 轴的转动,原子的位置并没有改变,不能形成转动自由度。所以,线性分子的振动自由度为 $3N-3-2=3N-5$。非线性分子绕三个坐标轴的转动都使原子的位置发生了改变,其振动自由度为 $3N-3-3=3N-6$。

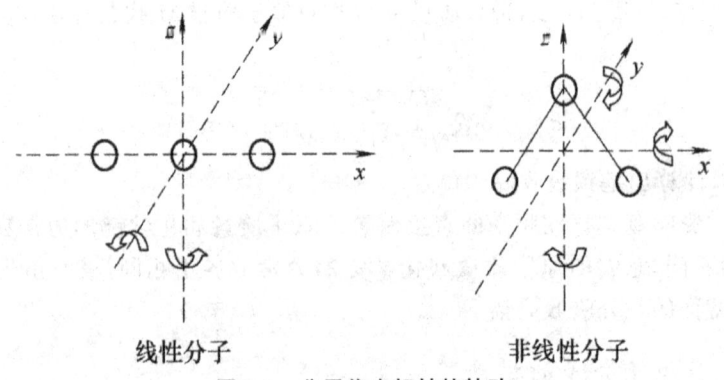

图 9-3 分子绕坐标轴的转动

从理论上讲,计算得到的一个振动自由度应对应一个红外基频吸收峰。但是,在实际上,

常出现红外图谱的基频吸收峰的数目小于理论计算的分子自由度的情况。

分子吸收红外辐射由基态振动能级($v=0$)向第一振动激发态($v=1$)跃迁产生的基频吸收峰,其数目等于计算得到的振动自由度。但是有时测得的红外光谱峰的数目比振动自由度多,这是由于红外光谱吸收峰除了基频峰外,还有泛频峰存在,泛频峰是倍频峰、和频峰与差频峰的总称。

①倍频峰。由基态振动能级($v=0$)跃迁到第二振动激发态($v=2$)产生的二倍频峰和由基态振动能级($v=0$)跃迁到第三振动激发态($v=3$)产生的三倍频峰。三倍频峰以上,因跃迁概率很小,一般都很弱,常常观测不到。

②和频峰。红外光谱中,由于多原子分子中各种振动形式的能级之间存在可能的相互作用,若吸收的红外辐射频率为两个相互作用基频之和,就会产生和频峰。

③差频峰。若吸收的红外辐射频率为两个相互作用基频之差,就会产生差频峰。

实际测得的基频吸收峰的数目比计算的振动自由度少的原因如下:

①具有相同波数的振动所对应的吸收峰发生了简并。

②振动过程中分子的瞬间偶极矩不发生变化,无红外活性。

③仪器的分辨率和灵敏度不够高,对一些波数接近或强度很弱的吸收峰,仪器无法将之分开或检出。

④仪器波长范围不够,有些吸收峰超出了仪器的测量范围。

9.2.3 红外吸收峰的强度

红外吸收峰的强度取决于振动能级的跃迁概率和振动过程中偶极矩变化的大小等两个主要因素。从基态向第一激发态跃迁时,跃迁概率大,因此基频吸收带一般较强。从基态向第二激发态的跃迁,虽然偶极矩的变化较大,但能级的跃迁概率小,因此相应的倍频吸收带一般较弱。而偶极矩与分子结构的对称性有关,振动的对称性越高,振动中分子偶极矩变化越大,谱带强度也就越弱。因而通常来说,极性较强的基团(如 $C=O$、$C-X$ 等)振动,吸收强度较大;极性较弱的基团(如 $C=C$、$C-C$、$N-N$ 等)振动,吸收较弱。红外光谱的吸收强度一般定性地用很强(vs)、强(s)、中(m)、弱(w)和很弱(vw)等来表示。

根据量子力学理论,红外吸收峰的强度与分子振动时偶极矩变化的平方成正比。因此,振动偶极矩变化越大,吸收强度越强。例如,同是不饱和双键的 $C=O$ 基和 $C=C$ 基。前者吸收是很强的,往往是红外光谱中最强的吸收带,而后者的吸收则较弱,甚至在红外光谱中时而出现,时而不出现。这是因为 $C=O$ 基中氧的电负性大,在伸缩振动时偶极矩变化很大,因而使 $C=O$ 基跃迁概率大;而 $C=C$ 双键在伸缩振动时,偶极矩变化很小。一般极性较强的分子或基团吸收强度都比较大;反之,则弱。例如,$C=C$、$C\equiv N$、$C-C$、$C-H$ 等化学键的振动吸收强度都较弱;而 $C=O$、$Si-O$、$C-Cl$、$C-F$ 等的振动,其吸收强度就很强。

此外,吸收峰的强度还与溶剂的种类、试样的浓度及振动的形式等因素有关。需要注意的是,即使强极性基团的红外振动吸收带,其强度也要比紫外-可见光区最强的电子跃迁小 2~3 个数量级。

9.2.4 特征基团吸收频率

9.2.4.1 特征基团吸收频率概述

在研究了大量的化合物的红外吸收光谱后,可以发现具有相同化学键或官能团的一系列化合物的红外吸收谱带均出现在一定的波数范围内,因而具有一定的特征性。例如,羰基(C=O)的吸收谱带均出现在 1 870~1 650 cm^{-1} 范围内;含有腈基(C≡N)的化合物的吸收谱带出现在 2 260~2 225 cm^{-1} 范围内。这样的吸收谱带称为特征吸收谱带,吸收谱带极大值的频率称为化学键或官能团的特征频率。这个由大量事实总结出的经验规律已成为一些化合物结构分析的基础,而事实证明这是一种很有效的方法。

分子振动是一个整体振动,当分子以某一简正振动形式振动时,分子中所有的键和原子都参与了分子的简正振动,这与特征振动这个经验规律是否矛盾呢?事实上,有时在一定的简正振动中只是优先地改变一个特定的键或官能团,其余的键在振动中并不改变,这时简正振动频率就近似地表现为特征基团吸收频率。

例如,对于分子中的 X—H 键(X=C、O 或 S 等),处于分子端点的氢原子由于质量轻,因而振幅大,分子的某种简正振动可以近似地看作氢原子相对于分子其余部分的振动,当不考虑分子中其他键的相互作用时,该 X—H 键的振动频率就可以像双原子分子振动那样处理,它只决定于 X—H 键的力常数 k,这就表现为特征振动吸收频率。

在质量相近的原子所组成的结构中,如—C—C=O、—C—C≡N 等,其中 C—C、C=O 及 C≡N 等各个键的力常数 k 相差较大,以致它们的相互作用很小,因而在光谱中也表现出其特征频率。由此可知,键或官能团的特征吸收频率实质上是在特定的条件下,对于特定系列的化合物整个简正振动频率的近似表示。当各键之间或原子之间的相互作用较强时,特征吸收频率就要发生较大变化,甚至失去它们的"特征"意义。

9.2.4.2 特征基团吸收频率的分区

在中红外范围内把基团的特征频率粗略分为四个区对于记忆和对谱图进行初步分析是有好处的,如图 9-4 所示,由图可知:

①X—H 伸缩振动区,在 3 600~2 300 cm^{-1}。
②双键伸缩振动区在 1 900~1 500 cm^{-1}。
③三键和累积双键的伸缩振动区在 2 300~2 000 cm^{-1}。
④其他单键伸缩振动和 X—H 变形振动区在 1 600~400 cm^{-1}。

4 000~1 330 cm^{-1} 区域的谱带有比较明确的基团和频率的对应关系,故称该区为基团判别区或官能团区,也常称为特征区。由于有机化合物分子的骨架都是由 C—C 单键构成,在 1 330~667 cm^{-1} 范围内振动谱带十分复杂,由 C—C、C—O、C—N 的伸缩振动和 X—H 变形振动所产生,吸收带的位置和强度随化合物而异,每一个化合物都有它自己的特点,因此称为指纹区。分子结构上的微小变化,都会引起指纹区光谱的明显改变,因此,在确定有机化合物结构时用途也很大。

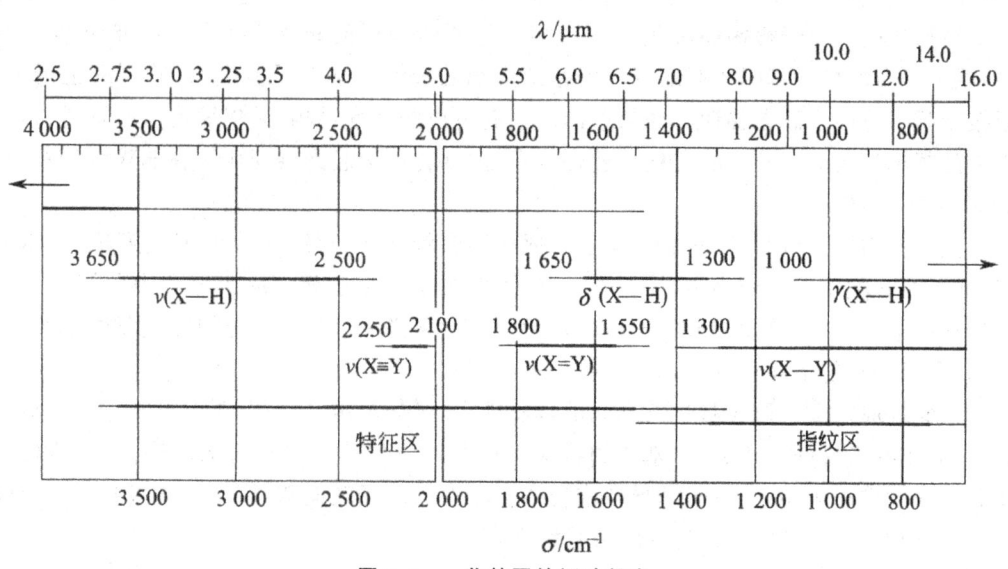

图 9-4 一些基团的振动频率
X＝C、N、O；ν＝伸缩；δ＝面内弯曲；γ＝面外弯曲

9.2.4.3 特征基团吸收频率的影响因素

由双原子组成的简单分子，其特征吸收谱带的频率主要取决于原子的质量和力常数。但在复杂分子内某一基团或键的特征吸收谱带的频率还受分子内和分子间的相互作用力影响，因而相同的基团或键在不同分子中的特征吸收频率并不出现在同一位置，而是根据分子结构和测量环境的影响呈现出特征吸收谱带频率的位移。影响特征基团吸收频率的因素主要有以下几种。

(1) 分子中原子质量的影响

分子中的 X—H 键和重键的伸缩振动频率可近似地用式(9-1)表示。因为氢原子质量最小，所以 X—H 键伸缩振动频率最高。

(2) 原子间键的力常数的影响

由单键、双键到三键，键的强度增加，伸缩振动频率也以 1 400～7 00 cm^{-1}、1 900～1 500 cm^{-1}、2 300～2 000 cm^{-1} 的顺序增加，三键和累积双键伸缩振动频率仅次于 X—H。C＝O 双键伸缩振动频率在 1 700 cm^{-1} 左右，随着 C 换为 N、P 等重原子，N＝O 和 P＝O 振动分别出现在 1 500 cm^{-1} 和 1 200 cm^{-1}。由于 C—C、C—O、C—N、P—O 等单键的力常数和 X—H 变形振动的力常数较小，因此出现在较低频率范围。

(3) 测定状态的不同对特征基团吸收频率的影响

①试样状态的不同。试样状态不同也会影响特征基团吸收谱带的频率、强度和形状。丙酮在气态时的 $\nu_{C=O}$ 为 1 720 cm^{-1}，而在液态时移至 1 728～1 718 cm^{-1} 处。因此，在谱图上对样品的状态应加以说明。对结晶形固态物质，由于分子取向是一定的，限制了分子的转动，会使一些谱带从光谱中消失，而在另一些情况下，则可能出现新谱带。如长直链脂肪酸的结晶体光谱中出现一群主要由次甲基的全反式排列所产生的谱带，可用以确定直链的长度或不饱和脂肪酸的双键位置。

②溶剂效应。由于溶剂的种类不同。同一物质所测得的光谱也不同。一般在极性溶剂中,溶质分子中的极性基团的伸缩振动频率随溶剂的极性增加向低波数移动,强度也增大,而变形振动频率将向高波数移动。如果溶剂能引起溶质的互变异构,并伴随有氢键形成时,则吸收谱带的频率和强度有较大的变化。此外,溶质浓度也可引起光谱变化。在非极性溶剂中,这种频率移动一般较小。

③氢键。当有氢键时,X—H 伸缩振动频率移向较低波数处,吸收谱带强度增大,谱带变宽,其变形振动频率移向较高波数处,但没有伸缩振动变化显著。形成分子内氢键时,X—H 伸缩振动谱带的位置、强度和形状的改变均较分子间氢键小;对质子接受体,通常影响较小。

(4)分子结构的不同对特征基团吸收频率的影响

①诱导效应。由于取代基具有不同的电负性,通过静电诱导作用,引起分子中电子分布的变化,从而改变了键的力常数,使基团的特征频率发生位移。以羰基为例,若有一电负性大的基团和羰基的碳原子相连,由于诱导效应使电子云由氧原子转向双键的中间,增加了 C=O 键的力常数,使 C=O 的振动频率升高,吸收峰向高波数移动,例如,

$$\begin{array}{ccc} R-\underset{\|}{\overset{O}{C}}-R' & R-\underset{\|}{\overset{O}{C}}-Cl & R-\underset{\|}{\overset{O}{C}}-F \\ \nu_{C=O}\ 1715\ cm^{-1} & 1800\ cm^{-1} & 1920\ cm^{-1} \end{array}$$

②共轭效应。分子中形成大 π 键所引起的效应叫作共轭效应,共轭效应的结果使共轭体系中的电子云密度平均化,使原来的双键略有伸长,力常数减小,吸收峰向低波数移动,例如,

$$\begin{array}{ccc} R'-\underset{\|}{\overset{O}{C}}-R & Ph-\underset{\|}{\overset{O}{C}}-R & Ph-\underset{\|}{\overset{O}{C}}-CH=CH-R \\ \nu_{C=O}\ 1725 \sim 1710\ cm^{-1} & 1695 \sim 1680\ cm^{-1} & 1667 \sim 1653\ cm^{-1} \end{array}$$

③空间效应。空间效应主要包括空间位阻效应、环状化合物的环张力等。取代基的空间位阻效应将使 C=O 与双键的共轭受到限制,使 C=O 的双键性增强,波数升高,例如,

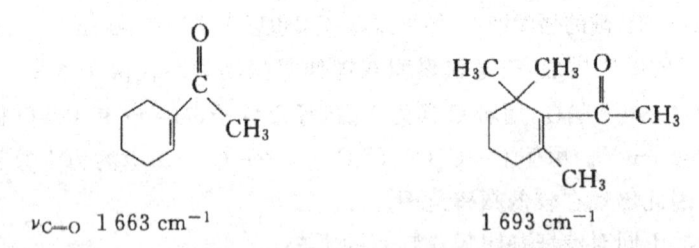

$$\nu_{C=O}\ 1663\ cm^{-1} \qquad 1693\ cm^{-1}$$

对环状化合物,环外双键随环张力的增加,其波数也相应增加,例如,

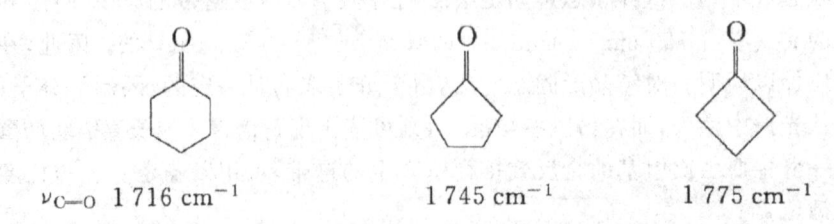

$$\nu_{C=O}\ 1716\ cm^{-1} \qquad 1745\ cm^{-1} \qquad 1775\ cm^{-1}$$

环内双键随环张力的增加,其伸缩振动峰向低波数方向移动,而 C—H 伸缩振动峰却向高波数方向移动,例如,

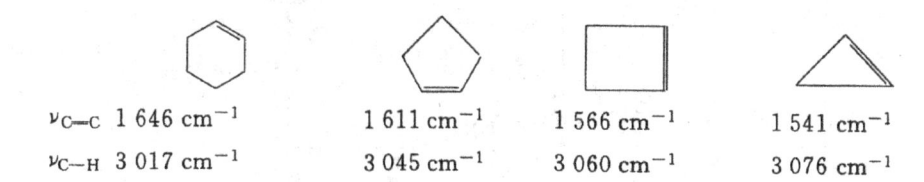

$\nu_{C=C}$ 1 646 cm^{-1} 1 611 cm^{-1} 1 566 cm^{-1} 1 541 cm^{-1}

ν_{C-H} 3 017 cm^{-1} 3 045 cm^{-1} 3 060 cm^{-1} 3 076 cm^{-1}

④振动的相互作用。当两个振动频率相同或相近的基团联结在一起时,或当一振动的泛频与另一振动的基频接近时,它们之间可能产生强烈的相互作用,其结果使振动频率发生变化。例如,羧酸酐

由于两个羰基的振动耦合,使 $\nu_{C=O}$ 吸收峰分裂成两个峰,波数分别约为 1 820 cm^{-1}(反对称耦合)和 1 760 cm^{-1}(对称耦合)。

9.3 红外吸收光谱仪

红外吸收光谱仪由辐射源、吸收池、单色器、检测器及记录仪等主要部件组成,从分光系统可分为固定波长滤光片、光栅色散、傅里叶变换、声光可调滤光器和阵列检测五种类型。下面主要介绍光栅色散型红外吸收光谱仪和傅里叶变换红外吸收光谱仪两种。

9.3.1 光栅色散型红外吸收光谱仪

光栅色散型红外吸收光谱仪的工作原理如图 9-5 所示,光源辐射被分成等强度的两束:一束通过样品池,另一束通过参比池。通过参比池的光束经衰减器(也称为光楔或光梳)与通过样品池的光束会合于切光器处。切光器使两光束再经半圆扇形镜调制后进入单色器,交替落到检测器上。如果试样在某一波数对红外光有吸收,则两光束的强度就不平衡,因此检测器产生一个交变信号。该信号经放大、整流后,会使光楔遮挡参比光束,直至两光束强度相等。光楔的移动联动记录笔,画出一个吸收峰。因此分光元件转动的全过程就得到一张红外吸收光谱图。

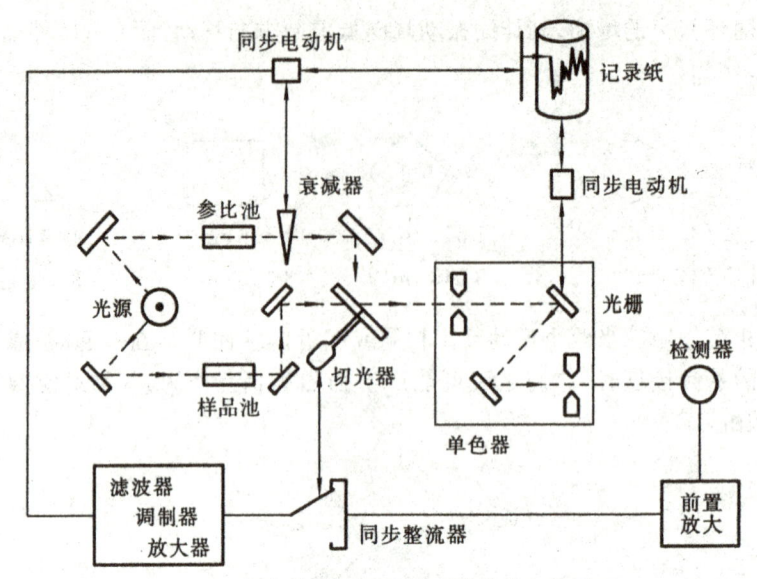

图 9-5 光栅色散型红外吸收光谱仪的工作原理

9.3.2 傅里叶变换红外吸收光谱仪

傅里叶变换红外吸收光谱仪(FTIR)的工作原理如图 9-6 所示,由光源发出的红外光分成两束光,经干涉仪转变成干涉光,通过试样后得到含试样结构信息的干涉图,由计算机采集,经过快速傅里叶变换,得到透光率或吸光度随波数或频率变化的红外光谱图。

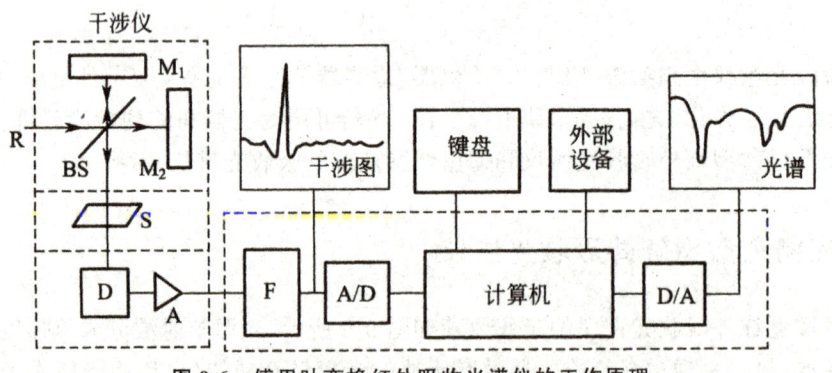

图 9-6 傅里叶变换红外吸收光谱仪的工作原理
R—红外光源;M_1—定镜;M_2—动镜;BS—光束分裂器;S—试样;
D—检测器;A—放大器;F—滤光器;A/D—模数转换器;D/A—数模转换器

傅里叶变换红外吸收光谱仪具有以下特点。

①分辨能力高,傅里叶变换红外吸收光谱仪的波数准确度在整个红外光谱范围内可达 $0.1 \sim 0.005 \text{ cm}^{-1}$ 的分辨率,而一般光栅型红外分光光度计只能达到 0.2 cm^{-1}。

②测量时间短,扫描速度快,一般 1 s 即可完成全光谱扫描,适合与其他分析仪器联用,目

前已有 GC-FTIR,HPLC-FTIR 等联用的商品仪器投入使用。
③灵敏度高,样品量检测限可达 $10^{-9}\sim10^{-12}$ g。
④测定光谱范围宽,波数可达 $10\,000\sim10$ cm^{-1}。
⑤仪器结构复杂,价格昂贵。

9.4 红外吸收光谱实验技术

红外吸收光谱测定样品的制备,必须按照试样的状态、性质、分析的目的、测定装置条件选择一种最适合的制样方法,这是成功测试的基础。

9.4.1 红外吸收光谱对试样的要求

红外吸收光谱法可以分析气体、液体和固体试样,但是试样应满足分析测定的要求。
(1)试样应该是单一组分的纯物质
纯度应高于98%或符合商业规格,这样才便于与纯化合物的标准光谱进行对照。多组分试样应在测定前尽量预先分馏、萃取、重结晶、区域熔融或用色谱法进行分离提纯,否则各组分光谱将互相重叠,会使光谱图无法解析。
(2)试样中不应含有游离水
水分的存在不仅会侵蚀吸收池的盐窗,而且水分本身在红外区有吸收,将使测得的光谱图变形。
(3)试样的浓度和测试厚度应选择适当
一般以使光谱图上大多数峰的透光率处于15%~70%范围内为宜。过稀、过薄,常使一些弱峰和细微部分显示不出来;过浓、过厚,又会使强吸收峰的高度超越标尺刻度,不能得到一张完整的光谱图。

9.4.2 气体样品的制备

气体样品一般使用气体池进行测定。气体池长度可以选择。用玻璃或金属制成的圆筒两端有两个透红外光的窗片。在圆筒两边装有两个活塞,作为气体的进出口,如图9-7所示。为了增长有效的光路,也有多重反射的长光路气体池。

9.4.3 固体样品的制备

固体样品可以是以薄膜、粉末及结晶等状态存在,制样方法要因样品而异。

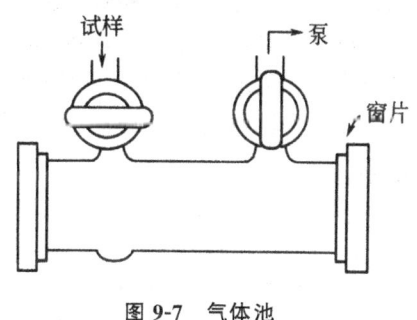

图 9-7 气体池

9.4.3.1 溶液法

溶液法是将固体样品溶解在溶剂中，然后注入液体池进行测定的方法。液体池有固定池、可拆池和其他特殊池。液体池由框架、垫片、间隔片及红外透光窗片组成。可拆池的结构如图9-8所示。

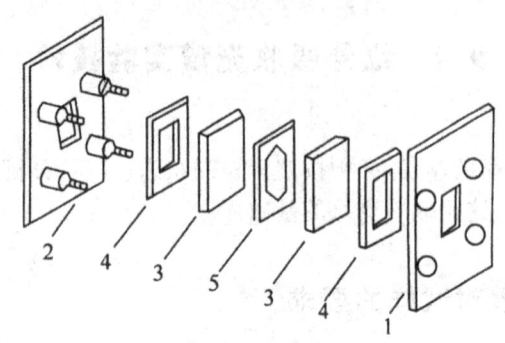

图 9-8 可拆液体池
1—前框；2—后框；3—红外透光窗片；4—橡胶垫；5—间隔片

可拆池的液层厚度可由间隔片的厚薄调节，但由于各次操作液体层厚度的重复性差，即使小心操作，误差也在5%，所以可拆池一般用于定性或半定量分析，而不用于定量分析。固定池与可拆池不同，使用时不可拆开，只用注射器注入样品或清洗池子，它可以用于定量和易挥发液体的定性工作。红外透光窗片由多种材料制成，可以自行根据透红外光的波长范围、机械强度及对试样溶液的稳定性来选择使用。

9.4.3.2 压片法

最常用的压片法是取微量试样，加100～200倍的特殊处理过的KBr或KCl在研钵中研细，使粒度小于2.5 μm，放入压片机中使样品与KBr形成透明薄片。

此法适用于可以研细的固体样品。但不稳定的化合物，如发生易分解、异构化、升华等变化的化合物则不宜使用压片法。由于KBr易吸收水分，所以制样过程要尽量避免水分的影响。

9.4.3.3 糊状法

选用与样品折射率相近，出峰少且不干扰样品吸收谱带的液体混合后研磨成糊状，散射可以大大减小。通常选用的液体有石蜡油、六氯丁二烯及氟化煤油。研磨后的糊状物夹在两个窗片之间或转移到可拆液体池窗片上作测试。这些液体在某些区有红外吸收，可根据样品适当选择使用。此法适用于可以研细的固体样品。试样调制容易，但不能用于定量分析。

9.4.3.4 薄膜法

某些材料难以用前面几种方法测试，也可以使用薄膜法。一些高分子膜常常可以直接用来测试，而更多的情况是要将样品制成膜。熔点低、对热稳定的样品可以放在窗片上用红外灯烤,使其受热成流动性液体加压成膜。不溶、难熔又难粉碎的固体可以用机械切片法成膜。

9.4.4 液体样品的制备

液体样品可注入液体吸收池内测定。吸收池的两侧是用 NaCl 或 KBr 等晶片做成的窗片。常用的液体吸收池有 3 种:厚度一定的密封固定池、其垫片可自由改变厚度的可拆池和用微调螺丝连续改变厚度的密封可变池。

液体的制备方法通常有溶液法和液膜法。

9.4.4.1 溶液法

将液体(或固体)试样溶在适当的红外用溶剂(如 CS_2、CCl_4、$CHCl_3$ 等)中,然后注入固定池中进行测定。该法适于定量分析。此外,它还适用于红外吸收很强、用液膜法不能得到满意谱图的液体试样的定性分析。在采用溶液法时,必须特别注意红外溶剂的选择,除了对试样有足够的溶解度外,要求在较大范围内无吸收。

9.4.4.2 液膜法

在可拆池两窗之间,滴上 1~2 滴液体试样,形成液膜。液膜厚度可借助于池架上的固紧螺丝作微小调节。该法适用于高沸点及不易清洗的试样进行定性分析。

9.5 几种有机化合物的红外光谱

9.5.1 烷烃类

烷烃中甲基不对称伸缩振动 $\nu_{as(CH_3)}$ 和对称伸缩振动 $\nu_{s(CH_3)}$ 分别在 2 962 cm^{-1} 和 2 872 cm^{-1} 附近产生强吸收峰;亚甲基不对称伸缩振动 $\nu_{as(CH_2)}$ 和对称伸缩 $\nu_{s(CH_2)}$ 振动分别在 2 926 cm^{-1} 和 2 853 cm^{-1} 附近产生强吸收峰。甲基不对称变形振动 $\nu_{as(CH_3)}$ 和对称变形振动 $\nu_{s(CH_3)}$ 分别在 1 460 cm^{-1} 和 1 380 cm^{-1} 附近产生吸收峰;亚甲基的面内变形振动(剪式振动)δ_{CH_2} 在 1 460 cm^{-1} 附近产生吸收峰;当有 4 个以上亚甲基相连—$(CH_2)_n$—($n \geqslant 4$)时,其水平摇摆振动 γ_{CH_2} 在 720 cm^{-1} 附近产生吸收峰。

异构烷烃可以从甲基对称变形振动 1 380 cm^{-1} 附近的吸收峰裂分峰的相对强度比来推断,如果裂分峰强度相等,则为异丙基,如果强度比为 5∶4,则为偕二甲基,如果强度比为 1∶2,则为叔丁基。但有时异丙基和偕二甲基的裂分峰强度比不好区分,可参见骨架振动 ν_{C-C} 或用核磁共振波谱及质谱等方法证实。

烷烃的骨架振动 ν_{C-C} 出现在 1 200~1 000 cm^{-1},但由于振动的偶合作用且强度较弱,这些吸收带的位置随分子结构而变化,在结构鉴定上意义不大。

如图 9-9 所示是正庚烷的红外光谱图。

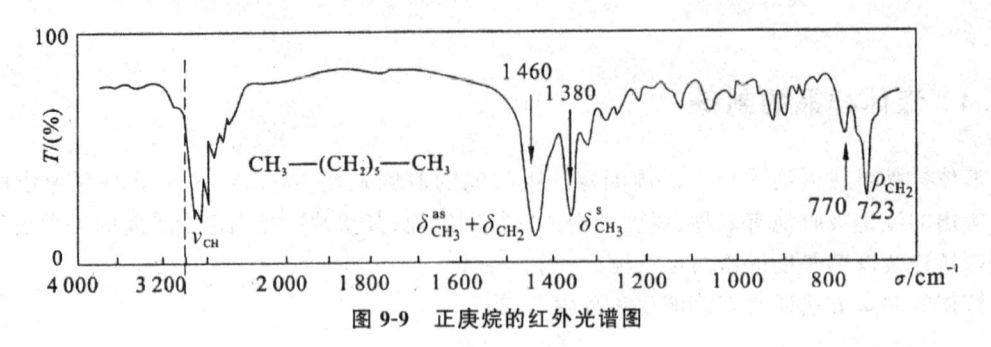

图 9-9 正庚烷的红外光谱图

9.5.2 烯烃与炔烃类

烯烃的主要特征峰有 $\nu_{=CH}$、$\nu_{C=C}$ 及 $\gamma_{=CH}$，如图 9-10 所示。

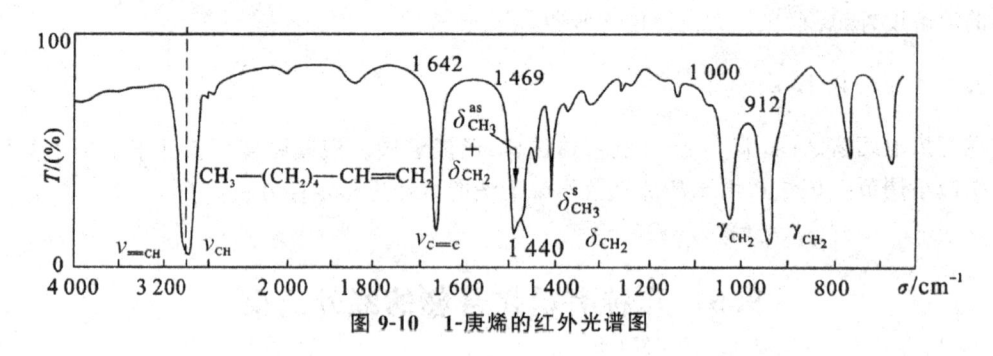

图 9-10 1-庚烯的红外光谱图

① 凡是未全部取代的双键在 3 100～3 000 cm^{-1} 处应有 =C—H 键的伸缩振动吸收峰 $\nu_{=CH}$(m)。

② $\nu_{C=C}$ 大多在 1 650 cm^{-1} 附近，一般强度较弱。如果有共轭效应，则其 C=C 伸缩振动频率降低 30～10 cm^{-1}。如果取代基完全对称，则吸收峰消失。

③ $\gamma_{=CH}$ 在 1 010～650 cm^{-1}，受其他基团影响较小，峰较强，具有高度特征性，可用于确定烯烃化合物的取代模式，如 RCH=CH$_2$ 型在 (990±5) cm(s) 和 (910±5) cm(s)，顺式在 (730～650) cm^{-1}(m)，反式在 (970±10) cm^{-1}(s)。

炔烃的主要特征峰有 $\nu_{≡CH}$、$\nu_{C≡C}$ 及 $\gamma_{≡CH}$，如图 9-11 所示是 1-己炔的红外光谱图。

① $\nu_{≡CH}$ 在 330 cm^{-1} 附近，强度大，形状尖锐，但如果结构中有 —OH 或 —NH，则 $\nu_{≡CH}$ 会受干扰。

② $\nu_{C≡C}$ 在 2 270～2 100 cm^{-1} 区间，在单取代乙炔 (R—C≡C—H) 中，吸收峰较强，吸收频率偏低 (2 140～2 100 cm^{-1})；在双取代乙炔中，吸收带变弱，振动频率升高至 2 260～2 190 cm^{-1}；在对称结构中，不产生吸收峰。

③ $\gamma_{≡CH}$ 在 665～625 cm^{-1} 区间，偶尔在 1 250 cm^{-1} 附近出现二倍峰 (b)。

图 9-11 1-己炔的红外光谱图

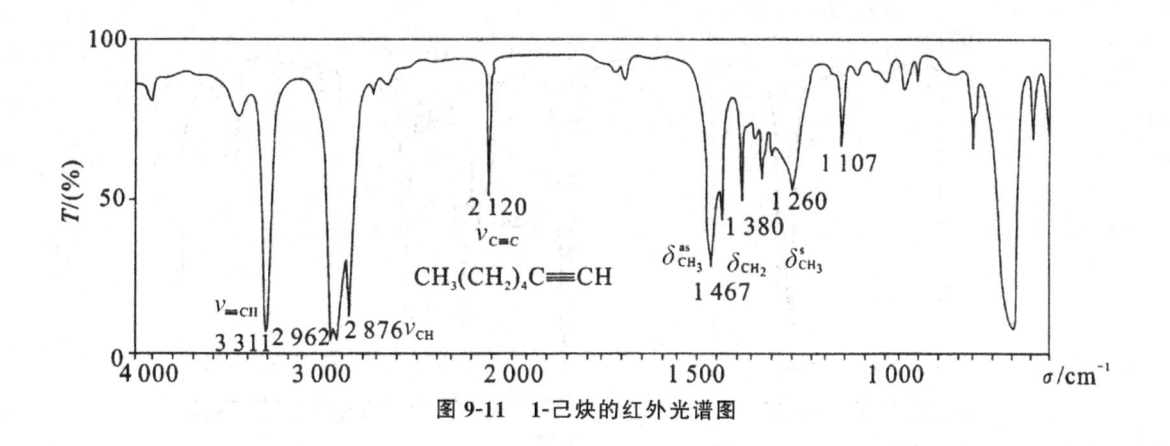

9.5.3 醛类

确认醛基的存在,除了 $\nu_{C=O}$ 在 1 725 cm^{-1} 附近产生特征吸收峰,还可以由醛基中的 C—H 伸缩振动和 C—H 变形振动倍频的偶合峰来加以证明。通常在 2 820 cm^{-1} 和 2 720 cm^{-1} 附近有弱的双峰,通常 C—H 伸缩振动都比此频率值高,所以醛基中的 C—H 伸缩振动在此范围的吸收峰较特征。如图 9-12 所示是异戊醛的红外光谱图。

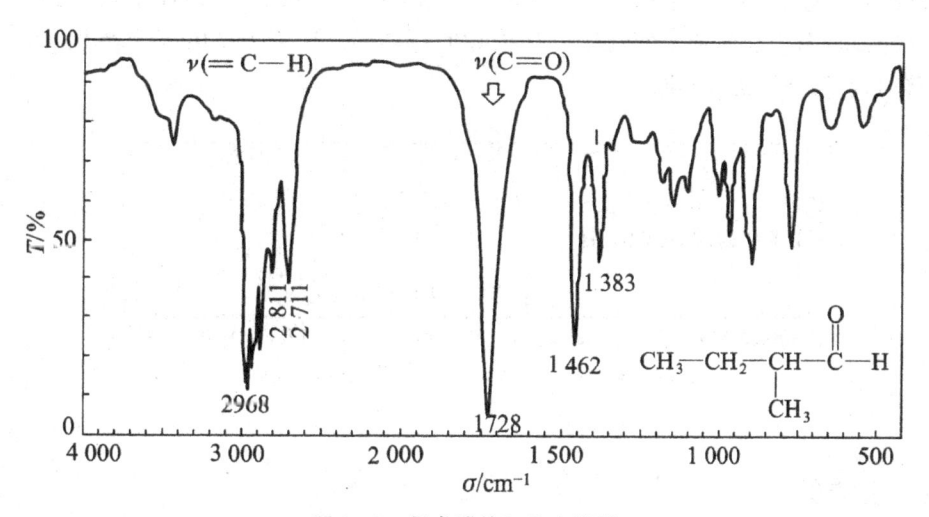

图 9-12 异戊醛的红外光谱图

9.5.4 酮类

酮的红外光谱只有一个特征吸收峰,即酮羰基 $\nu_{C=O}$ 位于 1 713~1 710 cm^{-1} 附近。羰基如果与烯烃 C=C 共轭,羰基 $\nu_{C=O}$ 将移向低频 1 680~1 660 cm^{-1} 附近。如图 9-13 所示是戊酮-2 的红外光谱图。

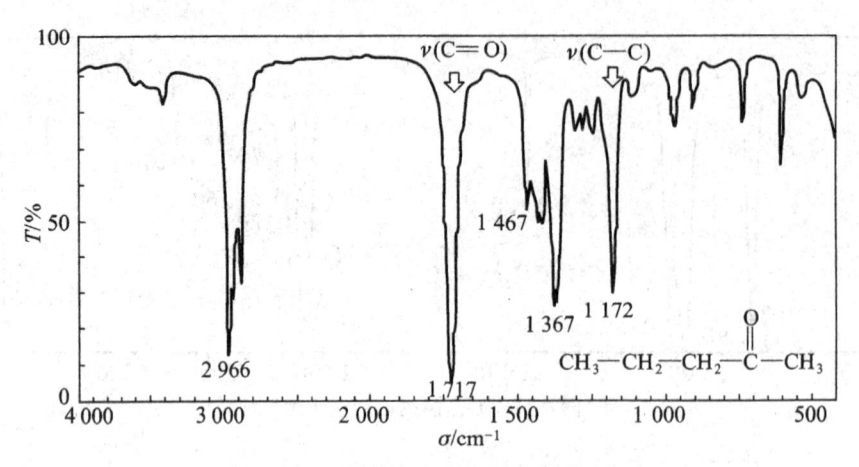

图 9-13 戊酮-2 的红外光谱图

9.5.5 酯类

酯的主要特征峰有 $\nu_{C=O}$ 及 ν_{C-O}。$\nu_{C=O}$ 在 1735 cm^{-1}(s)附近,α,β-不饱和酸酯或苯甲酸酯的共轭效应使向 $\nu_{C=O}$ 低频方向移动,不饱和酯或苯酯 n-π 共轭,使共轭分散,以诱导为主,使 $\nu_{C=O}$ 向高频方向移动。ν_{C-O} 在 1 300~1 050 cm^{-1},有 2~3 个吸收峰,对应于 ν_{C-O-C}^{as} 和 ν_{C-O-C}^{s},均为强吸收峰(图 9-14),通常两峰波数差在 130~170 cm^{-1}。不饱和酯或苯酯的 ν_{C-O-C}^{s} 向高频方向移动,使两峰靠近,$\Delta\sigma$ 减小。

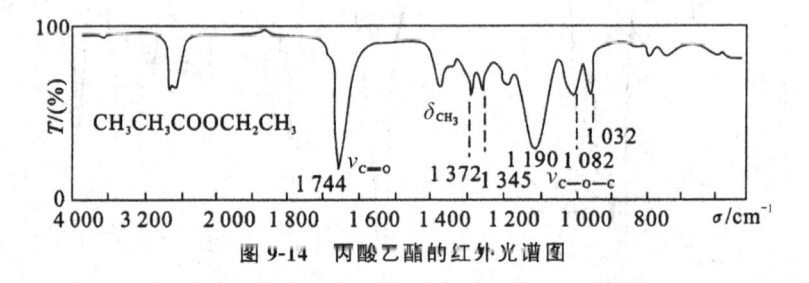

图 9-14 丙酸乙酯的红外光谱图

9.5.6 羧酸类

羧酸的主要特征峰有 ν_{OH}、$\nu_{C=O}$ 及 ν_{C-O}。ν_{OH} 在 3 600~2 500 cm^{-1},在气态和非极性稀溶液中,以游离方式存在,其吸收峰为 3 560~3 500 cm^{-1}(s),峰形尖锐;液态或固态的脂肪酸由于氢键缔合,使羟基伸缩峰变宽,通常呈现以 3 000 cm^{-1} 为中心特征的强宽吸收峰(图 9-15),饱和 C—H 伸缩振动吸收峰常被它淹没,芳香酸则常为不规则的宽强多重峰;$\nu_{C=O}$ 在 1 740~1 680 cm^{-1},比酮、醛、酯的羰基峰钝,是较明显的特征;ν_{OH} 峰较强,出现在 1 320~1 200 cm^{-1} 区间。

图 9-15 正丁酸红外光谱图

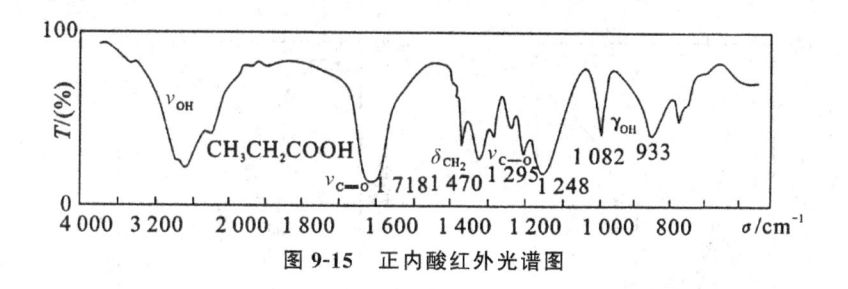

9.5.7 胺类

胺的主要特征峰为 ν_{N-H}（3 500～3 300 cm^{-1}）和 β_{NH}、ν_{C-N}（1 340～1 020 cm^{-1}）及 γ_{N-H}（900～650 cm^{-1}）峰。胺类化合物在 1 700 cm^{-1} 附近无羰基峰。

对于 ν_{NH}，伯胺（—NH$_2$）为双峰（强度大致相等），仲胺（—NRH）为单峰，叔胺（—NR$_2$）无此峰。如图 9-16 所示。脂肪胺的吸收峰在 ν_{C-N} 1 235～1 065 cm^{-1} 区域，峰较弱，不易辨别。芳香胺的 ν_{C-N} 吸收峰在 1 360～1 250 cm^{-1} 区域，其强度比脂肪胺大，较易辨别。

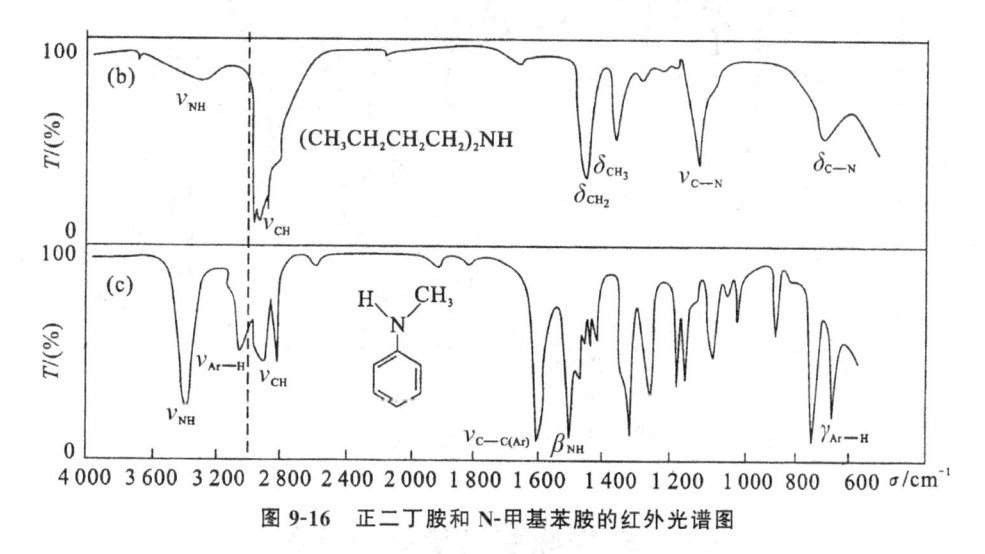

图 9-16 正二丁胺和 N-甲基苯胺的红外光谱图

游离或缔合的 N—H 伸缩振动的峰都比相应氢键缔合的 O—H 伸缩振动峰弱而尖锐。O—H 和 N—H 伸缩振动吸收峰的比较如图 9-17 所示。

9.5.8 硝基类

脂肪族硝基化合物 ν_{-NO_2} 不对称伸缩振动和对称伸缩振动分别在 1 550 cm^{-1} 和 1 370 cm^{-1} 附近产生两个强峰，对硝基烷烃而言此谱带很稳定，但不对称伸缩振动谱带更强。芳香族硝基化合物 ν_{-NO_2} 不对称伸缩振动和对称伸缩振动分别在 1 540 cm^{-1} 和 1 350 cm^{-1} 附近产生两个强峰，但两者的强度与脂肪族相反，是对称伸缩振动强度更强。图 9-18 所示是硝基化合物的红外光谱图。

图 9-17 ν_{O-H} 和 ν_{N-H} 吸收峰比较

(a) ν_{O-H}；(b) ν_{N-H}

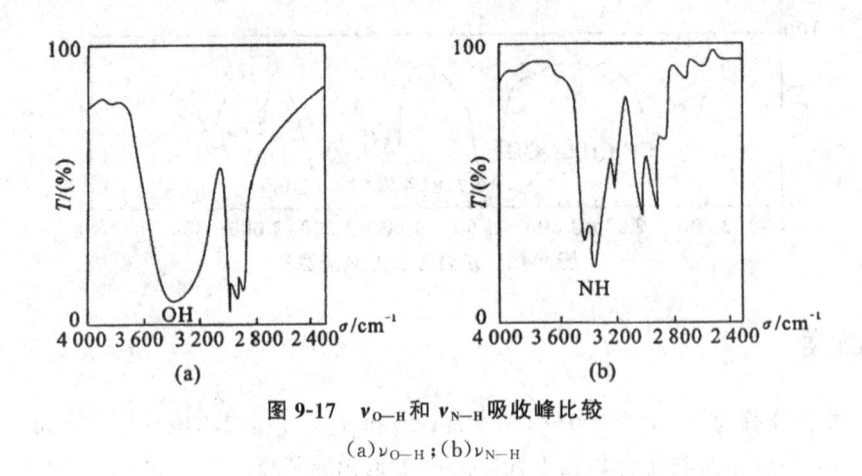

图 9-18 硝基苯的红外光谱图

9.6 红外吸收光谱法的应用

9.6.1 定性分析

9.6.1.1 已知物的鉴定

对于结构简单的化合物可将试样的谱图与标准的谱图进行对照,或者与文献上的谱图进行对照。若两张谱图各吸收峰的位置和形状完全相同,峰的相对强度一样,则可认为样品与该种标准物为同一化合物。若两张谱图不一样,或峰位不一致,则说明两者不是同一种化合物,或样品中可能含有杂质。

在操作过程中需要注意的是,试样与标准物要在相同的条件下完成测定,如处理方式、测定所用的仪器试剂以及测定的条件等。若测定的条件不同,测定结果也可能会大打折扣。若采用计算机谱图检索,则采用相似度来判别。使用文献上的谱图时应当注意试样的物态、结晶状态、溶剂、测定条件以及所用仪器类型均应与标准谱图相同。

9.6.1.2　未知物的结构鉴定

测定未知物的结构,是红外光谱法定性分析的一个重要用途。在对光谱图进行解析之前,应收集样品的有关资料和数据。诸如了解试样的来源,以估计其可能是哪类化合物;测定试样的物理常数,如熔点、沸点、溶解度、折射率、旋光率等,作为定性分析的旁证;根据元素分析及摩尔质量的测定,求出化学式并计算化合物的不饱和度,以判断分子中有无双键、三键及芳香环。

不饱和度是指有机分子中碳原子的饱和程度,它的经验公式为

$$u = 1 + n_4 + (n_3 - n_1)/2$$

式中,u 为不饱和度;n_1、n_3、n_4 分别表示分子中所含的一价、三价和四价元素原子的数目。

当计算得到 $u=0$ 时表明该分子是饱和的,为链状烃及其不含双键的衍生物;$u=1$ 表明该分子可能具有双键或饱和环状结构;$u=2$ 表明该分子可能有两个双键或脂环,也可能有一个三键;$u=4$ 时,可能含有苯环或一个环加三个双键;当 $u>4$ 时,表明该分子式中含有多种不饱和键。若分子式中含有高于四价的杂原子,则此经验公式不再适用。

9.6.1.3　红外吸收光谱图的解析

光谱解析前应尽可能排除"假峰",即克里式丁生效应、干涉条纹、外界气体、光学切换等因素和"鬼峰"(H_2O、CO_2、溴化钾中的杂质盐 KNO_3、K_2SO_4、残留 CCl_4、容器的萃取物等)的干扰。注意试样的晶型,并排除无机离子吸收峰的干扰。还要注意试样的晶型,并排除无机离子吸收峰的干扰。

红外吸收光谱图的解析应按照由简单到复杂的顺序。通常会采用四先四后的原则:先官能团区后指纹区;先强峰后弱峰;先否定后肯定;先粗查再细找。图谱解析一般先从基团频率区的最强谱带入手,推测未知物可能含有的基团,判断不可能含有的基团。再从指纹区的谱带来进一步验证,找出可能含有基团的相关峰,用一组相关峰来确认一个基团的存在。对于简单化合物,确认几个基团之后,便可初步确定分子结构,然后查对标准谱图核实。

9.6.2　定量分析

气体、液体和固体样品都可用红外吸收光谱法进行定量分析,红外吸收光谱法定量分析是依据朗伯-比尔定律,通过对特征吸收谱带强度的测量来求出组分含量。与紫外吸光度的测量相比,红外吸光度测量的偏差较大,这是由于其更易发生对比尔定律偏离的缘故。因为红外吸收的谱带较窄,而红外检测器的灵敏度较低,测量时需增大狭缝,结果使测量的单色性变差,因此测量吸光度时就会发生对吸收定律的偏离。另一个原因是由于红外吸收光谱测量中一般不使用参比试样,因此无法抵消参比池窗面上的反射、溶剂的吸收和散射,以及样品池窗的吸收和散射所造成的光强度的损失。

在红外吸收光谱定量测定中,通常应在谱图中选取待测组分强度较大、干扰较小的吸收峰作为测定的对象,然后用基线法来求其吸光度,它的原理如图9-19所示。

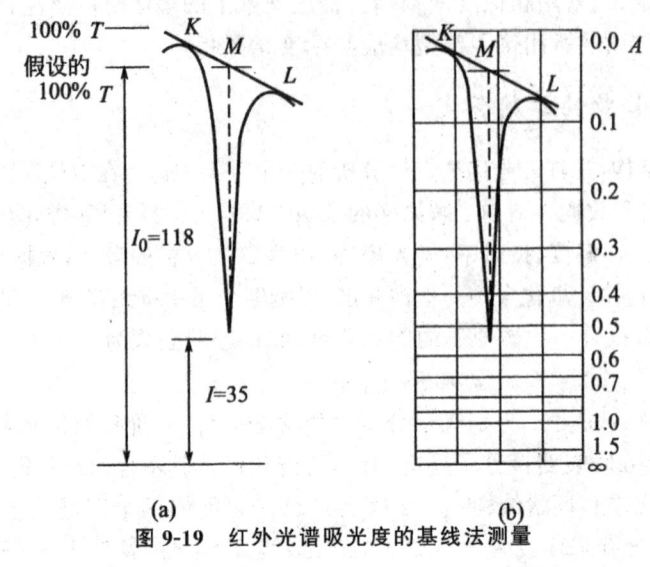

图9-19 红外光谱吸光度的基线法测量

(a) $A = \lg \dfrac{I_0}{I} = \lg(118/35) = 0.530$;(b) $A = 0.560 - 0.030 = 0.530$

测量时,不用参比,并假定溶剂在试样吸收峰两肩部的吸光度是保持不变的。在透光度线性坐标的图谱上选择一个适当的被测物质的吸收谱带。在这个谱带的波长范围内,溶剂及试样中其他组分应该没有吸收谱带与其重叠,也就是背景吸收是常数或呈线性变化。画一条与吸收谱带两肩相切的线 KL 作为基线,峰值波长处的垂线与这一基线相交于 M 点。

令 M 点处的透光度值为 I_0,峰值处的透光度值为 I,则这一波长处的吸光度为

$$A = \lg \frac{I_0}{I}$$

定量分析方法可以采用标准曲线法、差示法、比例法、解联立方程法等。

(1)标准曲线法

在固定液层厚度及入射光的波长和强度的情况下,测定一系列不同浓度标准溶液的吸光度,以对应分析谱带的吸光度为纵坐标,标准溶液浓度为横坐标作图,得到一条通过原点的直线,该直线为标准曲线。在相同条件下测得试液的吸光度,从标准曲线上可查得试液的浓度。

(2)差示法

该法可用于测量样品中的微量杂质,例如,有两组分 A 和 B 的混合物,微量组分 A 的谱带被主要组分 B 的谱带严重干扰或完全掩蔽,可用差示法来测量微量组分 A。很多红外光谱仪中都配有能进行差谱的计算机软件功能,对差谱前的光谱采用累加平均处理技术,对计算机差谱后所得的差谱图采用平滑处理和纵坐标扩展,可以得到十分优良的差谱图。

(3)比例法

标准曲线法的样品和标准溶液都使用相同厚度的液体吸收池,且其厚度可准确测定。当其厚度不定或不易准确测定时,可采用比例法。它的优点在于不必考虑样品厚度对测量的影

响,这在高分子物质的定量分析上应用较普遍。

比例法主要用于分析二元混合物中两个组分的相对含量。对于二元体系,若两组分定量谱带不重叠,则

$$R = \frac{A_1}{A_2} = \frac{a_1 b c_1}{a_2 b c_2} = \frac{a_1 c_1}{a_2 c_2} = K \frac{c_1}{c_2}$$

因 $c_1 + c_2 = 1$,故

$$c_1 = \frac{R}{K+R}, c_2 = \frac{K}{K+R}$$

式中,$K = a_1/a_2$,是两组分在各自分析波数处的吸收系数之比,可由标准样品测得;R 是被测样品二组分定量谱带峰值吸光度的比值,由此可计算出两组分的相对含量 c_1 和 c_2。

(4) 解联立方程法

在处理二元或三元混合体系时,由于吸收谱带之间相互重叠,特别是在使用极性溶剂时所产生的溶剂效应,使选择孤立的吸收谱带有困难,此时可采用解联立方程的方法求出各个组分的浓度。

第 10 章　核磁共振波谱法

10.1　核磁共振波谱法的原理

核磁共振波谱法(Nuclear Magnetic Resonance Spectroscopy,NMR)属于吸收光谱分析法,与紫外-可见吸收光谱和红外吸收光谱等分析法的不同之处在于待测物必须置于强磁场中,研究其具有磁性的原子核对射频辐射(4～600 MHz)的吸收。

10.1.1　原子核的自旋与磁性

核磁共振主要是由原子核的自旋运动引起的。原子核是带正电荷的粒子,某些原子核具有自旋现象。不同的原子核,自旋运动的情况不同,它们可以用核的自旋量子数 I 来表示,($I=\frac{1}{2}n, n=0,1,2,3,\cdots$)。按自旋量子数 I 的不同,可以将核分为以下 3 类。

① 核电荷数和核质量数均为偶数的原子核,如 ^{12}C、^{16}O、^{28}S 等,自旋量子数 $I=0$,这类原子核没有自旋现象,也没有磁性,这类核不能用核磁共振波谱法检测。

② 核电荷数为奇数或偶数,核质量数为奇数,自旋量子数 I 为半整数,如 ^{1}H、^{13}C、^{15}N、^{19}F、^{31}P 的 $I=\frac{1}{2}$,^{11}B、^{33}S、^{35}Cl、^{37}Cl、^{79}Br、^{81}Br、^{39}K、^{63}Cu、^{65}Cu 的 $I=\frac{3}{2}$,^{17}O、^{25}Mg、^{55}Mn、^{27}Al、^{67}Zn 的 $I=\frac{5}{2}$,这类原子核有自旋现象,可以看作是电荷均匀分布的旋转球体。这类核具有自旋现象。

③ 核电荷数为奇数,核质量数为偶数,自旋量子数 I 为整数,如 ^{2}H、^{6}Li、^{14}N 等的 $I=1$,^{10}B 等的 $I=3$,这类原子核也有自旋现象。

由此可见,自旋量子数 $I\neq 0$ 的原子核都具有自旋现象,其自旋角动量(P)与自旋量子数(I)的关系如下:

$$P=\sqrt{I(I+1)}\,\frac{h}{2\pi}$$

式中,h 是普朗克常数,6.626×10^{-34} J·s。

这些具有自旋角动量的原子核的磁矩 μ 为

$$\mu = rP$$

式中,r 为磁旋比;P 为原子核的特征常数。

自旋量子数 $I=\frac{1}{2}$ 的原子核在自旋过程中核外电子云呈均匀的球形分布,核磁共振谱线较窄,适宜于核磁共振检测,是核磁共振的主要研究对象。$I>\frac{1}{2}$ 的原子核,自旋过程中电荷和核表面非均匀分布,核磁共振的信号复杂。

构成有机化合物的基本元素 ^1H、^{13}C、^{15}N、^{19}F、^{31}P 等都有核磁共振现象,且自旋量子数均为 $\frac{1}{2}$,核磁共振信号相对简单,因此可用于有机化合物的结构测定。

10.1.2 核在外磁场中的自旋取向

根据量子力学理论,$I \neq 0$ 的磁性核在恒定的外磁场 B_0 中,会发生自旋能级的分裂,即产生不同的自旋取向。自旋取向是量子化的,共有 $(2I+1)$ 种取向,每一种自旋取向代表了原子核的某一特定的自旋能量状态,可用磁量子数 m 来表示。$m=\frac{1}{2},-\frac{1}{2},\cdots,(-I+1),-I$。例如,$^1H$ 核的 $I=-\frac{1}{2}$,只能有两种自旋取向,即 $m=+\frac{1}{2},-\frac{1}{2}$,这说明在外磁的作用下,$^1H$ 核的自旋能级一分为二。^{14}N 核的 $I=1$,在外磁场中有 3 种自旋取向,即 $m=+1$、0、-1。如图 10-1 所示。

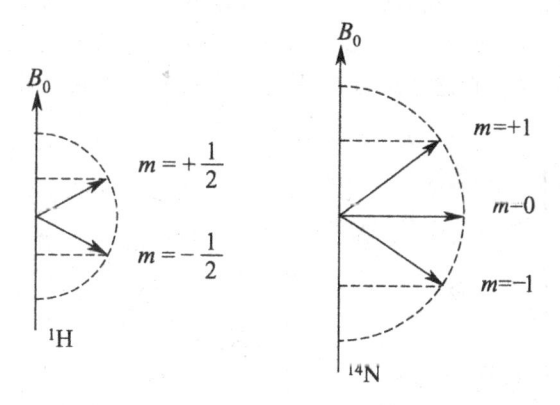

图 10-1 核在外磁场中的自旋取向

^1H 核的每种自旋状态(自旋取向)都具有特定的能量,当自旋取向与外磁场 B_0 一致时 $\left(m=\frac{1}{2}\right)$,$^1H$ 核处于低能态,$E_1=-\mu B_0$(μ 是 ^1H 核的磁矩),当自旋取向与外磁场相反时 $\left(m=-\frac{1}{2}\right)$,则 ^1H 核处于高能态,$E_2=+\mu B_0$,通常处于低能态(E_1)的核比高能态(E_2)核多,因为处于低能态的核较稳定。两种取向间的能级差用 ΔE 表示,即

$$\Delta E = E_2 - E_1 = \mu B_0 - (-\mu B_0) = 2\mu B_0$$

此式表明,核自旋能级在外磁场 B_0 中分裂后的能级差,随 B_0 强度的增大而增大,发生跃

迁时所需要的能量也相应增大,如图 10-2 所示。

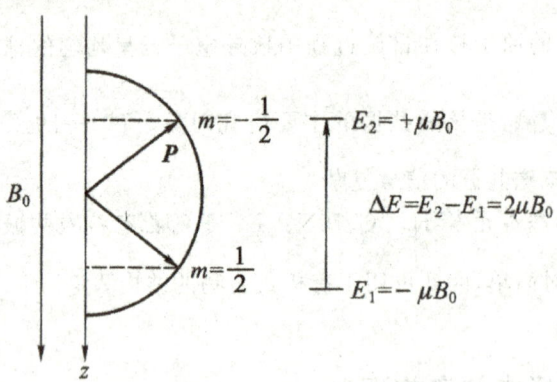

图 10-2 静磁场(B_0)中 ^{1}H 核磁矩的取向和能级

同理,对于 $I=\dfrac{1}{2}$ 的不同的原子核,因为它们的磁矩(μ)不同,即使在同一外磁场强度下,发生跃迁时所需的能量也是不同的,例如,在一磁场 B_0 中,$^{13}_{6}$C 核与 ^{1}H 核由于磁矩不同,因此发生跃迁时 ΔE 就不一样。所以原子核发生跃迁时所需的能量既与外磁场 B_0 有关,又与核本身的性质 μ 有关。

由于 ^{1}H 核的自旋轴与外加磁场 B_0 的方向成一定的角度,$\theta=54°24'$,因此外磁场就要使它取向于外磁场的方向,实际上夹角 θ 并不减小,自旋核由于受到这种力矩作用后,它的自旋轴就会产生旋进运动即拉莫尔进动,而旋进运动轴与 B_0 一致,如图 10-3 所示,这种现象在日常生活中也能看到,如陀螺的旋转,当陀螺的旋转轴与其重力作用方向不平行时,陀螺就产生摇头运动,即本身既自旋又有旋进运动,这与质子在外磁场中的运动相仿。

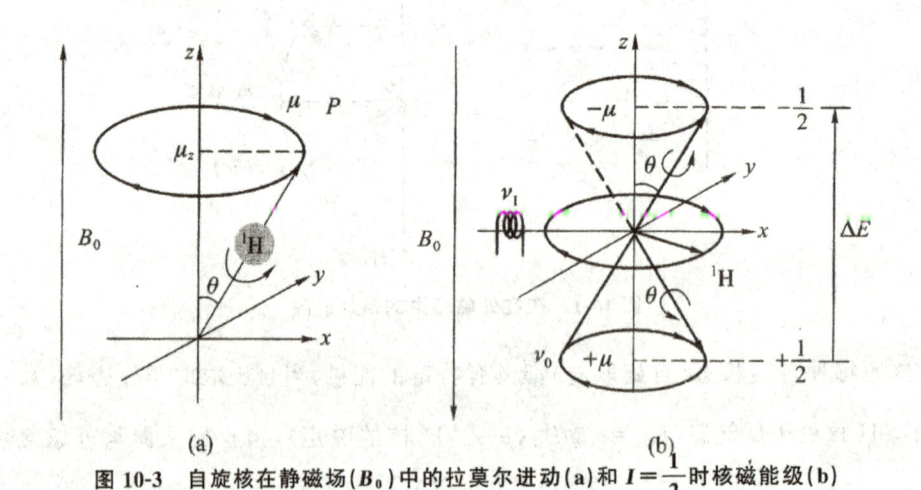

图 10-3 自旋核在静磁场(B_0)中的拉莫尔进动(a)和 $I=\dfrac{1}{2}$ 时核磁能级(b)

拉莫尔进动的频率:

$$\nu_0 = \dfrac{1}{2\pi}\gamma B_0$$

式中，γ 为旋磁比，$\gamma = \dfrac{\mu}{P}$。对相同的核，γ 是常数，γ 代表核本身的一种属性，不同的原子核就有不同的旋磁比，例如，$\gamma_H = 2.68 \times 10^8$ rad/(T·s)，$\gamma_C = 0.67 \times 10^8$ rad/(T·s)。一般把磁矩在 z 轴上的最大分量叫作原子核的磁矩，即

$$\mu = \frac{1}{2\pi}\gamma I$$

可见，频率 ν_0 与磁感应强度 B_0 成正比，即磁感应强度 B_0 越大，拉莫尔进动频率（ν_0）越大，且 γ 越大 ν_0 也越大。

10.1.3 核磁共振

若将 ^{1}H 或 ^{13}C 等磁性核置于外磁场 B_0 中，则其自旋能级将裂分低能级自旋状态和高能级自旋状态。若在与外磁场 B_0 垂直的方向上施加一个频率为 ν 的交变射频场 B_1，当 ν 的能量（$h\nu$）与二自旋能级能量差（ΔE）相等时，自旋核就会吸收交变场的能量，由低能级的自旋状态跃迁至高能级的自旋状态，产生所谓核自旋的倒转。这种现象叫作核磁共振，如图 10-4 所示。也就是说，欲实现核磁共振必须满足条件 $h\nu = \Delta E = \dfrac{\gamma h B_0}{2\pi}$。因此，实现核磁共振的条件为

$$\nu = \frac{\gamma B_0}{2\pi}$$

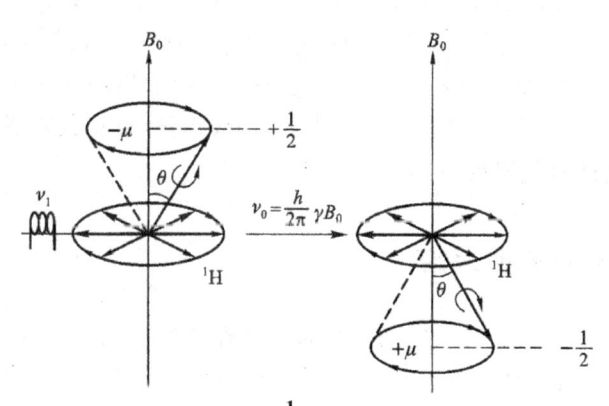

图 10-4 $I = \dfrac{1}{2}$ 时核磁共振现象

对于同一种核来说，磁旋比 γ 为一常数，当 B_0 增大时，其共振频率 ν 也相应增加。例如，当 $B_0 = 1.4$ T 时，^{1}H 的共振频率 $\nu = 60$ MHz；当 $B_0 = 2.3$ T 时，^{1}H 的共振频率 $\nu = 100$ MHz。

由于不同核的 γ 不同，因此，对于不同的核，当 B_0 相同时，它们的共振频率也不相同。

10.1.4 弛豫过程

$I = \dfrac{1}{2}$ 的原子核，如 ^{1}H 与 ^{13}C 核，在外磁场 B_0 的作用下，其自旋能级裂分为二，室温时处

于低能态的核数比处于高能态的核数只多十万分之二左右,即低能态的核仅占微弱多数。因此当用适当频率的射频照射时,便能测得从低能态向高能态跃迁所产生的核磁共振信号。但是,若随着共振吸收的产生,高能态的核数逐渐增多,直到跃迁至高能态和以辐射方式跌落至低能态的概率相等时,就不再能观察到核磁共振现象,这种状态叫作饱和。要想维持核磁共振吸收而不至于饱和,就必须让高能态的核以非辐射方式释放出能量重新回到低能态,这一过程叫作弛豫过程。弛豫过程包括自旋-晶格弛豫和自旋-自旋弛豫。

10.1.4.1 自旋-晶格弛豫

自旋-晶格弛豫又叫纵向弛豫,它是高能态的核与液体中的溶剂分子、固体晶格等周围环境进行能量交换的过程,其实质是高能态的核将能量转移给周围分子,使周围分子产生热运动,同时自己回到低能态,结果使高能态的核数减少,低能态的核数增加。这种纵向弛豫过程所经历的时间用 T_1 表示,它与核的种类、样品状态、环境温度等有关。T_1 越小,纵向弛豫过程的效率越高。一般液体样品的 T_1 较小,为 $10^{-4}\sim 10^2$ s,固体样品的 T_1 较长,可达几小时甚至更长。

10.1.4.2 自旋-自旋弛豫

自旋-自旋弛豫又叫横向弛豫,它是自旋核之间的能量交换过程。在此过程中,高能态的自旋核将能量传递给相邻的自旋核,二者能态转换,但体系中各种能态核的总数目不变,总能量不变。横向弛豫时间用 T_2 表示,液体样品的 T_2 约为 1 s,固体或高分子样品的 T_2 较小。

弛豫时间 T_1、T_2 中的较小者,决定了自旋核在某一高能态停留的平均时间。通常吸收谱线宽度与弛豫时间成反比,而谱线太宽,于分析不利。选择适当的共振条件,可以得到满足要求的共振吸收谱线。例如,固体样品的 T_2 很小,故谱线很宽,可将其制成溶液测定;黏度大的液体 T_2 较小,需适当稀释后测定等。

10.1.5 核磁共振的宏观理论

以上讨论了单个原子核(如 ^{1}H 核)的磁性质及其在磁场中的运动规律。实际上试样总是包含了大量的原子核,因此,核磁共振研究的是大量原子核的磁性质及其在磁场中的运动规律。布洛赫提出了"原子核磁化强度矢量(M)"的概念来描述原子核系统的宏观特性。

磁化强度矢量的物理意义可以这样来理解,一群原子核处于外磁场 B_0 中,磁场对磁矩发生了定向作用即每一个核磁矩都要围绕磁场方向进行拉莫尔进动,那么单位体积试样分子内各个核磁矩的矢量和称为磁化强度矢量,用 M 表示。磁化强度矢量 M 就是描述一群原子核被磁化程度的量。

核磁矩的进动频率与外磁场 B_0 有关,但外磁场 B_0 并不能确定每一个核磁矩的进动相位。对一群原子核而言,每一个核磁矩的进动相位是杂乱无章的,但根据统计规律原子核系统相位分布的磁矩的矢量和是均匀的。对自旋量子数 I 为 $\frac{1}{2}$ 的 ^{1}H 核来说(图 10-5),外磁场 B_0 是沿 z 轴方向的,又是磁化强度矢量 M 的方向。处于低能态的原子核其进动轴与 B_0 同向,

核磁矩矢量和是 M_+；而处于高能态的原子核其进动轴与 B_0 反向,核磁矩矢量和是 M_-。由于原子核在两个能级上的分布服从玻耳兹曼分布,总是处于低能级上的核多于处于高能级上的核数,所以 $M_+ > M_-$。磁化强度矢量 M 等于这两个矢量之和,即 $M = M_+ + M_-$。

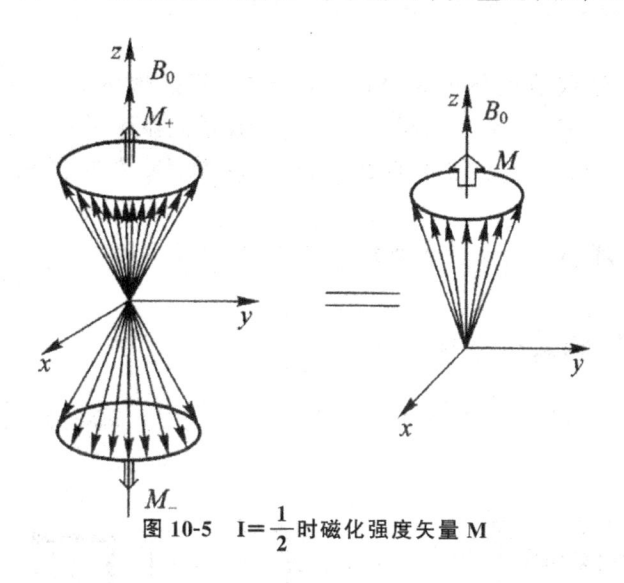

图 10-5 $I = \frac{1}{2}$ 时磁化强度矢量 M

处于外磁场 B_0 中的原子核系统,磁化强度处于平衡状态时,其纵向分量 $M_z = M_0$,横向分量 $M_\perp = 0$。当受到射频场 H_1 的作用时,处于低能态的原子核就会吸收能量发生核磁共振跃迁,即核的磁化强度矢量就会偏离平衡位置,这时磁化强度矢量的纵向分量 $M_z \neq M_0$,横向分量 $M_\perp \neq 0$。当射频场 H_1 作用停止时,系统自动地向平衡状态恢复。一群原子核从不平衡状态向平衡状态恢复的过程即为弛豫过程,如图 10-6 所示。

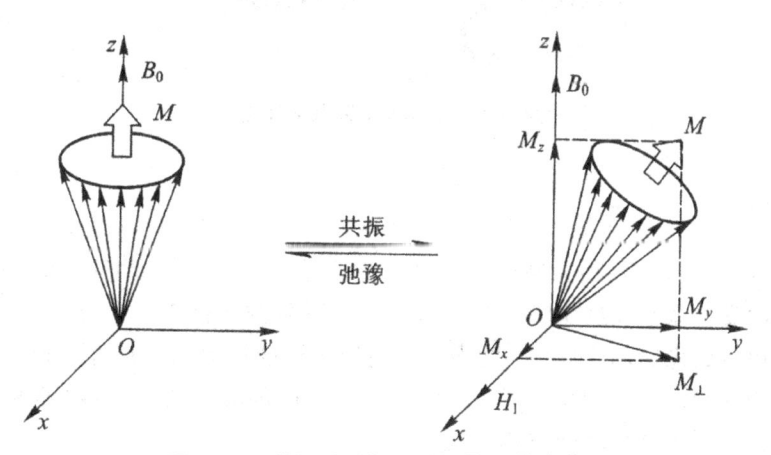

图 10-6 共振时磁化强度矢量 M 的变化

在实验中观察到的核磁共振的信号,实际上是磁化强度矢量 M 的横向分量($M_\perp$)的两个分量 $M_x = u$（色散信号）和 $M_y = v$（吸收信号）。

10.2 核磁共振波谱仪

常规核磁共振波谱仪器配备永久磁铁和电磁铁,不同规格的仪器磁感应强度分别为 1.41 T、1.87 T、2.10 T 和 2.35 T,其相应于 ^{1}H NMR 谱共振频率分别为 60 MHz、80 MHz、90 MHz 和 100MHz。配备超导磁体的波谱仪的 ^{1}H NMR 谱共振频率可以达到 200～800 MHz。

按照仪器工作原理,又可分为连续波和脉冲傅里叶变换两类。

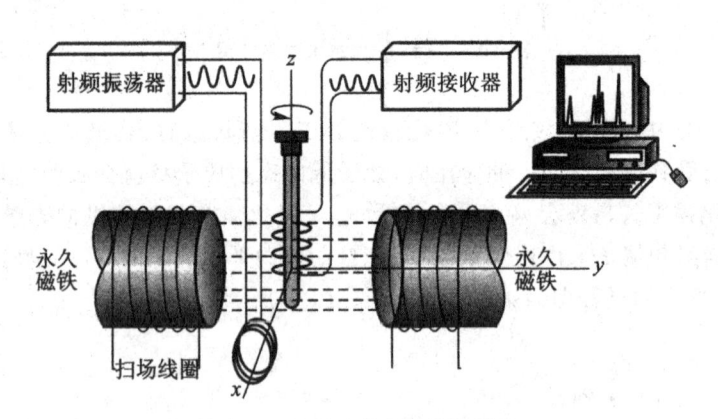

10.2.1 连续波核磁共振波谱仪

连续波核磁共振波谱仪主要由磁铁、射频振荡器(发射器)、射频接收器、探头、扫描单元等组成,如图 10-7 所示。

图 10-7 连续波核磁共振波谱仪

(1)磁铁

用磁铁产生一个外加磁场。磁铁可分为永久磁铁、电磁铁和超导磁铁 3 种。永久磁铁的磁感应强度最高为 2.35 T,用它制作的波谱仪最高频率只能为 100 MHz,永久磁铁场强稳定,耗电少,但温度变化敏感,需长时间才达到稳定。电磁铁的磁感应强度最高为 2.35 T,对温度不敏感,能很快达到稳定,但功耗大,需冷却。超导磁铁的最大优点是可达到很高的磁感应强度,可以制作 200 MHz 以上的波谱仪。已有 900 MHz 的波谱仪,但由超导磁铁制成的波谱仪,运行需消耗液氮和液氦,维护费用较高。

(2)射频发射器

射频发射器用于产生射频辐射,此射频的频率与外磁场磁感应强度相匹配。例如,对于测 ^{1}H 的波谱仪,超导磁铁产生 7.046 3 T 的磁感应强度,则所用的射频发射器产生 300 MHz 的射频辐射,因此射频发生器的作用相当于紫外-可见或者红外吸收光谱仪中的光源。

(3) 射频接收器

产生 NMR 时,射频接收器通过接收线圈接收到的射频辐射信号,经放大后记录下 NMR 信号,射频接收器相当于紫外-可见或红外吸收光谱仪中的检测器。

(4) 探头

探头主要由样品管座、射频发射线圈、射频接收线圈组成。发射线圈和接受线圈分别与射频发射器和射频接收器相连,并使发射线圈轴、接受线圈轴与磁场方向三者互相垂直。样品管座用于盛放样品。

(5) 扫描单元

核磁共振波谱仪的扫描方式有两种,一种是保持频率恒定,线形地改变磁场的磁感应强度,称为扫场;另一种是保持磁场的磁感应强度恒定,线形地改变频率,称为扫频。但大部分用扫场方式。让图 10-7 的扫描线圈通直流电,可产生一附加磁场,连续改变电流大小,即连续改变磁场强度,就可进行扫场。

10.2.2 脉冲傅里叶变换核磁共振波谱仪

仪器结构与前面连续波谱仪相同,但不是扫场或扫频,而是加一个强而短的射频脉冲,其射频频率包括同类核(如^{1}H)的所有共振频率,所有的核都被激发,而后再到平衡态,射频接收器接收到一个随时间衰减的信号,称为自由感应衰减信号(FID)。FID 信号虽然包含所有激发核的信息,但这种随时间而变的信号(时间域信号)很难识别。而根据 FID 随时间的变化曲线,经傅里叶变换(FT)转换成常规的信号(频率域信号),即 FID 随频率而变化的曲线,也就是我们熟悉的 NMR 谱图,如图 10-8 所示。

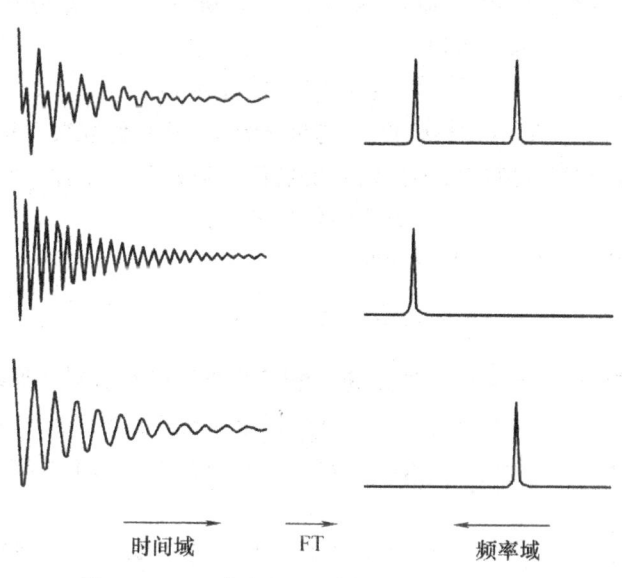

图 10-8 FID 信号经 FT 变换产生频率示意图

与连续波核磁共振波谱仪相比,脉冲傅里叶变换核磁共振波谱仪的特点如下所示。

①采用重复扫描,累加一系列 FID 信号,提高信噪比。因为信号(S)与扫描次数(n)成正比,而噪声(N)与$\sqrt{n}$成正比,所以$\dfrac{S}{N}$与$\sqrt{n}$成正比。对于脉冲傅里叶变换核磁共振波谱仪,使用脉冲波,脉冲宽度为 1~50 μs,时间间隔为 x s,速度快,可增加扫描次数。而对于连续波核磁共振波谱仪,如果 250 s 记录一张谱图,要使$\dfrac{S}{N}$提高 10 倍,需 250×100=25 000 s,所以很难增加扫描次数。

②由于脉冲傅里叶变换核磁共振波谱仪灵敏度高于连续波核磁共振波谱仪,对于 ^{1}H NMR,使用脉冲傅里叶变换核磁共振波谱仪时,样品可从几十毫克降到 1 mg,甚至更少。

③用脉冲傅里叶变换核磁共振波谱仪可以测 ^{13}C 的信号,而不能用连续波核磁共振波谱仪,用脉冲傅里叶变换核磁共振波谱仪时,测 ^{13}C 谱需样品几毫克到几十毫克。

10.3 氢核的化学位移及其影响因素

10.3.1 化学位移的产生

孤立的氢核在磁场中,若磁感应强度一定时,其共振频率也一定。当磁感应强度为 1.409 2 T 时,共振频率为 60 MHz;当磁感应强度为 2.350 T 时,则共振频率为 100 MHz。但实验中发现,化合物中不同的氢核周围的基团不同、其所处化学环境不同、核外电子云密度不同,在外加磁场的作用下会产生一个方向相反的感应磁场,使核实际感受到的磁场强度减弱,这种作用称为屏蔽作用。核外电子对核的屏蔽作用大小可用屏蔽常数表示:

$$B = B_0 - \sigma B_0 = B_0(1-\sigma)$$

式中,B 为原子核实际感受到的磁场强度;σ 为屏蔽常数,其数值取决于核周围电子云密度和核所在的化合物结构,它反映感应磁场抵消外磁场作用的程度。尽管不同化学环境的 σ 相差甚微,却是核磁共振波谱结构分析的最重要的信息之一。

在屏蔽作用下,核磁共振实际频率 ν 改变为

$$\nu = \dfrac{\gamma}{2\pi} B_0(1-\sigma)$$

化学位移就是核外电子云对抗外加磁场的电子屏蔽作用所引起共振时,磁感应强度及共振频率的移动。电子云密度又与核外的化学环境以及与相邻基团是推电子基还是吸电子基等因素有关。因此,可根据化学位移的大小来判断原子核所处的化学环境,也就是物质的分子结构。

如图 10-9 所示是乙醇分子在低分辨率和高分辨率的核磁共振波谱仪中得到的谱图,它说明:

①质子周围基团的性质不同,它的共振频率不同,产生化学位移,图 10-9(a)中有三个峰,分别代表—OH、—CH$_2$—、—CH$_3$。

②质子受到相邻基团的质子的自旋状态影响,使其吸收峰裂分谱线增加的现象称为自旋-自旋裂分。图 10-9(b)中—CH_3 分裂成三重峰,—CH_2— 分裂成四重峰,它是由原子间的相互作用引起的,这种作用称为自旋-自旋耦合。核与核之间的耦合作用是通过成键电子传递。

乙醇(图 10-10)中的 H_a 和 H_b 是不同的:H_b 靠近氧原子,核外电子云密度小;H_a 核外电子云密度大。两个 H_b 质子的自旋状态有四种可能性,其中一组包括两种具有等价磁效应的结合,因此受 H_b 质子的影响,—CH_3 成为三重峰,面积之比为 1:2:1。三个 H_a 质子的自旋状态有八种结合的可能性,其中两组包括三种具有等价磁效应的结合,受 H_a 质子的影响—CH_2— 分裂成四重峰,面积值为 1:3:3:1。一般相邻原子的磁等价核数目 n 确定裂分峰的数目即 $2nI+1$ 个。对于氢核来说,$I=\frac{1}{2}$,峰裂分数目等于 $n+1$,二重峰表示相邻碳原子上有一个质子,三重峰表示相邻碳原子有两个质子。裂分后各组多重峰的吸收强度比即面积比为二项式 $(a+b)^n$ 展开后各项的系数之比,多重峰通过其中点作对称分布,中心位置即为化学位移值。

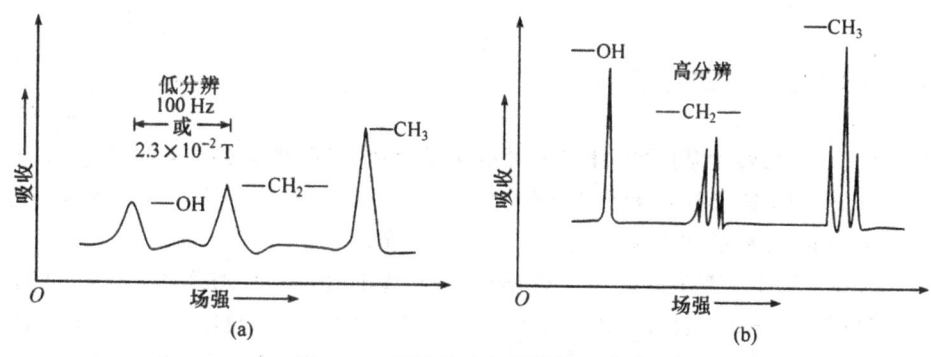

图 10-9 乙醇核磁共振谱的示意图

裂分后多重峰之间的距离用耦合常数 J 表示,它反映核与核之间的耦合程度,是自旋裂分强度的量度。J 的大小取决于连接两核的种类、核间距、核间化学键的个数与类型以及它们在分子结构中所处的位置,由此可获取结构信息,但与化学位移不同,J 与磁感应强度无关。目前已积累大量的 J 与结构关系的实验数据,并据此得到一些估算 J 的经验式。表 10-1 列出一些质子的自旋-自旋耦合常数。

图 10-10 乙醇分子

表 10-1 一些质子的自旋-自旋耦合常数

结构类型	J/Hz	结构类型	J/Hz
H-C-H	12~15	C=C-CH	4~10
H-C=C-H	0~3	C=CH-CH=C	10~13
H-C=C-H	顺式 6~14 反式 11~18	CH-C≡CH	2~3

(续)

结构类型	J/Hz	结构类型	J/Hz
CH—CH（自由旋转）	5~8	CH—OH(不交换)	5
环状 H:邻位	7~8	CH—CHO	1~3
环状 H:对位	2~3	CH₃—CH—CH₃	5~7
环状 H:间位	0~1	—CH₂—CH₃	7

10.3.2 化学位移的表示方法

在化合物分子中，各种基团的 ^1H 核所处的化学环境不同，即它们周围的电子云分布情况不同，所以不同的质子就会受到大小不同的感应磁场的作用，即受到不同程度的屏蔽作用，因此化合物中不同的 ^1H 核的共振频率就会有微小的差异。

当 $B_0=1.41$ T 时，^1H 裸核的 $\nu_0=60$ MHz，假设某核受到的屏蔽作用 $\sigma=10$，则其共振频率将比 ^1H 裸核低 $\sigma\nu_0=600$ Hz，其共振频率 $\nu=(60\,000\,000-600)$ Hz $=59\,999\,400$ Hz，由于这种表示方法不但数值读写不易，而且 ν_0 的变化与 B_0 有关，不同仪器测得的数据难以直接比较，所以引入化学位移的概念，在试样中加入一种参比物质，如四甲基硅（TMS），把它的共振信号设为 0 Hz。则化学位移 δ 为

$$\delta = \frac{\nu_{样品}-\nu_{标准}}{\nu_{仪器}} \times 10^6 = \frac{B_{样品}-B_{标准}}{B_{仪器}} \times 10^6$$

通常在核磁测定时，要在试样溶液中加入一些四甲基硅 $(CH_3)_4Si$(TMS) 作为内标准物。选 TMS 作内标的优点如下：

① 化学性能稳定。

② $(CH_3)_4Si$ 分子中有 12 个 H 原子，它们的地位完全一样，所以 12 个 ^1H 核只有一个共振频率，即化学位移是一样的，谱图中只产生一个峰。

③ 它的 ^1H 核共振频率处于高场，比大多数有机化合物中的 ^1H 核都高，因此不会与试样峰相重叠，氢谱和碳谱中都规定 $\delta_{TMS}=0$。

④ 它与溶剂和试样均溶解。

假如在 60 MHz 的仪器上，某一氢核共振频率与标准物 TMS 差为 60 Hz，则化学位移为

$$\delta = \frac{\nu_{样品}-\nu_{标准}}{\nu_{仪器}} \times 10^6 = \frac{60}{60 \times 10^6} \times 10^6 = 1$$

还是上述那种 ^1H 核，若用 100 MHz 的仪器来测定，则其信号将出现在与标准物共振频率相差 60 Hz 处，其化学位移为

$$\delta = \frac{\nu_{样品} - \nu_{标准}}{\nu_{仪器}} \times 10^6 = \frac{100}{100 \times 10^6} \times 10^6 = 1$$

由此可见,用不同的仪器测得的化学位移 δ 值是一样的,只是它们的分辨率不同,100 MHz 的仪器分辨得好一些。

化学位移是无量纲因子,用 δ 来表示。以 TMS 作标准物,大多数有机化合物的 ^{1}H 核都在比 TMS 低场处共振,化学位移规定为正值。

在图 10-11 最右侧的一个小峰是标准物 TMS 的峰,规定它的化学位移 $\delta_{TMS} = 0$,甲苯的 ^{1}H NMR 谱出现两个峰,它们的化学位移(δ)分别是 2.25 和 7.2,表明该化合物有两种不同化学环境的氢原子。根据谱图不但可知有几种不同化学环境的 ^{1}H 核,而且还可以知道每种质子的数目。每一种质子的数目与相应峰的面积成正比。峰面积可用积分仪测定,也可以由仪器画出的积分曲线的阶梯高度来表示。积分曲线的阶梯高度与峰面积成正比,也就代表了氢原子的数目。谱图中积分曲线的高度比为 5∶3,即两种氢原子的个数比。在 ^{1}H NMR 谱图中靠右边是高场,化学位移 δ 值小,靠左边是低场,化学位移 δ 值大。屏蔽增大(屏蔽效应)时,^{1}H 核共振频率移向高场(抗磁性位移),屏蔽减少时(去屏蔽效应)^{1}H 核共振移向低场(顺磁性位移)。

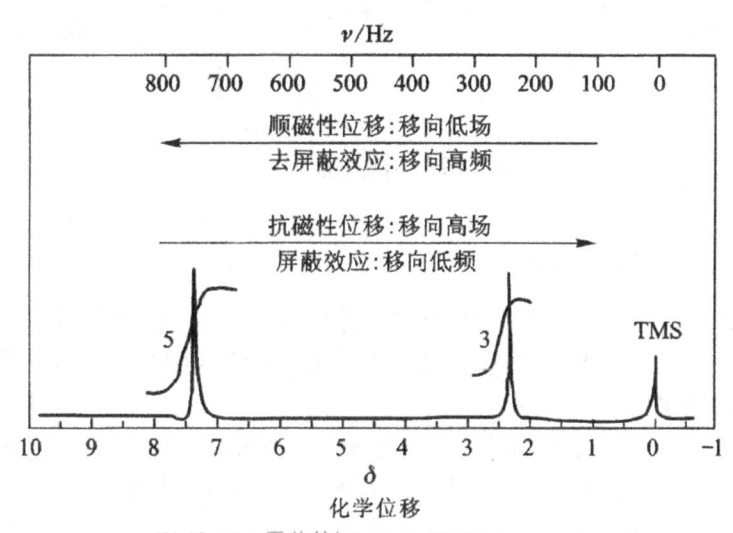

图 10-11 甲苯的 ^{1}H NMR 谱图(100 MHz)

10.3.3 化学位移的影响因素

化学位移是由于核外电子云的屏蔽作用造成的,凡是影响核外电子云密度分布的各种因素都会影响化学位移,包括与相邻元素和基团的电负性、磁各向异性效应、溶剂效应、氢键作用等。

10.3.3.1 电负性

相邻的原子和基团的电负性直接影响核外电子云密度,电负性越强,绕核的电子云密度越小,对核产生的屏蔽作用越弱,共振信号移向低场(δ值增大)。表 10-2 列出了 CH_3X 中质子化学位移与元素电负性的依赖关系。

表 10-2 CH_3X 中质子化学位移与元素电负性的依赖关系

化学式	CH_3F	CH_3OH	CH_3Cl	CH_3Br	CH_3I	CH_4	TMS	CH_2Cl_2	$CHCl_3$
取代元素	F	O	Cl	Br	I	H	Si	2×Cl	3×Cl
电负性	4.0	3.5	3.1	2.8	2.5	2.1	1.8	—	—
化学位移	4.26	3.40	3.05	2.68	2.16	0.23	0.00	5.33	7.24

如果存在共轭效应,导致质子周围电子云密度增加,信号向高场移动;反之,移向低场。图 10-12 中两个化合物(a)中醚的氧原子上的孤对电子与双键形成 p-π 的共轭体系,使双键末端次甲基质子的电子云密度增加,与乙烯质子相比,移向高场;(b)中由于高电负性的羰基,使 π-π 共轭体系的电子云密度出现次甲基端低的情况,与乙烯质子相比,移向低场。

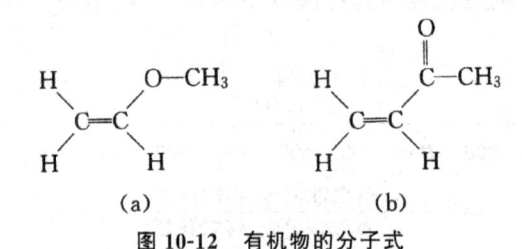

图 10-12 有机物的分子式

10.3.3.2 磁各向异性效应

比较烷烃、烯烃、炔烃及芳烃的化学位移值,芳烃、烯烃的 δ 大,如果是由于 π 电子的屏蔽效应,则 δ 值应当小,又如何解释 $CH\equiv CH$ 的 δ 又小于 $CH_2=CH_2$ 呢?这就是因为 π 电子的屏蔽具有磁各向异性效应。

由图 10-13 可见,苯环上的 π 电子在分子平面上下形成了 π 电子云,在外磁场的作用下产生环流,并产生一个与外磁场方向相反的感应磁场。可以看出,苯环上的 H 原子周围的感应磁场的方向与外磁场方向相同。所以这些 ^1H 核处于去屏蔽区,即 π 电子对苯环上连接的 ^1H 核起去屏蔽作用。而在苯环平面的上下两侧感应磁场的方向与外磁场的方向相反,因此,若在某化合物中有处于苯环平面上下两侧的 H 原子,则它们处于屏蔽区,即 π 电子对环平面上下的 ^1H 核起屏蔽作用。这样就可以解释苯环上的 H 原子化学位移 δ 值大(7.2),因为它处于去屏蔽区,^1H 核在低场共振。

在磁场中双键的 π 电子形成环流也产生感应磁场,由图 10-14 可见处于乙烯平面上的 H 原子它周围的感应磁场方向与外磁场一致,是处于去屏蔽区,所以 ^1H 核在低场共振,化学位移位大(δ=5.84);在乙烯平面上下两侧的感应磁场的方向与外磁场方向相反,因此,若在某化合物中有处于乙烯平面上下两侧的 H 原子,则它们处于屏蔽区,^1H 在高场共振。

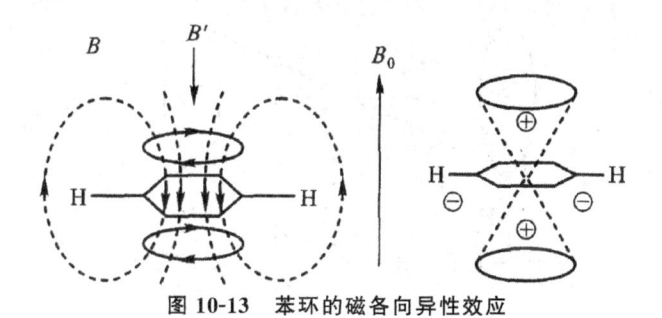

图 10-13 苯环的磁各向异性效应

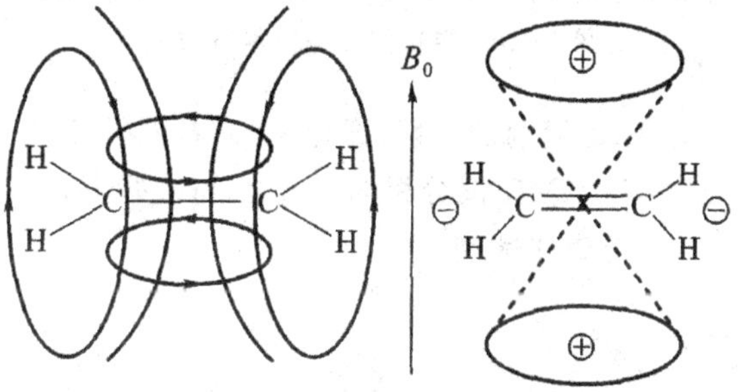

图 10-14 双键的磁各向异性效应

羰基 C=O 的 π 电子云产生的屏蔽作用和双键一样,以醛为例,醛基上的氢处于 C=O 的去屏蔽区,所以它在低场共振,化学位移值很大,$\delta \approx 9$(很特征)。

炔键 C≡C 中有一个 σ 键,还有两个 p 电子组成的 π 键,其电子云是柱状的。由图 10-15 可见,乙炔上的氢原子与乙烯中的氢原子以及苯环上的氢原子是不一样的,它处于屏蔽区,所以 ^1H 核在高场共振,化学位移小些 $\delta=2.88$。

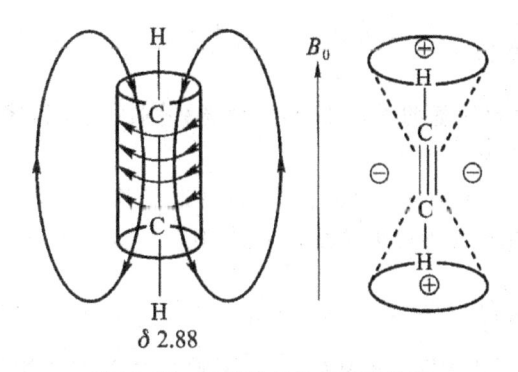

图 10-15 三键的磁各向异性效应

单键的磁各向异性效应与三键相反,沿键轴方向为去屏蔽效应(图 10-16)。链烃中 $\delta_{CH} > \delta_{CH_2} > \delta_{CH_3}$ 甲基上的氢被碳取代后去屏蔽效应增大而使共振频率移向低场。

10.3.3.3 溶剂效应

由于溶剂的影响而使溶质的化学位移改变的现象叫作溶剂效应。核磁共振波谱法一般需

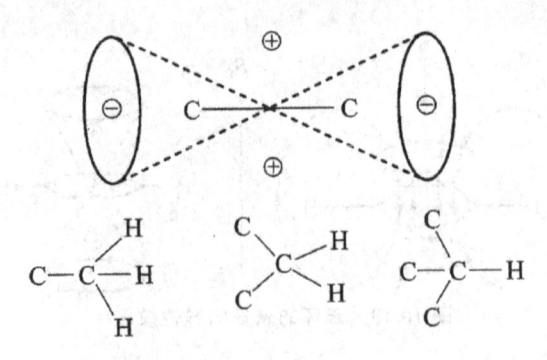

δ 0.85~0.95 < δ 1.20~1.40 < δ 1.40~1.65

图 10-16 单键的磁各向异性效应

要将样品溶解于溶剂中测定,因此溶剂的极性、磁化率、磁各向异性等性质,都会影响待测氢核的化学位移,使之改变。进行 ^{1}H NMR 谱分析时所用溶剂最好不含 ^{1}H,如可用 CCl_4、$CDCl_3$、CD_3COCD_3、CD_3SOCD_3、D_2O 等氘代试剂。

10.3.3.4 氢键作用

当分子形成氢键后,氢核周围的电子云密度因电负性强的原子的吸引而减小,产生了去屏蔽效应,从而导致氢核化学位移向低场移动,δ 增大;形成的氢键越强,δ 增大越显著;氢键缔合程度越大,δ 增大越多。通常在溶液中的氢键缔合与未缔合的游离态之间会建立快速平衡,其结果使得共振峰表现为一个单峰。对于分子间氢键而言,增加样品浓度有利于氢键的形成,使氢核的 δ 变大;而升高温度则会导致氢键缔合减弱,δ 减小。对于分子内氢键来说,其强度基本上不受浓度、温度和溶剂等的影响,此时氢核的 δ 一般大于 10 ppm,例如,多酚可达 10.5~16 ppm,烯醇则高达 15~19 ppm。

10.3.3.5 诱导效应

与氢核相邻的电负性取代基的诱导效应,使氢核外围的电子云密度降低,屏蔽效应减弱,共振吸收峰移向低场,δ 增大。

诱导效应是通过成键电子传递的,随着与电负性取代基的距离的增大,其影响逐渐减弱,当 H 原子与电负性基团相隔 3 个以上的碳原子时,其影响基本上可忽略不计。

10.3.3.6 共轭效应

在共轭效应的影响中,通常推电子基使 δ 减小,吸电子基使 δ 增大。例如,若苯环上的氢被推电子基—OCH_3 取代后,O 原子上的孤对电子与苯环 p-π 共轭,使苯环电子云密度增大,δ 减小;而被吸电子基—NO_2 取代后,由于 π-π 共轭,使苯环电子云密度有所降低,δ 增大。

严格地说,上述各 H 核 δ 的改变,是共轭效应和诱导效应共同作用的总和。

10.3.3.7 范德华效应

当化合物中两个氢原子的空间距离很近时,其核外电子云相互排斥,使得它们周围的电子云密度相对降低,屏蔽作用减弱,共振峰移向低场,δ 增大,这一现象称为范德华效应。

10.3.3.8 质子交换

与氧、硫、氮原子直接相连的氢原子较易电离,称为酸性氢核,这类化合物之间可能发生质子交换反应:

$$ROH_a + R'OH_b \rightleftharpoons ROH_b + R'OH_a$$

酸性氢核的化学位移值是不稳定的,它取决于是否进行了质子交换和交换速度的大小,通常会在它们单独存在时的共振峰之间产生一个新峰。质子交换速度的快慢还会影响吸收峰的形状。通常,加入酸、碱或加热时,可使质子交换速度大大加快。因此有助于判断化合物分子中是否存在能进行质子交换的酸性氢核。

10.3.3.9 温度

当温度的改变引起分子结构的变化时,就会使其 NMR 谱图发生相应的改变。例如,活泼氢的活泼性、互变异构、环的翻转、受阻旋转等都与温度密切相关,当温度改变时,它们的谱图都会产生某些变化。

10.4 核磁共振碳谱解析

有机化合物中的碳原子构成了有机物的骨架,因此观察和研究碳原子的信号对研究有机物有着非常重要的意义。虽然 ^{13}C 有核磁共振信号,但其天然丰度仅为 1.1%,观察灵敏度只有 ^1H 核的 1/64,故信号很弱,给检测带来了困难。所以在早期的核磁共振研究中一般只研究核磁共振氢谱。

直到 20 世纪 70 年代脉冲傅里叶变换核磁共振谱仪(PFT-NMR)问世,以及去耦技术的发展,核磁共振碳谱(^{13}C NMR)的工作才迅速发展起来。目前 PFT-^{13}C NMR 已成为阐明有机分子结构的常规方法。广泛应用于涉及有机化学的各个领域。在结构测定、构象分析、动态过程讨论、活性中间体及反应机制的研究,聚合物立体规整性和序列分布的研究及定量分析等方面都显示了巨大的威力,成为化学、生物、医药等领域不可缺少的测试方法。

10.4.1 核磁共振碳谱的特点

10.4.1.1 化学位移范围宽

^1H 谱的谱线化学位移值的范围在 0～10,少数谱线可再超出约 5,一般不超过 20,而一般 ^{13}C 谱的化学位移在 0～250 范围,特殊情况下会再超出 50～100。由于化学位移范围较宽,故对化学环境有微小差异的核也能区别,这对鉴定分子结构更为有利。

10.4.1.2 信号强度低

由于 ^{13}C 天然丰度只有 1.1%,^{13}C 的旋磁比(%)较 ^1H 的旋磁比(h)低约 4 倍,所以 ^{13}C 的

NMR信号比^{1}H的要低得多,大约是^{1}H信号的六千分之一。故在^{13}C NMR的测定中常常要进行长时间的累加才能得到一张信噪比较好的图谱。

10.4.1.3 耦合常数大

由于^{13}C天然丰度只有1.1%,与它直接相连的碳原子也是^{13}C的概率很小,故在碳谱中一般不考虑天然丰度化合物中的^{13}C-^{13}C耦合,而碳原子常与氢原子连接,它们可以互相耦合,耦合常数的数值一般在125~250 Hz。因为^{13}C天然丰度很低,这种耦合并不影响^{1}H谱,但在碳谱中是主要的。所以不去耦的碳谱,各个裂分的谱线彼此交叠,很难识别。故常规的碳谱都是去耦谱,谱线相对简单。

10.4.1.4 共振方法多

^{13}C NMR除质子噪声去耦谱外,还有多种其他的共振方法,可获得不同的信息。如偏共振去耦谱,可获得^{13}C-^{1}H耦合信息;不失真极化转移增强共振谱,可获得定量信息等。因此,碳谱比氢谱的信息更丰富,解析结论更清楚。

与核磁共振氢谱一样,碳谱中最重要的参数是化学位移,耦合常数、峰面积也是较为重要的参数。另外,氢谱中不常用的弛豫时间如T_1值在碳谱中因与分子大小、碳原子的类型等有着密切的关系而有广泛的应用,如用于判断分子大小、形状;估计碳原子上的取代数、识别季碳、解释谱线强度;研究分子运动的各向异性;研究分子的链柔顺性和内运动;研究空间位阻以及研究有机物分子、离子的缔合、溶剂化等。

10.4.2 核磁共振碳谱的去耦技术

在^{1}H NMR谱中,^{13}C对^{1}H的耦合仅以极弱的峰出现,可以忽略不计。反过来,在^{13}C NMR谱中,^{1}H对^{13}C的耦合是普遍存在的。这虽能给出丰富的结构分析信息,但谱峰相互交错,难以归属,给谱图解析、结构推导带来了极大的困难。耦合裂分的同时,又大大降低了^{13}C NMR的灵敏度。解决这些问题的方法,通常采用去耦技术。

10.4.2.1 质子噪声去耦谱

质子噪声去耦谱也称为作宽带去耦谱,是测定碳谱时最常采用的去耦方式。它的实验方法是在测碳谱对,以一相当宽的射频场B_1照射各种碳核,使其激发产生^{13}C核磁共振吸收的同时,附加另一个射频场B_2(又称为去耦场),使其覆盖全部质子的共振频率范围,且用强功率照射,使所有的质子达到饱和,则与其直接相连的碳或邻位、间位碳感受到平均化的环境,由此去除^{13}C与^{1}H之间的全部耦合,使每种碳原子仅给出一条共振谱线。

质子宽带去耦谱不仅使^{13}C NMR谱大大简化,而且由于耦合的多重峰合并,使其信噪比提高,灵敏度增大。然而灵敏度增大程度远大于复峰的合并强度,这种灵敏度的额外增强是NOE效应影响的结果。所谓NOE是指在^{13}C(^{1}H)NMR实验中,观测^{13}C核的共振吸收时,照

射 ^1H 核使其饱和,由于干扰场 B_2 非常强,同核弛豫过程不足使其恢复到平衡,经过核之间偶极的相互作用, ^1H 核将能量传递给 ^{13}C 核, ^{13}C 核吸收到这部分能量后,犹如本身被照射而发生弛豫。这种由双共振引起的附加异核弛豫过程,能使 ^{13}C 核在低能级上分布的核数目增加,共振吸收信号增强,这一效应称为 NOE。

但是,由于各碳原子的 NOE 的不同,质子噪声去耦谱的谱线强度不能定量地反映碳原子的数量。

10.4.2.2 偏共振去耦谱

与质子宽带去耦方法相似,偏共振去耦也是在样品测定的同时另外加一个照射频率,只是这个照射频率的中心频率不在质子共振区的中心,而是移到比 TMS 质子共振频率高 100~500 Hz 的(质子共振区以外)位置上。由于在分子中,直接与 ^{13}C 相连的 ^1H 核与该 ^{13}C 的耦合最强; ^{13}C 与 ^1H 之间相隔原子数目越多,耦合越弱。用偏共振去耦的方法,就消除了弱的耦合,而只保留了直接与 ^{13}C 相连的 ^1H 的耦合。一般来说,在偏共振去耦时, ^{13}C 峰裂分为 n 重峰,就表明它与 $(n-1)$ 个氢核相连。这种偏共振的 ^{13}C NMR 谱,对分析结构有一定的用途。

10.4.2.3 选择性质子去耦

选择性质子去耦(SPD)又称为单频率质子去耦或指定的质子去耦。选择性去耦是偏共振去耦的特例。当调整去耦频率正好等于某种氢的共振频率,与该种氢相连的碳原子被完全去耦,产生一单峰,其他碳原子则被偏共振去耦。使用此法依次对 ^1H 核化学位移位置照射,可使相应的 ^{13}C 信号得到归属。

例如,分析糠醛的 ^{13}C NMR 谱(图 10-17)要区分出碳原子 3 和 4 的 δ 是不容易的,但采用选择性去耦法:双照射 C_3 的 ^1H,则 C_3 的峰增强,如图 10-17(a)所示;双照射 C_4 的 ^1H,则 C_4 的峰增强,如图 10-17(b)所示。从中可区别出哪一个峰是 C_3 或 C_4 及 δ 值。

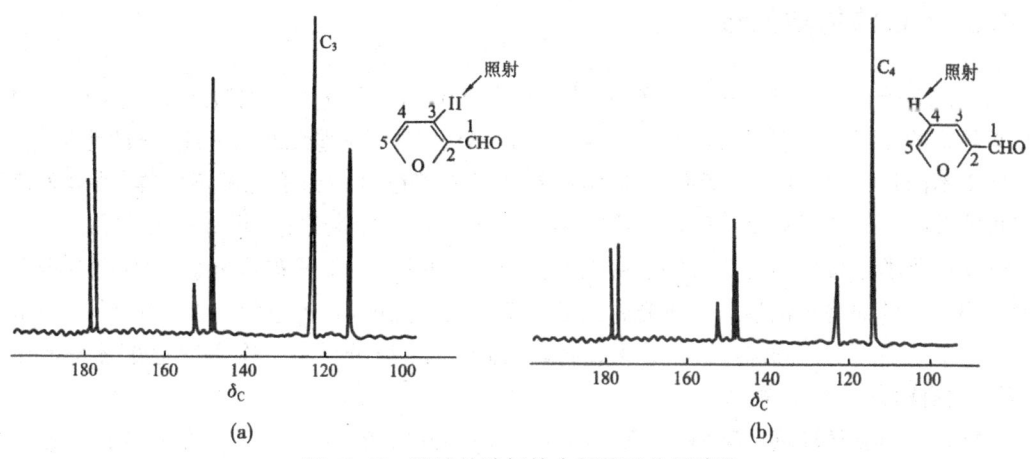

图 10-17 糠醛的选择性去耦核磁共振碳谱

10.4.2.4 不失真极化转移技术

不失真极化转移技术（DEPT）目前成为 ^{13}C NMR 测定中常用的方法。DEPT 是将两种特殊的脉冲系列分别作用于高灵敏度的 ^{1}H 核及低灵敏度的 ^{13}C 核，将灵敏度高的 ^{1}H 核磁化转移至灵敏度低的 ^{13}C 核上，从而大大提高 ^{13}C 核的观测灵敏度。此外，还能利用异核间的耦合对 ^{13}C 核信号进行调制的方法来确定碳原子的类型。谱图上不同类型的 ^{13}C 信号均表现为单峰的形式分别朝上或向下伸出，或者从谱图上消失，以取代在 OFR 谱中朝同一方向伸出的多重谱线，因而信号之间很少重叠，灵敏度高。

DEPT 谱的定量性很强，主要有 3 种：DEPT(45)谱、DEPT(90)谱和 DEPT(135)谱，其特征见表 10-3。

表 10-3 DEPT 谱的特征

谱图名称	不出峰的基团	出正峰的基团	出负峰的基团
DEPT 45	—C—	—CH$_3$，CH$_2$，CH—	—
DEPT 90	—CH$_3$，CH$_2$，—C—	CH	—
DEPT 135	—C—	—CH$_3$，CH—	CH$_2$

10.4.3 ^{13}C 的化学位移

核磁共振碳谱的测定方法有很多种，其中最常见的是质子噪声去耦谱。在这类谱中，每一种化学等价的碳原子只有一条谱线，原来被氢耦合分裂的几条谱线并为一条，谱线强度增加。但是由于不同种类的碳原子 NOE 效应不相等，因此对峰强度的影响也就不一样，故峰强度不能定量地反映碳原子的数量。所以在质子噪声去耦谱中只能得到化学位移的信息。

碳谱中化学位移（δ_C）直接反映了所观察核周围的基团、电子分布的情况，即核所受屏蔽作用的大小。碳谱的化学位移对核所受的化学环境是很敏感的，它的范围比氢谱宽得多，一般在 0～250。对于分子量在 300～500 的化合物，碳谱几乎可以分辨每一个不同化学环境的碳原子，而氢谱有时却严重重叠。

不同结构与化学环境的碳原子，它们的 δ_C 从高场到低场的顺序与和它们相连的氢原子的 δ_H 有一定的对应性，但并非完全相同。δ_C 的次序为：饱和碳在较高场，炔碳次之，烯碳和芳碳在较低场，而羰基碳在更低场。

分子有不同的构型、构象时，δ_C 比 δ_H 更为敏感。碳原子是分子的骨架，分子间的碳核的相互作用比较小，不像处在分子边缘上的氢原子，分子间的氢核相互作用比较大。所以对于碳核，分子内的相互作用显得更为重要，如分子的立体异构、链节运动、序列分布、不同温度下分子内的旋转、构象的变化等，在碳谱的 δ_C 值及谱线形状上常有所反映，这对于研究分子结构及分子运动、动力学和热力学过程都有重要的意义。

第11章 质谱分析法

11.1 质谱分析法的产生机理

质谱分析法(MS)是将样品分子置于高真空中($<10^{-3}$ Pa),并受到耐高速电子流或强电场等作用,失去外层电子而生成分子离子,或化学键断裂生成各种碎片离子,然后将分子离子和碎片离子引入一个强的正电场中,使之加速,加速电位通常用到 6~8 kV,此时所有带单位正电荷的离子获得的动能都一样,即

$$eV = \frac{mv^2}{2}$$

由于动能达数千电子伏(eV),可以认为此时各种带单位正电荷的离子都有近似相同的动能。但是,不同质荷比的离子具有不同的速度,利用离子不同质荷比及其速度差异,质量分析器可将其分离,然后由检测器测量其强度。记录后获得一张以质荷比(m/z)为横坐标,以相对强度为纵坐标的质谱图。

质谱分析的基本过程可以分为以下4个环节。
①通过合适的进样装置将样品引入并进行气化。
②气化后的样品引入离子源进行电离,即离子化过程。
③电离后的离子经过适当的加速后进入质量分析器,按不同的质荷比(m/z)进行分离。
④经检测、记录,获得一张质谱图,如图 11-1 所示。根据质谱图提供的信息,可以进行无机物和有机物定性与定量分析、复杂化合物的结构分析、样品中同位素比的测定以及固体表面的结构和组成的分析等。

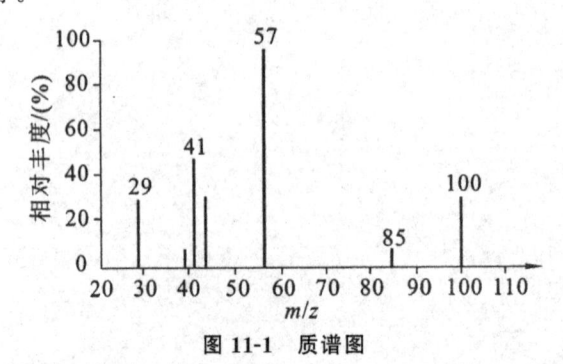

图 11-1 质谱图

上述过程可归纳为图 11-2。质谱分析的 4 个环节中核心是实现样品离子化。不同的离子化过程，降解反应的产物也不同，因而所获得的质谱图也随之不同，而质谱图是质谱分析的依据。

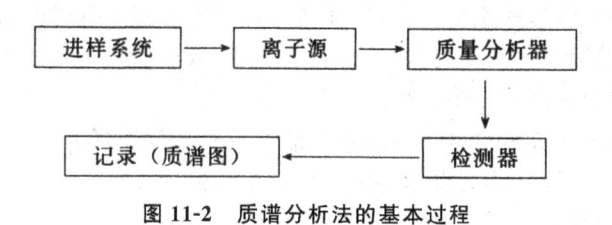

图 11-2 质谱分析法的基本过程

11.2 质谱仪

质谱仪主要由真空系统、进样系统、离子源、加速电场、质量分析器、离子检测器及记录装置组成。如图 11-3 所示是质谱仪示意图。

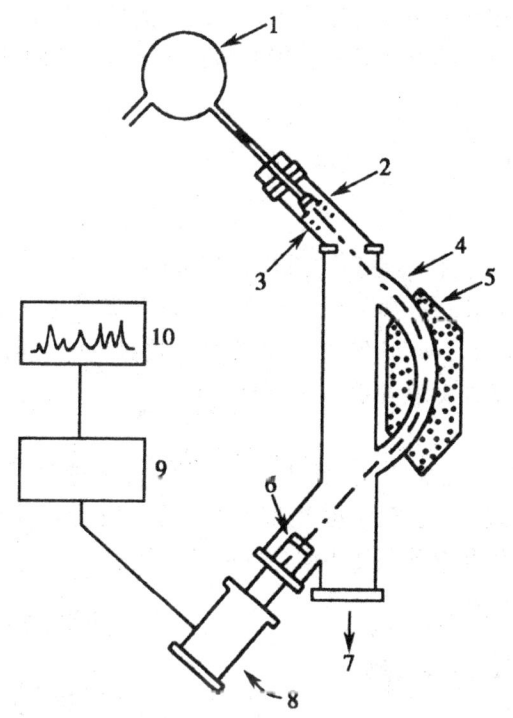

图 11-3 质谱仪示意图
1—样品贮存器；2—电离区；3—离子加速区；4—质量分离管；5—磁铁；
6—检测器（离子接收器）；7—接真空系统；8—前置放大器；
9—放大器；10—记录器

11.2.1 真空系统

为了保证离子源中灯丝的正常工作,保证离子在离子源和分析器中的正常运行,消减不必要的离子碰撞、散射效应、复合反应和离子一分子反应,减小本底与记忆效应,质谱仪中的离子源和分析器一般都需要在高真空中运行。

质谱仪的真空系统一般由机械真空泵和扩散泵或涡轮分子泵组成。机械真空泵能达到的极限真空度一般为1 Pa,不能满足要求,还需要高真空泵。扩散泵是常用的高真空泵之一,其性能稳定可靠,但是启动慢,从停机状态到仪器正常工作状态所需的时间长。涡轮分子泵则相反,启动速度快,但是使用寿命不如扩散泵长。当前,由于涡轮分子泵使用方便,没有油的扩散污染问题,所以涡轮分子泵有取代扩散泵的趋势。通常来说,涡轮分子泵直接与离子源或质量分析器相连,抽出的气体再由机械真空泵排到系统之外。

11.2.2 进样系统

质谱进样方式大致可以分为两类,第一类是质谱作为独立的分析设备以直接进样的方式进样;第二类是在质谱联用技术中其前端设备兼作质谱的进样装备,通过接口的方式进样。

直接进样方式中,气态和液态样品是利用毛细管导入质谱仪的,固态样品则通过进样杆直接导入。

11.2.2.1 直接进样

(1)进样杆进样

如图11-4所示装置,将固体样品置于进样杆顶部的小坩埚中,由进样杆导入离子化室附近的真空环境中加热后,直接送入离子源。或者可通过在离子化室中将样品从一可迅速加热的金属丝上解析或者使用激光辅助解析的方式进行。这种方法与电子轰击电离、化学电离及场电离结合,适用于热稳定性差或者难挥发物的分析。

(2)间歇式进样

如图11-5所示是间歇式进样系统,将试样(10~100 μg)通过试样管引入试样储存器,在低压和加热条件下试样挥发为气态后,通过带有针孔的玻璃或金属膜的漏隙进入离子源。该进样系统适用于气体、液体和中等蒸气压固体样品的进样。

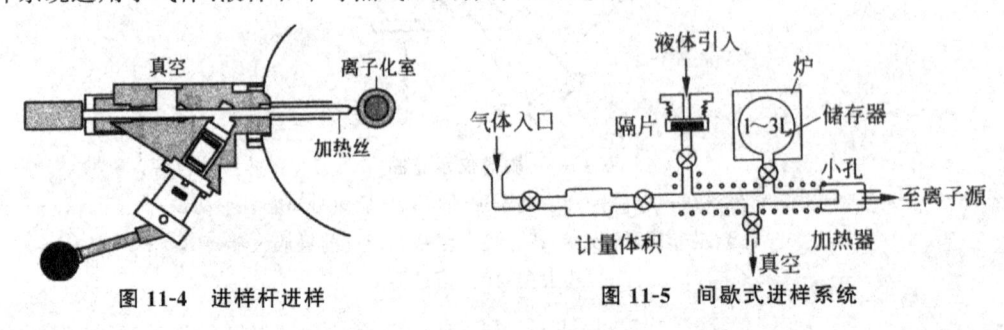

图11-4 进样杆进样

图11-5 间歇式进样系统

11.2.2.2 接口式进样

在接口进样方式中,接口既可用于直接进样,也可用于和其他设备连接,有些实际上和电离源合为一体。目前质谱进样系统发展较快的是多种液相色谱-质谱联用的接口技术,用以将色谱流出物导入质谱,经离子化后供质谱分析。主要技术包括各种喷雾技术(电喷雾、热喷雾和离子喷雾)、传送装置(粒子束)和粒子诱导解吸(快原子轰击)等。

(1) 电喷雾接口

带有样品的色谱流动相通过一个带有数千伏高压的针尖喷口喷出,生成带电液滴,经干燥气除去溶剂后,带电离子通过毛细管或者小孔直接进入质量分析器。电喷雾接口主要适用于微柱液相色谱。

(2) 热喷雾接口

存在于挥发性缓冲液流动相中的待测物,由细径管导入离子源,同时加热,溶剂在细径管中除去,待测物进入气相。中性分子可以通过与气相中的缓冲液离子反应,以化学电离的方式离子化,再被导入质量分析器。热喷雾接口适用的液体流量可达 2 mL/min,并适合于含有大量水的流动相,可用于测定各种极性化合物。

(3) 离子喷雾接口

在电喷雾接口基础上,利用气体辅助进行喷雾,可提高流动相流速达到 1 mL/min。电喷雾和离子喷雾技术中使用的流动相体系含有的缓冲液必须是挥发性的。

(4) 粒子束接口

色谱流出物转化为气溶胶,于脱溶剂室脱去溶剂,得到的中性待测物分子导入离子源,使用电子轰击或者化学电离的方式将其离子化,获得的质谱为经典的电子轰击电离或者化学电离质谱图,其中前者含有丰富的样品分子结构信息。但粒子束接口对样品的极性、热稳定性和分子质量有一定限制,适用于相对分子质量在 1 000 以下的有机小分子测定。

(5) 解吸附技术

将微柱液相色谱与粒子诱导解吸技术(快原子轰击,液相二次粒子质谱)结合,一般使用的流速在 1~10 μL/min,流动相须加入微量难挥发液体(如甘油)。混合液体通过一根毛细管流到置于离子源中的金属靶上,经溶剂挥发后形成的液膜被高能原子或者离子轰击而离子化。得到的质谱图与快原子轰击或者液相二次离子质谱的质谱图类似,但是本底却大大降低。

11.2.3 离子源

离子源是质谱仪的核心部分之一,相当于光谱仪上的光源,是提供能量将分析样品电离,形成各种不同质荷比离子的场所。电离方式不同,质谱图的差别会很大。目前有机质谱仪可供选择的离子源种类很多,如电子轰击电离源、化学电离源、快原子轰击电离源、场致电离源、场解吸电离源、电喷雾电离源、大气压化学电离源、基质辅助激光解吸电离源等。

11.2.3.1 电子轰击电离源

电子轰击电离源(EI)主要用于气体样品,这一电离源主要由离子化区和离子加速区组成,如图 11-6 所示。

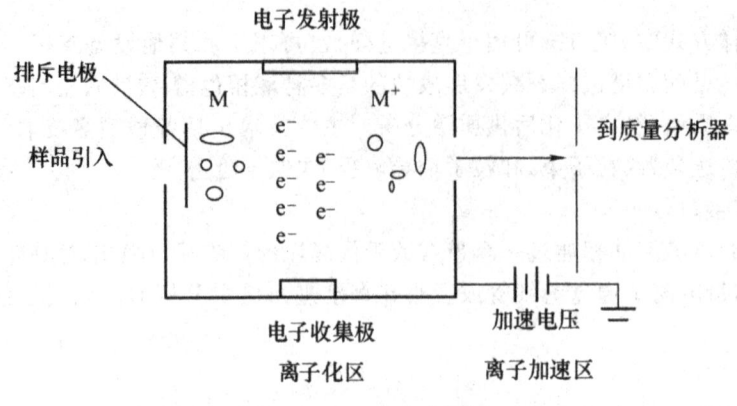

图 11-6　电子轰击电离源

(1) 离子化区

离子化区主要由电子发射极(阴极)和电子收集极(阳极)组成。电子发射极由钨丝或铼丝组成,被电加热至 2 000 ℃时发射电子流。当样品蒸气分子进入离子化区后,受到 8~100 eV(通常 70 eV 左右)电子流的轰击,可使有机分子失去电子生成正离子。分子离子在电子流的轰击下,化学键进一步断裂,形成各种质荷比的碎片离子,随后带电荷的离子受到排斥电极的排斥而进入离子加速区。进入离子化区的气体分子也可能获得一个电子而成为负离子,但此概率只有形成正离子的 1/100 左右,且负离子、电中性分子不被排斥电极排斥,所以它们不能进入离子加速区,而被维持低压的抽真空系统抽出,故只有正离子才能进入离子加速区,而电子流在收集电压的作用下到达电子收集极。

对于绝大多数化合物,由电子轰击电离源产生的离子所得到的质谱图再现性好,通常情况下,电子声射极与收集极之间的电压为 70 V,此时电子的能量为 70 eV。目前,所有的标准质谱图都是在 70 eV 下做出的,便于计算机检索和对比。同时该电离源产生较多的碎片离子信息,便于推测未知物结构。有机化合物分子的电离电位一般为 7~15 eV,相当多的分子离子(其至全部)会发生碎裂,产生广义的碎片离子。通常称这一电离源为硬电离源。电子轰击电离源使用面广,峰重现性好,碎片离子多。缺点是不适合极性大、热不稳定的化合物,且可测定的相对分子质量有限,一般小于 1 000。如图 11-7 所示是分子离子峰和碎片离子峰在电子轰击电离源中的形成。

(2) 离子加速区

由离子化区产生的各种 m/z 离子,在离子加速区被加速。离子所获得的动能与加速电压有关。若假设离子初始动能 E_0 可忽略,则离子动能为

$$\frac{1}{2}mv^2 = zeU$$

式中,v 为离子运动速度;U 为加速电压;ze 为离子电荷

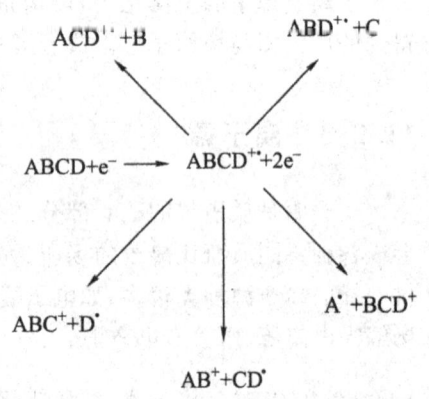

图 11-7　分子离子峰和碎片离子峰在电子轰击电离源中的形成

量;m 为离子质量。

11.2.3.2 化学电离源

化学电离源(CI)是通过分子－离子反应使样品电离,因此化学电离源需要使用反应气体,常用的反应气体有甲烷、氢、氮、CO 和 NO 等。化学电离源适于高相对分子质量及不稳定化合物的分析,它具有谱图简单、灵敏度高等特点;缺点是碎片少,可提供的结构信息少。

假设样品是 M,反应气体是 CH_4,将两者混合后送入电离源,先用能量大于 50 eV 的电子使反应气体 CH_4 电离,发生一级离子反应:

$$CH_4 + e^- \longrightarrow CH_4^+ + CH_3^+ + CH_2^+ + C^+ + H_2^+ + H^+ + ne^-$$

生成的 CH_4^+ 和 CH_3^+ 约占全部离子的 90%。

电离生成的 CH_4^+ 和 CH_3^+ 很快与大量存在的 CH_4 作用,发生二级离子反应

$$CH_4^+ + CH_4 \longrightarrow CH_5^+ + CH_3 \cdot$$
$$CH_3^+ + CH_4 \longrightarrow C_2H_5^+ + CH_2$$

生成的 CH_5^+ 和 $C_2H_5^+$ 活性离子与样品分子 M 进行分子－离子反应生成准分子离子。准分子离子是指获得或失掉一个 H 的分子离子

$$M + CH_5^+ \longrightarrow [M+1]^+ + CH_4$$
$$M + C_2H_5^+ \longrightarrow [M+1]^+ + C_2H_4$$

此外,下列反应也存在

$$M + C_2H_5^+ \longrightarrow [M+29]^+$$
$$M + C_3H_5^+ \longrightarrow [M+41]^+$$

在生成的这些离子中,以$[M+1]^+$ 或$[M-1]^+$ 的丰度为最大,成为主要的质谱峰,且通常为基峰。

11.2.3.3 快原子轰击电离源

快原子轰击电离源(FAB)的工作原理如图 11-8 所示。

氙气或氩气在电离室依靠放电产生离子,离子通过电场加速并与热的气体原子碰撞,发生电荷和能量转移,得到高能原子束(或离子束),该高能粒子打在涂有非挥发性底物和样品分子的靶上使样品分子电离,产生的样品离子在电场作用下进入质量分析器。快原子轰击电离源与电子轰击电离源得到的质谱图是有区别的:

①相对分子质量的获得不是靠分子离子峰 $M^{+\cdot}$,而是靠$[M+H]^+$ 或$[M+Na]^+$ 等准分子离子峰;

②碎片峰比电子轰击电离源谱要少。

快原子轰击电离源适合于强极性、相对分子质量大、难挥发或热稳定性差的样品分析,如肽类、低聚糖、天然抗生素和有机金属络合物等。

11.2.3.4 场致电离源

场致电离源(FI)的构造如图 11-9 所示,其中

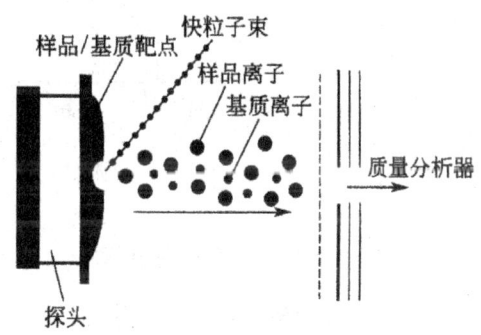

图 11-8 快原子轰击电离源的工作原理

最重要的部件是电极。阳极和阴极间的电压差达 10 kV。由于两极之间距离非常小,约 10^{-4} cm,因而呈现的电压梯度可达 10^8 V/cm。如果具有较大偶极矩和高极化率的样品分子与阳极相撞时,电子转移给阳极,而离子迅速被阴极加速而拉出,进入聚焦单元,阳极通常是一个尖锐的叶片或金属丝,其上长满微针,故称"金属胡须"发射器。由于场致电离源的能量约 12 eV,因此分子离子峰强度较大,有时也可以观察到准分子离子峰(图 11-10),而碎片离子峰很少。

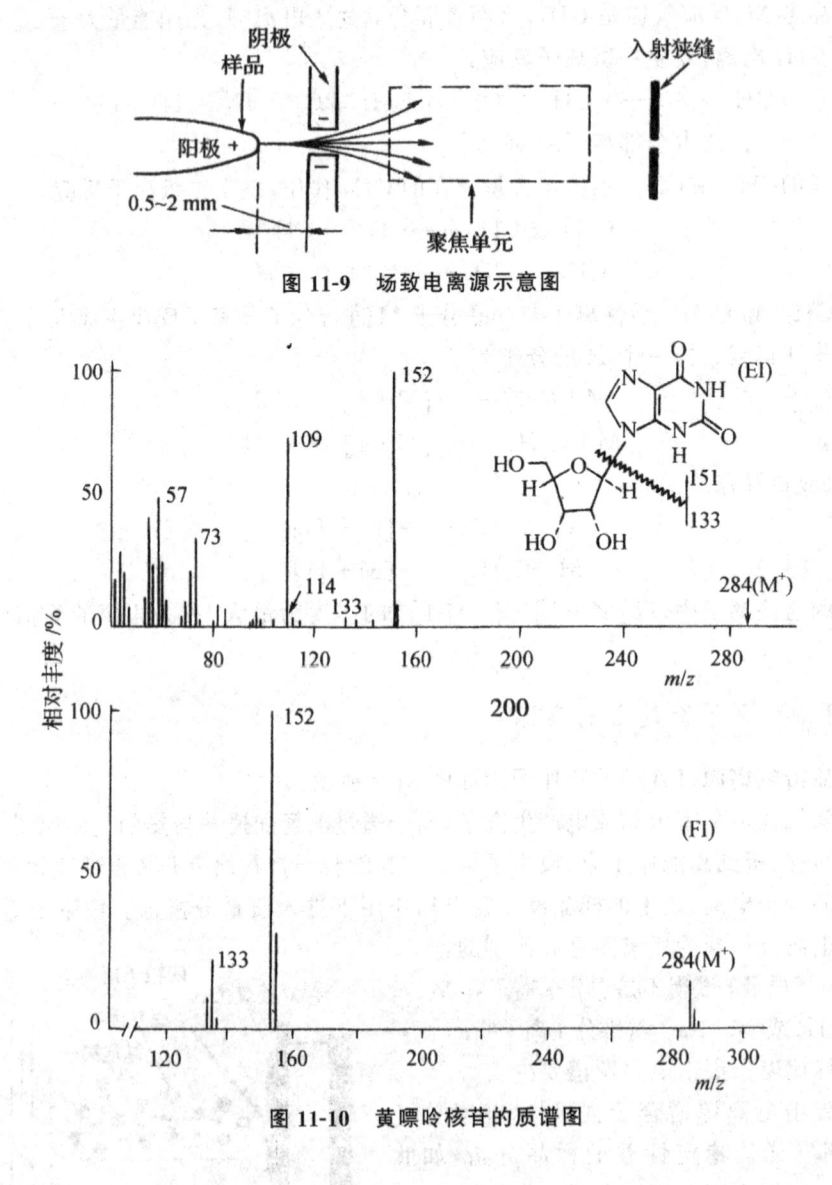

图 11-9 场致电离源示意图

图 11-10 黄嘌呤核苷的质谱图

11.2.3.5 场解吸电离源

场解吸电离源(FD)的作用原理与场致电离源相似,不同的是进样方式,在这种方法中,分析样品溶于溶剂,滴在场发射丝上,或将发射丝浸入溶液中,待溶剂挥发后,将场发射丝插入离子源,在强电场作用下样品不经气化即被电离。场解吸电离源适用于不挥发和热不稳定化合物的相对分子质量的测定。

11.2.3.6 电喷雾电离源

电喷雾电离源(ESI)是一种软电离方式,常作为四极滤质器、飞行时间质谱仪的离子源,主要用于液相色谱-质谱联用仪(既是液相色谱和质谱仪之间的接口装置,又是电离装置)。电喷雾电离源的示意图如图 11-11 所示。

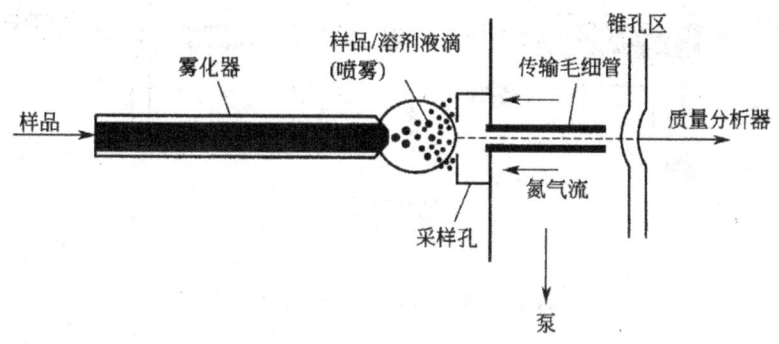

图 11-11 电喷雾电离源的示意图

电喷雾电离源有一个多层套管组成的电喷雾喷针。最内层是液相色谱流出物,外层是喷射气,喷射气采用大流量的氮气,其作用是使喷出的液体容易分散成微小液滴。在喷嘴的斜前方有一个辅助气喷口,在加热辅助气的作用下,喷射出的带电液滴随溶剂的蒸发而逐渐缩小,液滴表面电荷密度不断增加。当达到瑞利极限,即电荷间的库仑排斥力大于液滴的表面张力时,会发生库仑爆炸,形成更小的带电雾滴。此过程不断重复直至液滴变得足够小、表面电荷形成的电场足够强,最终使样品离子解吸出来。离子产生后,借助于喷嘴与锥孔之间的电压,穿过采样孔进入质量分析器(离子化机理如图 11-12 所示)。电喷雾电离源特别适合于分析极性强、热稳定性差的有机大分子,如蛋白质、多肽、糖类等。

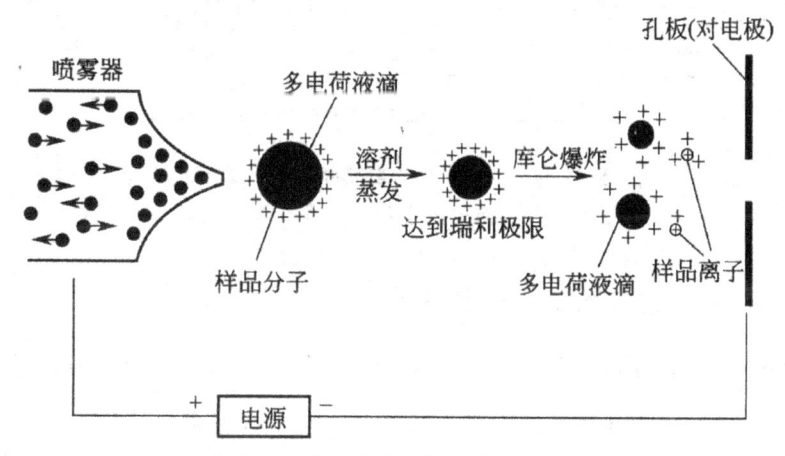

图 11-12 电喷雾电离源的离子化机理

11.2.3.7 大气压化学电离源

大气压化学电离源(APCI)属于软电离方式,产生的主要是准分子离子,碎片离子很少。APCI 与 ESI 类似,如图 11-13 所示。

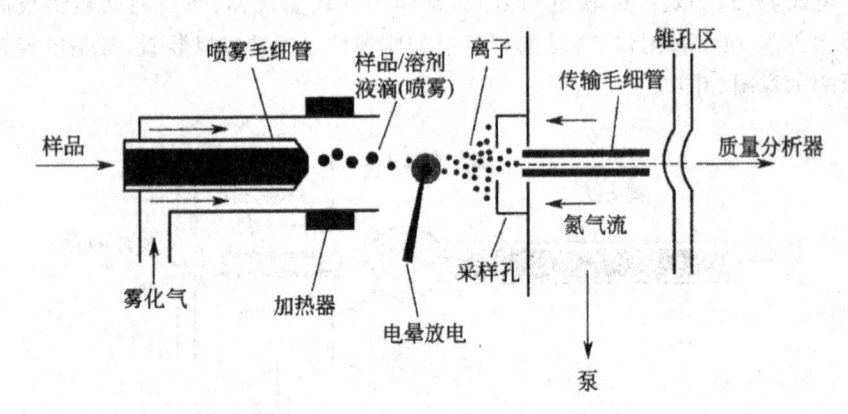

图 11-13 大气压化学电离源的示意图

不同之处在于大气压化学电离源喷嘴的下游放置一个针电极,通过放电电极的高压放电,使空气中某些中性分子电离,产生 H_3O^+、N_2^+、O_2^+ 和 O^+ 等离子,溶剂分子也会被电离。这些离子与样品分子发生离子-分子反应,使样品分子离子化,如图 11-14 所示。大气压化学电离源主要用来分析中等极性的化合物。

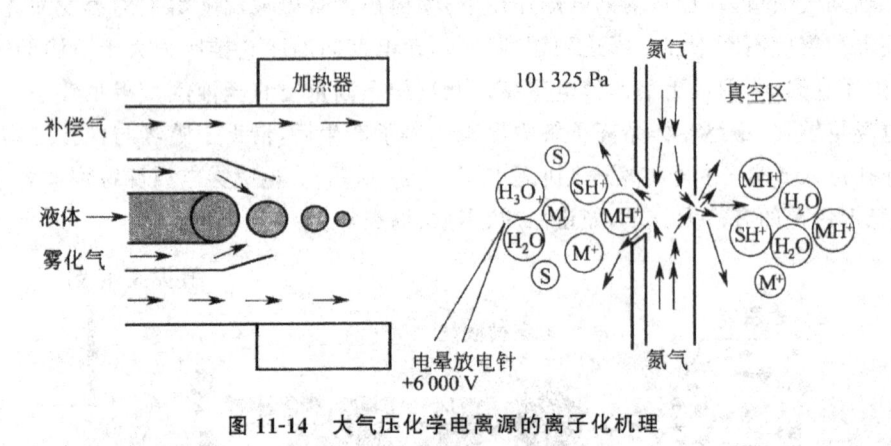

图 11-14 大气压化学电离源的离子化机理
S—溶剂;M—样品

11.2.3.8 基质辅助激光解吸电离源

基质辅助激光解吸电离源(MALDI)中使用的基质是在一定波长范围内吸收激光并能提供质子(一般常用小分子液体或结晶化合物),样品与基质以一定比例(样品:基质$<\frac{1}{100}$)均匀混合溶解并形成混合体,在空气中自然干燥后送入离子源内,以激光照射,基质吸收激光

能量,紧接着这些基质迅速蒸发为气体,被包含的被测物被带入气相,而离子化的过程是样品在与基质离子、质子和其他阳离子的碰撞过程中实现的,这样就使样品解吸、离子化,产生带单电荷、多电荷离子或多聚体离子(图 11-15)。

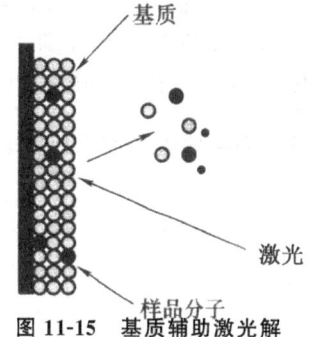

基质辅助激光解吸电离源是一种用于大分子离子化的方法,其特点是准分子离子峰很强。通常将基质辅助激光解吸电离源用于飞行时间质谱仪的电离源,特别适合分析蛋白质、多肽等大分子。采用基质辅助激光解吸电离源时,被测分子无明显裂解,特别是大分子,如蛋白、DNA 等,主要为加合离子和样品分子聚集的多电荷离子。质子化和其他阳离子的形成是主要离子形成机理。热离子形成对大分子不可能,因为高温会破坏这些分子。由基质辅助激光解吸电离源所得质谱图中,碎片离子峰少,谱图中主要是质子化的或与碱金属离子加合的加合离子和样品分子聚集的多电荷离子。表 11-1 所示是基质辅助激光解吸电离源常用基质。

图 11-15 基质辅助激光解吸电离源的原理

表 11-1 基质辅助激光解吸电离源常用基质

基质	结构	吸收激光波长	相对分子质量
芥子酸	H_3CO, HO, H_3CO-苯-$CH=CH-COOH$	266 nm 237 nm 355 nm 2.94 μm 10.6 μm	224
2,5-二羟基苯甲酸	HO-苯(OH)-COOH	337 nm 355 nm 2.94 μm 10.6 μm	154
烟酸	吡啶-COOH	266 nm 2.94 μm 10.6 μm	123
甘油	$CH_2OHCHOHCH_2OH$	2.94 μm 10.6 μm	92

11.2.4 质量分析器

质量分析器是质谱仪的核心部件。其作用是将离子源产生的离子按质荷比顺序分开并排列成谱,用于记录各种离子的质量数和丰度。质量分析器的两个主要技术参数是所能测定的质荷比的范围(质量范围)和分辨率。常用的质量分析器有单聚焦质量分析器、双聚焦质量分析器、飞行时间质量分析器、四极滤质器等。

11.2.4.1 单聚焦质量分析器

单聚焦质量分析器是具有扇形磁场的分析器,所用磁场的开角可以是 180°、90°和 60°等。

离子源产生的离子进入扇形磁场(磁感应强度为B)时可用三个参数来描述这个离子,即质荷比(m/z)、能量(zeV)和运动方向。如图11-16所示是180°的扇形磁场。如果离子在离子源中的初始动能为0,而在加速区被加速而具有一定动能的离子(速度为v)进入分析器后,在外磁场B的作用下,受到磁场力F_1和离心力F_2的作用,将在磁场中作匀速圆周运动(半径为r)。离子所受到的磁场作用力为$F_1=zevB$,离心力$F_2=\dfrac{mv^2}{r}$,平衡时向心力等于离心力,即$F_1=F_2$。

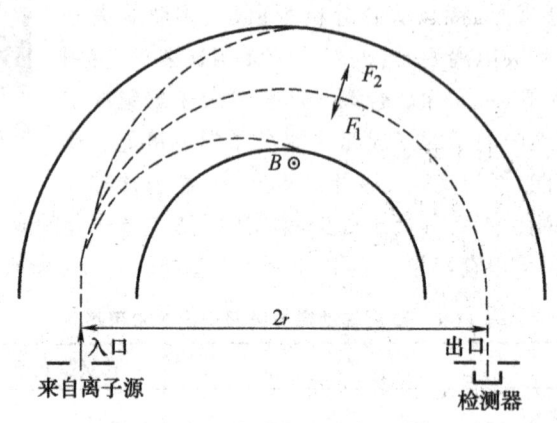

图 11-16 典型的 180°扇形磁场

$$zevB = \frac{mv^2}{r}$$

将 $v=\sqrt{\dfrac{2zeV}{m}}$ 带入上式得

$$zeB = \sqrt{\frac{2zeV}{m}}\frac{m}{r}$$

$$r = \sqrt{\frac{2zeV}{m}}\frac{m}{zeB}$$

$$r = \frac{1}{B}\sqrt{\frac{2mV}{ze}}$$

$$\frac{m}{z} = \frac{r^2 B^2 e}{2V}$$

可见,离子在磁场中运动轨道的半径决定于加速电压V、磁场强度B,以及质荷比m/z。在进行质谱分析时,磁场强度恒定,一般采用电压扫描,使不同质荷比的离子依次沿半径为r的轨道运行,穿过出射狭缝到达检测器。

当具有相同质荷比的离子束,在进入入射狭缝时,各离子的运动轨迹是发散的,但在通过磁偏转型质量分析器之后,发散的离子束又重新聚焦于出射狭缝处。磁偏转型质量分析器的这种功能称为方向聚焦。

11.2.4.2 双聚焦质量分析器

双聚焦质量分析器在离子源和磁场之间加入一个静电场,如图11-17所示。令加速后的正离子先进入静电场 E,这时带电离子受电场作用发生偏转,要保持离子在半径为 R 的径向轨道中运动的必要条件是偏转产生的离心力等于静电力,即

$$zE = \frac{mv^2}{R}$$

所以

$$R = \frac{m}{z} \cdot \frac{v^2}{E} = \frac{2}{z \cdot E} \cdot \frac{1}{2}mv^2 \tag{11-1}$$

当固定 E,由式(11-1)可知,只有动能相同的离子才能具有相同的 R,因此静电分析器只允许符合上式的一定动能的离子通过。即挑出了一束由不同的 m 和 v 组成,但具有相同动能的离子(这就叫作能量聚焦),再将这束动能相同的离子送入磁场分析器实现质量色散,这样就解决了单聚焦仪器所不能解决的能量聚焦问题。

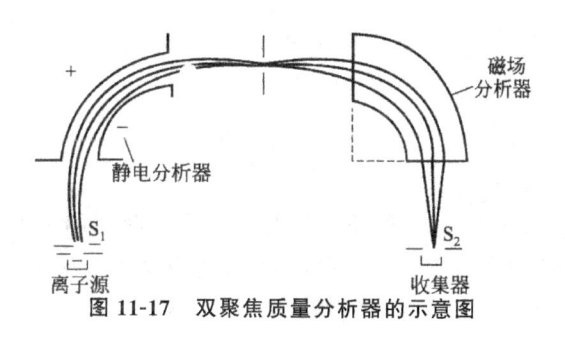

图 11-17 双聚焦质量分析器的示意图

具有这类质量分析器的质谱仪可同时实现方向聚焦和能量聚焦,故称为双聚焦质谱仪,它具有较高的分辨率。

11.2.4.3 飞行时间质量分析器

飞行时间质量分析器可以按照时间实现质量分离,既不需要磁场,也不需要电场,只需要直线漂移空间,因此该仪器的结构简单,分析速度快,但其分辨率较低。

飞行时间质量分析器是指获得相同能量的离子在无场的空间漂移,不同质量的离子,其速度不同,行经同一距离之后到达收集器的时间不同,从而可以得到分离。仪器的构造如图 11-18 所示。

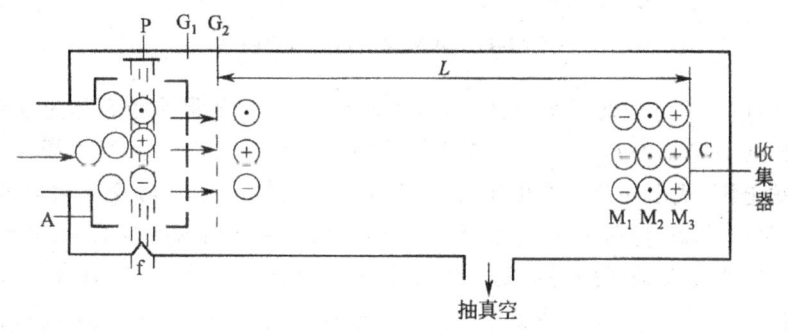

图 11-18 飞行时间质量分析器的示意图

由阴极发射的电子,受到电离室 A 上正电位的加速,进入并通过 A 到达电子收集极 P,电子在运动过程中撞击 A 中的气体分子并使之电离,在栅极 G_1 上施加一个不大的负脉冲(-270 V),把正离子引出电离室 A,然后在栅极 G_2 上施加直流负高压 $U(-2.8$ kV),使离子加速而获得动能 E。

$$E = \frac{1}{2}mv^2 = zU$$

可得离子的速度 v 为

$$v = \sqrt{\frac{2zU}{m}}$$

离子以速度 v 飞行长度为 L 的既无电场又无磁场的漂移空间,最后到达离子接收器 C,所需的时间 t 为

$$t = \frac{L}{v}$$

于是可得

$$t = L\sqrt{\frac{m}{2zU}}$$

当 L、z、v 等参数不变的情况下,离子的质荷比与离子飞行时间的平方成正比。因此,该种类型的质量分析器可以按照时间实现质量分离,其最大特点是既不需要磁场又不需要电场,只需要直线漂移空间,因此该仪器的结构简单,分析速度快,缺点是仪器分辨率低。

11.2.4.4 四极滤质器

四极滤质器是由四个筒形电极组成,对角电极相连接构成两组,如图 11-19 所示。

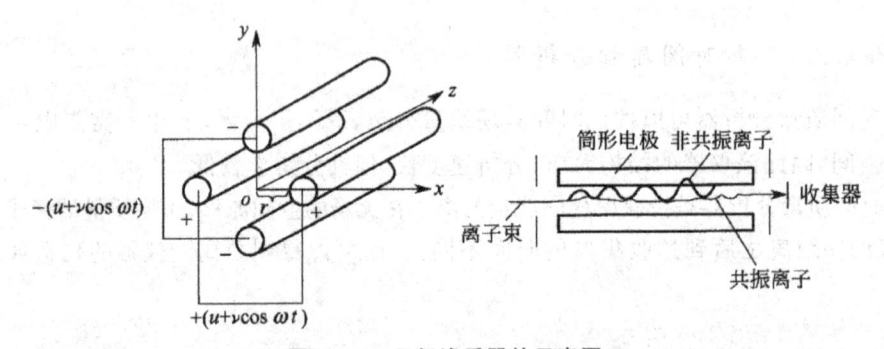

图 11-19 四极滤质器的示意图

z 轴通过原点 o 垂直于纸平面,原点 o(场中心点)至极面的最小距离称为场半径 r。在 x 方向的一组电极上施加 $+(u+v\cos\omega t)$ 的射频电压,在 y 方向的另组电极上施加 $-(u+v\cos\omega t)$ 的射频电压,式中 u 是直流电压,v 是交流电压幅值,ω 是角频率,t 是时间。

若有一个质量为 m,电荷为 e,速度为 v_0 的离子从 z 方向射入四极场中,由于在 z 和 y 方向存在交变电场,离子要进行振荡运动。当 ω、u 和 v 为某一特定值时,只有具有一定质荷比的离子能沿着 z 轴方向通过四极场到达接收器,这样的离子称为共振离子,质荷比为其他值的离子,因其振荡幅度大,撞在电极上而被真空泵抽出系统,这些离子称为非共振离子。

当 r 和 e 一定时,通过四极场的正离子质量是由 u、v 和 ω 决定,改变这些参数就能使离子按质荷比大小顺序依次通过射频四极场,实现质量分离。

四极滤质器由于利用四极杆代替了笨重的电磁铁,故体积小、重量轻、价格较廉,加上具有较高的灵敏度和较好的分辨率,因而它成为近年来发展最快的质谱仪器。

11.2.5 离子检测器

质谱仪中的检测器为接收离子束并将其转换为可读出信号的装置。最常用的有电子倍增管、法拉第筒及微通道板等。这里主要介绍电子倍增器,与光电倍增管类似,电子倍增器由阴极、倍增极与阳极组成,如图 11-20 所示。

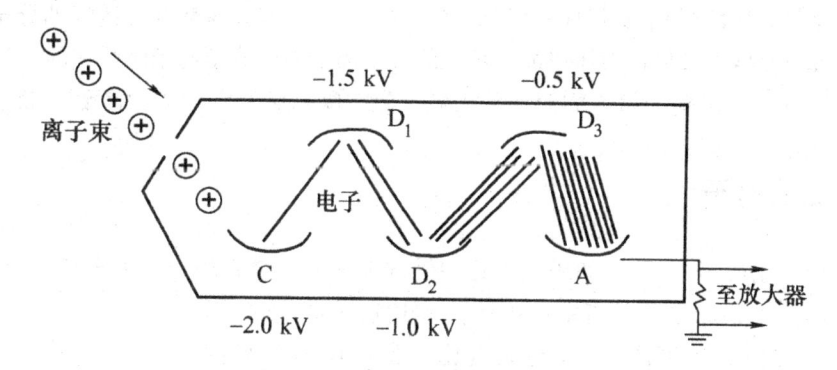

图 11-20 电子倍增器的工作原理
C—阴极(铜铍合金);D—倍增极(铜铍合金);A—阳极,金属网

当离子轰击电子倍增器的阴极时,发射出二次电子,此二次电子被后续的一系列倍增极放大,与光电倍增管类似,最后到达阳极。

11.3 质谱中离子的类型

质谱中离子的主要类型有:分子离子、亚稳离子、同位素离子、碎片离子、重排离子和多电荷离子。

11.3.1 分子离子

在电子轰击下,有机物分子失去一个电子所形成的离子称为分子离子。
$$M + e \longrightarrow M^+ + 2e$$

M^+ 是分子离子。通常把带有未成对电子的离子称为奇电子离子(OE),并标以"+·",把外层电子完全成对的离子称为偶电子离子(EE),并标以"+",分子离子一定是奇电子离子。

分子受到电子轰击失去一个电子,成为带正电荷的分子离子。关于离子的电荷位置,一般认为有下列几种情况:如果分子中含有杂原子,则分子易失去杂原子的未成键电子而带正电荷，电荷位置可表示在杂原子上，如 $CH_3CH_2O^+H$；如果分子中没有杂原子而有双键，则双键电子较易失去，则正电荷位于双键的一个碳原子上；如果分子中既没有杂原子又没有双键，其正电荷位置一般在分支碳原子上。如果电荷位置不确定，或不需要确定电荷的位置，可在分子式的右上角标"¬+"，例如，$CH_3COOC_2H_5^{\neg+}$。

在质谱图中，分子离子峰一般位于质荷比最高的位置，是质谱中最主要也是最重要的离子，因为它代表化合物的准确相对分子质量，而相对分子质量是确定化合物的重要参数，需要注意的是并不是所有的化合物都能得到分子离子峰，因为许多离子源的能量除了产生分子离子外，尚有足够的能量致使化学键断裂，形成带负、正电荷和中性的碎片。分子离子峰的出现与否、强度大小与化合物的结构有关。环状化合物比较稳定，不易碎裂，因而分子离子峰较强。支链较易碎裂，分子离子峰就弱，有些稳定性差的化合物经常看不到分子离子峰。

一般规律是，化合物分子稳定性差，键长，分子离子峰弱，有些酸醇及支链烃的分子离子峰较弱甚至不出现，相反，芳香化合物往往都有较强的分子离子峰。分子离子峰强弱的大致顺序是：

芳环＞共轭烯＞烯＞酮＞不分支烃＞醚＞酯＞胺＞酸＞醇＞高分支烃

11.3.2 亚稳离子

在离子源产生的 m_1^+ 离子，如果在飞行中继续裂解成一个新的 m_2^+ 离子和一个中性碎片，由于这种新的离子 m_2^+ 比在电离室产生 m_2^+ 的速度不同，在磁场中的偏转与正常的 m_2^+ 不同，故其动能也比正常的电离产生的 m_2^+ 要小得多，所以出现在质谱中的位置小于电离室中形成的 m_2^+，如图 11-21 所示。

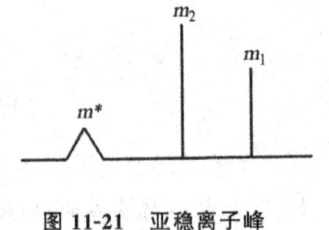

这种在飞行过程中发生裂解的母离子称为亚稳离子。亚稳离子产生的质荷比不是整数的极弱而很宽的质谱峰称为亚稳离子峰。

图 11-21 亚稳离子峰

亚稳离子峰可以帮助寻找和判断离子在裂解过程中的相互关系。只要找出亚稳峰、m_1 和 m_2，就可证明确有 $m_1^+ \rightarrow m_2^+$ 的裂解过程。

11.3.3 同位素离子

组成有机化合物的一些主要元素，如 C、H、O、N、S、Cl 和 Br 等都具有同位素，它们的天然丰度如表 11-2 所示。

表 11-2 常见元素的天然同位素丰度

同位素	天然丰度/%	丰度比×100%
^1H	99.985	$^2H/^1H=0.015$
^2H	0.015	
^{12}C	98.9	$^{13}C/^{12}C=1.12$
^{13}C	1.11	

续表

同位素	天然丰度/%	丰度比×100%
^{14}N ^{15}N	99.63 0.37	^{15}N/^{14}N=0.37
^{16}O ^{17}O ^{18}O	99.76 0.037 0.204	^{17}O/^{16}O=0.37 ^{18}O/^{16}O=0.20
^{32}S ^{33}S ^{34}S	95.00 0.76 4.22	^{33}S/^{32}S=0.80 ^{34}S/^{32}S=4.44
^{35}Cl ^{37}Cl	75.5 24.5	^{37}Cl/^{35}Cl=32.4
^{79}Br ^{81}Br	50.5 49.5	^{81}Br/^{79}Br=98.0

分子离子峰是由丰度最大的轻同位素组成,用 M 表示。在质谱图中,会出现由不同质量同位素组成的峰,称为同位素离子峰。例如,分子离子峰 M 的右侧往往还有 $M+1$ 峰和 $M+2$ 峰,即为同位素峰。

同位素离子峰在质谱中的主要应用是根据同位素峰的相对强度确定分子式,有时还可以推定碎片离子的元素组成。

同位素离子峰的相对强度可用下述方法计算。

11.3.3.1 由 C、H、O、N 组成的化合物

根据化合物的分子式,由表 11-2 可得

$$(M+1)\% = 1.12 n_C + 0.016 n_H + 0.38 n_N + 0.04 n_O$$
$$(M+2)\% = (1.1 n_C)^2/200 + 0.20 n_O$$

式中,n_C、n_H、n_N 及 n_O 分别表示分子式中所含 C、H、N 及 O 的原子数目。

11.3.3.2 含 Cl、Br、S、Si 的化合物

分子中含有以上四种元素之一时,各同位素相对强度的比值等于式 $(a+b)^n$ 展开后得到的各项数值之比,即

$$(a+b)^n = a^n + na^{n-1}b + \frac{n(n-1)}{2!}a^{n-2}b^2 + \frac{n(n-1)(n-2)}{3!}a^{n-3}b^3 + \cdots + b^n$$

式中,a 为轻同位素的相对丰度;b 为重同位素的相对丰度;n 为分子中含同位素原子的个数。

11.3.4 碎片离子

当分子在离子源中获得的能量超过分子离子化所需的能量时,又会进一步使某些化学键

断裂产生质量数较小的碎片,其中带正电荷的就是碎片离子。由此产生的质谱峰称为碎片离子峰。由于键断裂的位置不同,同一分子离子可产生不同质量大小的碎片离子,而其相对丰度与键断裂的难易(化合物的结构)有关,因此,碎片离子峰的 m/z 及相对丰度可提供被分析化合物的结构信息。

11.3.5　重排离子

分子离子裂解成碎片时,有些碎片离子不是仅仅通过键的简单断裂,有时还会通过分子内某些原子或基团的重新排列或转移而形成离子,这种碎片离子称为重排离子,质谱图上相应的峰称为重排峰。重排的方式很多,其中最重要的是麦氏重排:化合物分子中含有 C—X(X 为 O、N、S、C)基团,而且与这个基团相连的链上有 γ-氢原子,这种化合物的分子离子碎裂时,此 γ-氢原子可以转移到 X 原子上去,同时 β 键断裂。

11.3.6　多电荷离子

在电离过程中,分子或其碎片失去两个或两个以上电子形成 $m/2z$、$m/3z$ 等多电荷离子,在质谱中可能出现在非整数位置上,芳香族化合物、有机金属化合物或含共轭体系化合物易产生多电荷离子,如苯的质谱图中 $m/z=37.5$ 和 38.5 就是双电荷离子峰。

11.4　离子的裂解方式

离子裂解伴随电子转移,研究裂解过程,自然要研究电子转移过程,为了说明电子转移方向和电子转移数,常将一个电子转移用单箭头"⌒",两个电子转移用"⌒"表示。裂解方式可分为单纯裂解和重排裂解两大类。

11.4.1　单纯裂解

断一个键而形成离子的过程称为单纯裂解或简单裂解。对于单纯裂解,根据键断裂以后,电子的分配方式,可分为均裂、异裂及半异裂 3 种。根据键断裂的部位,又可分为 α-、β-、γ-裂解等种类。在质谱法中,以官能团为基点,与官能团相邻的碳称为 α-碳,与 α-碳相连的为 β-碳,依此类推。官能团与 α-碳之间化学键的断裂叫作 α-裂解。α-碳与 β-碳之间化学键的断裂叫作 β-裂解。依此类推,还有 γ-裂解等。

11.4.1.1　均裂

均裂是指键断裂后,两个成键电子分别保留在各自碎片上的裂解过程。用单钩箭头 ⌒ 表示一个电子的转移。

$$X\frown Y \longrightarrow X\cdot + Y\cdot$$

11.4.1.2 异裂

异裂又称为非均裂,是指键断裂后,两个成键电子都转移到一个碎片上的裂解过程。用双钩箭头⌢表示两个电子的转移。

$$X\frown Y \longrightarrow X^+ + Y^-$$

11.4.1.3 半异裂

半异裂是指已离子化的 σ 键发生断裂,仅存的一个成键电子转移到一个碎片上的裂解过程。

$$X + \cdot\frown Y \longrightarrow X^+ + Y\cdot$$

11.4.2 重排裂解

重排方式有很多,其中常见的有麦氏重排和逆 Diels-Alder 重排。

11.4.2.1 麦氏重排

含 γ-氢的离子可以经过六元环过渡态,向具有 π 键缺电子官能团转移,而引起的重排裂解反应,称为麦氏重排。一般裂解掉含有偶数个电子的中性分子。麦氏重排前后,离子具有电荷数的偶、奇数和离子质量数的偶、奇数不变。通常醛、酮、烯、酰胺及腈易发生麦氏重排。

电荷保留

电荷转移

同种化合物是电荷保留的产物丰度大,还是电荷转移产物的丰度大,是由裂解前后化合物的结构和产物离子结构稳定性决定的,有时可同时观察到两种丰度不同的产物,有时只能观察到其中一种产物。

11.4.2.2 逆 Diels-Alder 重排

在有机反应中,Diels-Alder 反应为 1,3-丁二烯与乙烯缩合生成六元环烯化合物的反应。在质谱中出现逆 Diels-Alder 反应,即六元环烯裂解为一个双烯和一个单烯。这一裂解普遍存在于具有环烯结构单元的化合物中。

11.5 几种有机化合物的质谱

不同结构的有机化合物在质谱中显示出的裂解过程,形成了不同丰度的碎片离子峰。了解各类有机化合物的裂解规律,对质谱解析,确定化合物的结构是相当有利的。

11.5.1 烷烃类

11.5.1.1 直链烷烃

直链烷烃质谱的主要特征如下:

①分子离子峰强度较低,而且随链长的增加而降低,到 C_{40} 时已接近零。一般看不到(M-15)峰,即直链烷烃不易失去甲基。

②主要峰都间隔 14 质量单位,即相差—CH_2。相对丰度以含 C_3、C_4 和 C_5 的离子最强,然后呈平滑曲线下降。

③各峰的左边伴有消去一分子氢的过程,产生 $C_nH_{2n-1}^+$ 的系列离子,与 $C_nH_{2n+1}^+$,及同位素峰组成各个峰簇,如图 11-22 所示是 $C_3H_7^+$ 区域的峰簇。其中,m/z 44、45 是主峰的同位素峰,而 39、40、41 和 42 等则是丢失 H^+ 和无序重排丢失 H^+ 等形成的峰,它们在结构鉴定中没有重要作用。

11.5.1.2 支链烷烃

支链烷烃质谱提供了鉴定烷烃中分支位置的方法。如

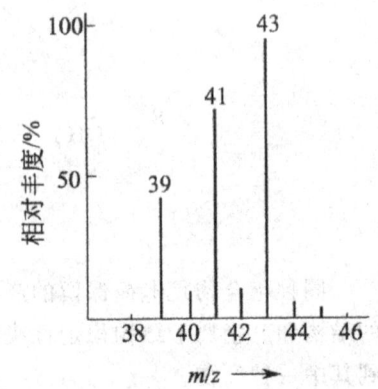

图 11-22 $C_3H_7^+$ 区域的质谱

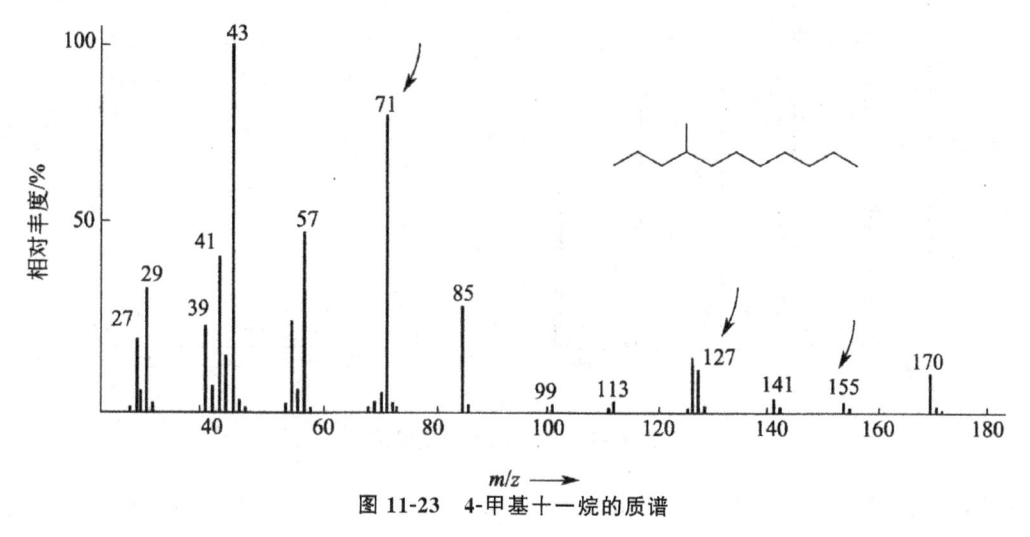

图 11-23 所示是 4-甲基十一烷的质谱。

图 11-23　4-甲基十一烷的质谱

从图 11-23 中可以清楚地看出,在支链取代基处可能形成几种高稳定性的碳正离子,从而有较大的丰度,如图 11-23 中箭头所示。反过来,也可以从这些丰度较大的峰的 m/z 值,来推测烷烃中支链所在的位置。

11.5.1.3　环烷烃

环烷烃的分子离子峰强度比直链烷烃的大,环开裂时常失去乙烯,形成 m/z 28($\overset{+}{C_2H_4}$)、29($\overset{+}{C_2H_5}$)以及(M-28)和(M-29)等峰。当有侧链时,断裂优先发生在 α 位置。因环的开裂至少要断裂两个键,增加了断裂的随机性,使谱图难以解释。

烷烃质谱中 $C_nH_{2n+1}^+$ 离子系列,即 m/z 15、29、43、57……也出现于那些带有烷基部分结构的其他类型的有机化合物中,但丰度有时较小。

11.5.2　烯烃类

烯烃的质谱比较难解释,因为双键的位置在开裂过程中可能发生迁移。一般特征如下:
① 由于双键能失去一个 π 电子而稳定正电荷,故分子离子峰较明显。
② 基峰常由烯丙基型开裂产生,形成极稳定的烯丙基碳正离子。

$$RCH=CH-CH_2-R'\rceil^+ \longrightarrow RCH-CH=\overset{+}{C}H_2 + R'$$

③ 只有一个双键的直链烯烃的质谱类似于直链烷烃,但一个双键的引入使 $C_nH_{2n-1}^+$ 和 $C_nH_{2n}^+$ 系列离子丰度增加,此处 $C_nH_{2n-1}^+$ 系列比 $C_nH_{2n+1}^+$ 更重要,因为前者一直延伸到高质量数。如图 11-24 所示是 1-十二烯的质谱图。
④ 烯烃离子具有通过双键迁移进行异构化的倾向,支链化不饱和链烯烃 $RCH=C(CH_3)CH_2R'$ 和 $RCH_2C(CH_3)=CHR'$ 谱图中均显示丰富的 RCH_2^+,这是由双键位置迁移离开支链处引起。

图 11-24　1-十二烯的质谱图

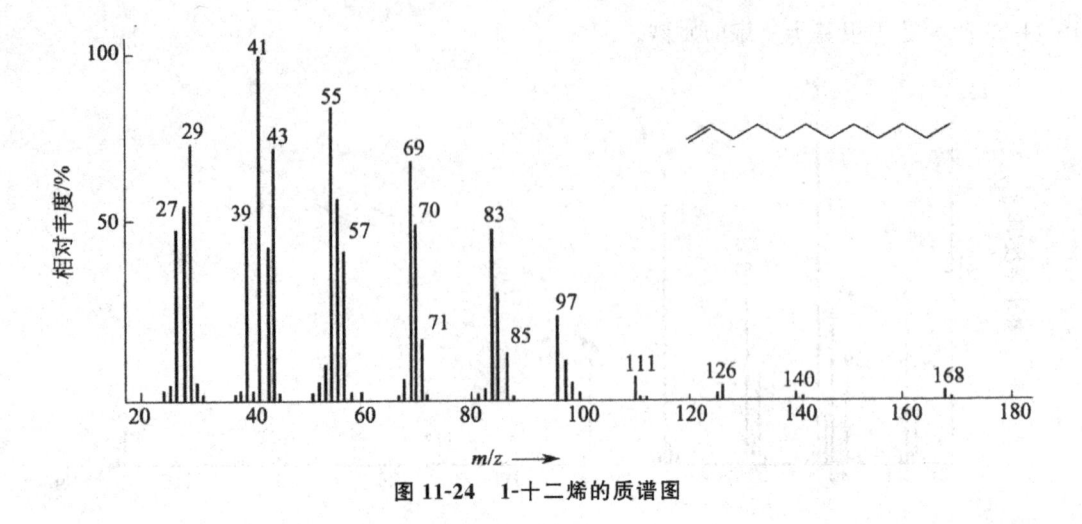

⑤烯烃若有 γ-H，则可发生麦氏重排。例如，

⑥环烯的主要峰来自三方面的开裂：RDA 重排；开环后氢重排，失去 $CH_3 \cdot$；开环后简单开裂。例如，环己烯峰的主要来源如下：

$m/z\ 54 \qquad m/z\ 39$

$m/z\ 67$

$m/z\ 28$

11.5.3　芳烃类

芳烃质谱质谱的主要特征如下：
①一般有较强的分子离子峰。
②苯环上有取代烷基时，容易发生 β-开裂（苄基开裂），形成 $m/z\ 91$ 的苄基离子峰。苄基离子扩环后，形成稳定的卓鎓离子，常为基峰。

③当苯环取代基有 γ-H 时,可发生麦氏重排,形成 m/z 92 的重排离子峰。

④苯环和卓鎓离子都可顺次失去 C_2H_2,形成 m/z 39、51、65、77、91 等系列离子峰,这是识别芳烃的主要依据。

$$m/z\ 91 \xrightarrow{-C_2H_2} m/z\ 65 \xrightarrow{-C_2H_2} m/z\ 39$$

$$m/z\ 91 \xrightarrow[m^*\ 33.8]{-C_2H_2} m/z\ 51$$

⑤由于 α-开裂和氢的重排,单烷基苯在 m/z 77 和 m/z 78 处出现 $C_6H_5^+$ 和 $C_6H_6^+$ 特征离子峰。

⑥邻位二取代苯,常有邻位效应,消去中性碎片。其通式如下:

式中,X、Y、Z 可以是 C、O、N、S 的任意组合。

⑦稠环芳烃很稳定,碎片离子峰很少。

如图 11-25 所示是正丁基苯的质谱图,其主要峰是由以上讨论的各种开裂方式产生。

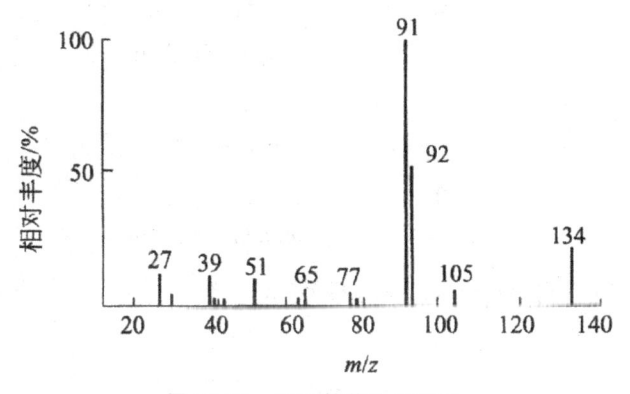

图 11-25 正丁基苯的质谱图

11.5.4 醇类

11.5.4.1 饱和脂肪醇

饱和脂肪醇质谱的主要特征如下：

①伯醇和仲醇的分子离子峰很弱，而叔醇的分子离子峰往往观察不到。

②伯醇(除甲醇外)及相对分子质量较大的仲醇和叔醇易脱水形成$(M-18)$峰，例如，

$$R-\underset{H}{\overset{H}{C}}-(CH_2)_n-\overset{+}{\underset{H}{O}}-CH_2 \xrightarrow{-H_2O} \left[R-CH\underset{(CH_2)_n}{\overset{CH_2}{\diagdown}}\right]^+ \quad (M-18)$$

$(M-18)$峰还可进一步开裂，失去C_2H_4而形成$(M-46)$峰，因此醇类质谱中常有$(M-18)$和$(M-46)$碎片离子峰。

③醇的最有用的特征反应是β-开裂形成氧鎓离子，并优先失去最大烷基。伯醇的主要碎片离子是$\overset{+}{C}H_2OH$ ($m/z=31$)，仲醇主要碎片离子是$R\overset{+}{C}HOH$ (m/z 45、59、73…)，叔醇则为$RR'\overset{+}{C}OH$ (m/z 59、73、87…)，这些峰有利于醇的鉴定。

$$R\frown CH_2\overset{+\cdot}{-}OH \xrightarrow{-R\cdot} CH_2\overset{+}{=}OH$$
$$m/z\ 31$$

$$R'-\underset{H}{\overset{R}{\underset{|}{C}}}\overset{+\cdot}{-}OH \xrightarrow{-R'\cdot} \underset{H}{\overset{R}{\underset{|}{C}}}\overset{+}{-}OH$$
$$m/z\ 45,59,73\cdots$$

$$R''-\underset{R'}{\overset{R}{\underset{|}{C}}}\overset{+\cdot}{-}OH \xrightarrow{-R''\cdot} \underset{R'}{\overset{R}{\underset{|}{C}}}\overset{+}{-}OH$$
$$m/z\ 59,73,87\cdots$$

④醇类质谱中可观察到$(M-1)$、$(M-2)$，甚至$(M-3)$峰。

$$R-\underset{H}{\overset{H}{C}}\overset{+\cdot}{-}OH \xrightarrow{-H\cdot} R-CH\overset{+}{=}OH$$
$$(M-1)$$

生成的 R—CH=$\overset{+}{O}$H 可进一步丢失 H_2 形成 $(M-3)$ 离子,而 $(M-2)$ 离子则常认为是由 M^+ 丢失 H_2 形成。

如图 11-26 所示是 2-戊醇的质谱图,开裂过程如下:

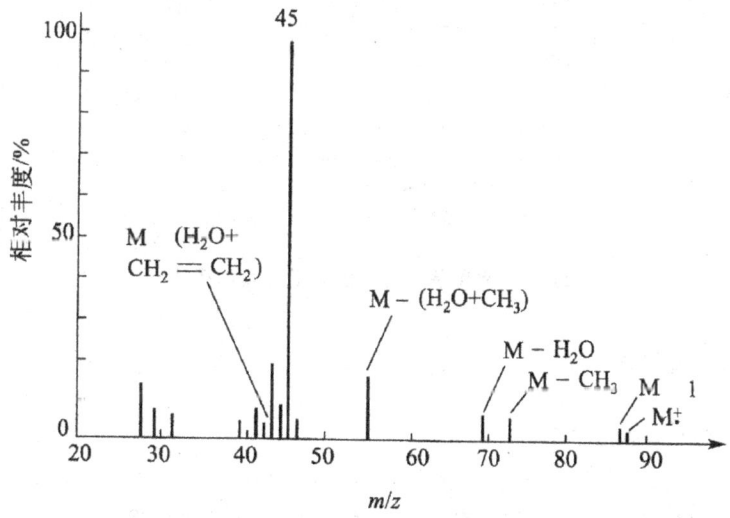

图 11-26 2-戊醇的质谱图

11.5.4.2 脂环醇

脂环醇的开裂途径比较复杂。如图 11-27 所示是 α-甲基环己醇的质谱及其相应的解释。

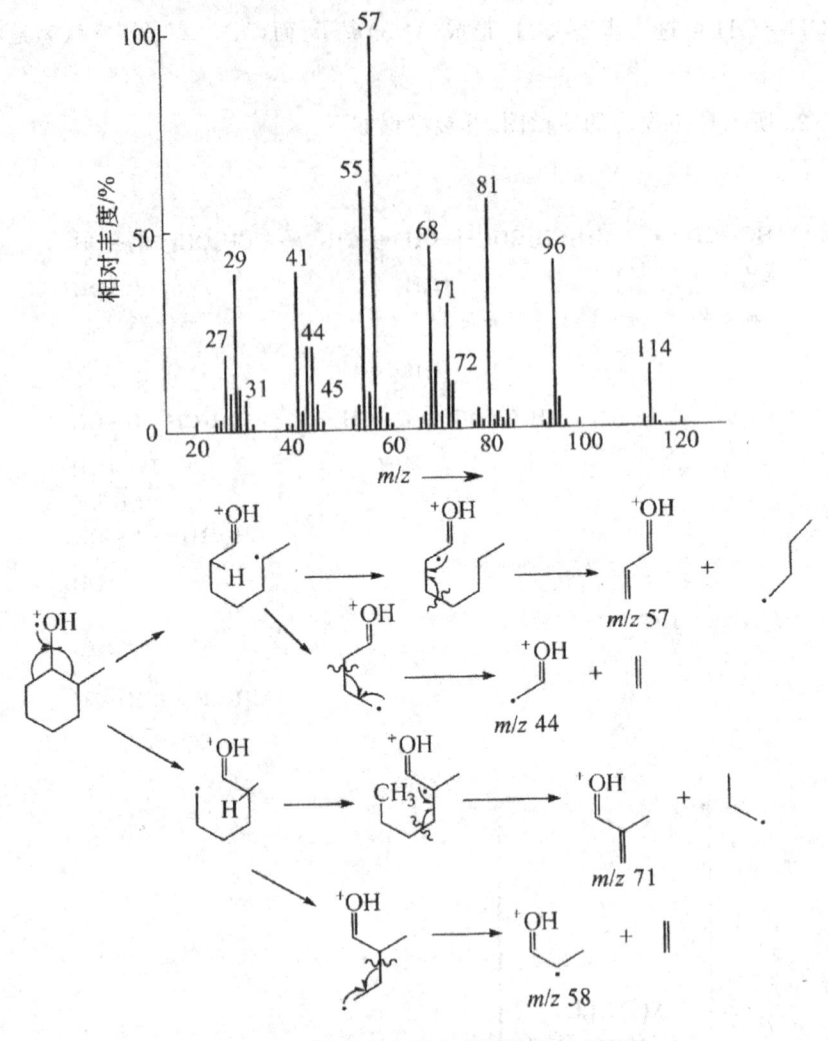

图 11-27 α-甲基环己醇的质谱及其相应解释

11.5.5 酚与芳醇类

酚与芳醇质谱的主要特征如下：
①分子离子峰一般都较强,苯酚的分子离子峰为基峰。
②苯酚本身的$(M-1)$峰不强,但甲酚和苯甲醇的$(M-1)$峰却很强。这是因为

③酚类和苄醇最重要的开裂过程是丢失 CO 和 CHO，形成 (M-28) 和 (M-29) 峰。可解释为

④甲酚、多元酚、甲基苯甲醇等都有很强的失水峰，尤其当甲基在酚羟基的邻位时。如图 11-28 所示是邻甲苯酚的质谱图，可解释为

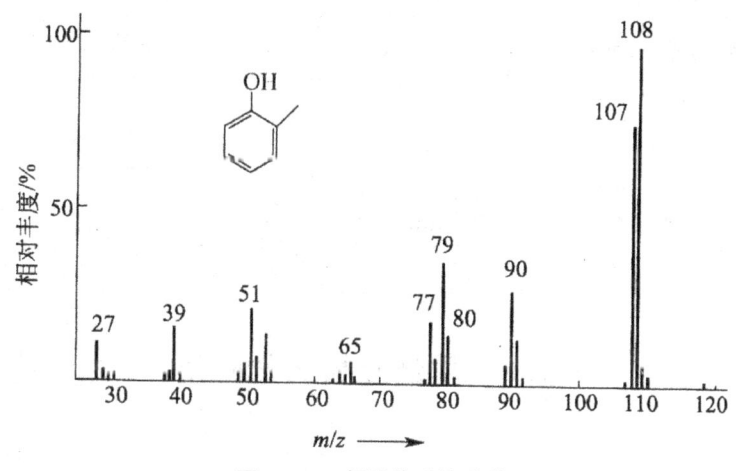

图 11-28　邻甲苯酚的质谱

⑤具有长链的酚类主要发生苄基开裂和麦氏重排。

11.5.6 醛、酮类

它们都有较明显的分子离子峰,且芳香醛酮比脂肪醛酮的峰强度大。其裂解途径相似,易发生 α-裂解。

可发生 α-裂解产生 $M-1$、(RCO^+) 及 R^+(Ar^+)峰。其中 $M-1$ 峰很强,芳醛中更强,是醛的特征峰,此外,其也可发生 β-裂解。

$$R-\overset{+\cdot}{\underset{(Ar)}{\overset{O}{\|}}}-H \xrightarrow{\begin{array}{c}\alpha\\ \text{均裂}\end{array}} \begin{array}{c} R-C\equiv\overset{+}{O} + H\cdot \\ (Ar^+) \\ M-1 \end{array}$$

$$\xrightarrow{\begin{array}{c}\alpha\\ \text{均裂}\end{array}} \begin{array}{c} H-C\equiv\overset{+}{O} + R\cdot \\ m/z\ 29\quad (Ar\cdot) \end{array}$$

$$\xrightarrow{\begin{array}{c}\alpha\\ \text{异裂}\end{array}} \begin{array}{c} R^+ + HC\equiv\overset{\cdot}{O}\ (\text{或}\ HC=O) \\ (Ar^+) \\ M-29 \end{array}$$

酮特征是分子离子峰明显,容易发生 α-裂解,失去较大的烷基,生成含氧的碎片离子,也可异裂生成相应烷基碎片离子系列:

$$\underset{R'(Ar)}{\overset{R}{>}}C=\overset{+\cdot}{O} \xrightarrow{\text{均裂}} R-C\equiv\overset{+}{O} + R''\ (R'>R)$$

$$\xrightarrow{\text{异裂}} R-C\equiv O\cdot + R'^+$$

11.5.7 酸与酯类

脂肪酸及其酯的分子离子峰一般都很弱。芳酸与其酯显较强的分子离子峰。容易发生两种类型的 α-裂解,产生四种离子。$O\equiv\overset{+}{C}-OR_1$、$OR_1^+$、$R-C\equiv\overset{+}{O}$ 和 R^+ 在质谱上都存在。如果为羧酸,则 R_1 为 H。

$$R-\overset{\overset{\cdot\cdot}{\overset{O}{\|}}}{C}-OR_1 \xrightarrow{-R\cdot} O\equiv\overset{+}{C}-OR_1 \xrightarrow{-CO} OR_1^+$$

$$\xrightarrow{-OR_1\cdot} R-C\equiv\overset{+}{O} \xrightarrow{-CO} R^+$$

11.6 质谱分析法的应用

11.6.1 定量分析

用电子倍增器来检测离子是极其灵敏的,少至 20 个离子仍能得到有用信号,为了提高灵敏度,可以通过只监测丰度最高的一种离子或几种离子来改进信噪比,前者称为单离子监测,后者称为多离子监测。单离子监测的最大优点是可以通过重复扫描来改进信噪比,但信息量减少。多离子监测可对来自每个组分中几个丰度较高的特征离子的信息,记录在多通道记录器中的各自通道中。这种监测技术专一、灵敏,可以检测至 10^{-12} g 数量级。

定量一般采用内标方法,以消除样品预处理及操作条件改变而引起离子化产率的波动。内标的物理化学性质应类似于被测物,且不存在于样品中,只有用同位素标记的化合物才能满足这种要求。质谱法能区分天然的与标记的化合物。在色谱-质谱联用时,若化合物中有甲基,则内标物可以变成氚代甲基,这种氚代的内标物,其保留时间一般较短。从它们的相对信号大小可进行定量。

11.6.2 反应机理的研究

用质谱法很容易检测某一给定元素的同位素,因此使同位素标记法得到广泛的应用。利用稳定的同位素来标记化合物,用它作示踪物来测定在化学反应或生物反应中该化合物的最终去向。这对研究有机反应的机理极为有用。例如,要研究在某一特定条件下的酯的水解机理,是属酰氧断裂还是烷氧断裂,可设法使指定酯基的氧以 ^{18}O 标记,然后只要跟踪 ^{18}O 是在水解生成的烷醇中,还是在酸中。若在烷醇中。则是酰氧断裂,反之,属烷氧断裂。

11.6.3 有机化合物结构的鉴定

如果实验条件恒定,每个分子都有自己的特征裂解模式。根据质谱图所提供的分子离子峰,同位素峰以及碎片质量的信息,可以推断出化合物的结构。如果从单一质谱提供的信息不能推断或需要进一步确证,则可借助于红外光谱和核磁共振波谱等手段得到最后的证实。

从未知化合物的质谱图进行推断,其步骤大致如下所示。

①确证分子离子峰。当分子离子峰确认之后,就获得一些相关的信息:

a. 从强度可大致知道属某类化合物。

b. 知道了相对分子质量,便可查阅 Beyllon 表。

c. 将它的强度与同位素峰强度进行比较,可判断可能存在的同位素。

②利用同位素峰信息。应用同位素丰度数据,可以确定化学式,这可查阅 Beynon "质量和同位素丰度表"。

③利用化学式计算不饱和度。

④充分利用主要碎片离子的信息,推断未知物结构。

⑤综合以上信息或联合使用其他手段最后确证结构式。

根据已获得的质谱图,可以利用文献提供的图谱进行比较、检索。从测得的质谱图的信息中,提取出几个(一般为 8 个)最重要峰的信息,并与标准图谱进行比较后由操作者做出鉴定。当然,由不同电离源得到的同一化合物的图谱不相同,因此所谓的"通用"图谱是不存在的。由于电子电离源质谱图的重现性好,且这种源的图谱库内存丰富,因此利用在线的计算机检索成了结构阐述的强有力的工具。最经常使用的谱库只含有 2 万至 5 万个质谱图，而已知化合物已超过了 1 000 万种，因此不能认为计算机检索绝无问题。计算机只是对准实验中获得的谱图，从谱库中迅速检索出与之相匹配的质谱图。最后还须由操作者对谱图的认同做出判断。

11.6.4 相对分子质量及分子式的测定

用质谱法测定化合物的相对分子质量快速而精确，采用双聚焦质谱仪可精确到万分之一原子质量单位。利用高分辨率质谱仪可以区分标称相对分子质量相同（如 120），而非整数部分质量不相同的化合物。例如，四氮杂苗，$C_5H_4N_4$（120.044）；苯甲脒，$C_7H_8N_2$（120.069）；乙基甲苯，C_9H_{12}（120.094）和乙酰苯，C_8H_8O（120.157）。如测得其化合物的分子离子峰质量为 120.069，显然此化合物是苯甲脒。

用质谱法测定一个化合物的质量时，必须对 m/z 轴进行校正。校正时须采用一种参比化合物，它的 m/z 值已知，且在所要测定的质量范围之内。对电子电离源和化学电离源，最常用的参比化合物是全氟煤油[PFK，$CF_3\text{-}(CF_2)_n\text{-}CF_3$]和全氟三丁基氨[PFTBA，$(C_4F_9)_3N$]。对于这种校准化合物，在电离条件下及所要测量的优先范围内能得到一系列强度足够的质谱峰。在高分辨率测量中，更要仔细校准质量标尺。

参考文献

[1] 陈浩.仪器分析[M].3版.北京:科学出版社,2017.
[2] 方惠群,于俊生,史坚.仪器分析[M].北京:科学出版社,2017.
[3] 胡劲波,秦卫东.仪器分析[M].3版.北京:北京师范大学出版社,2017.
[4] 罗思宝,甘中东.实用仪器分析[M].成都:西南交通大学出版社,2017.
[5] 何金兰,杨克让,李小戈.仪器分析原理[M].北京:科学出版社,2017.
[6] 屠一锋,严吉林,龙玉梅,等.现代仪器分析[M].北京:科学出版社,2016.
[7] 曾元儿,张凌.仪器分析[M].北京:科学出版社,2016.
[8] 夏立娅.现代仪器分析技术[M].北京:中国质检出版社,2016.
[9] 严拯宇.仪器分析[M].2版.南京:东南大学出版社,2016.
[10] 董慧茹.仪器分析[M].3版.北京:化学工业出版社,2016.
[11] 天津大学分析化学教研组.仪器分析[M].北京:高等教育出版社,2016.
[12] 陈兴利,赵美丽.仪器分析[M].北京:化学工业出版社,2016.
[13] 赵世芬,闫冬良.仪器分析[M].北京:化学工业出版社,2016.
[14] 干宁,沈昊宇,贾志舰,等.现代仪器分析[M].北京:化学工业出版社,2016.
[15] 王世平.现代仪器分析原理与技术[M].北京:科学出版社,2015.
[16] 栾崇林.仪器分析[M].北京:化学工业出版社,2015.
[17] 张俊霞,王利.仪器分析技术[M].重庆:重庆大学出版社,2015.
[18] 杜一平.现代仪器分析方法[M].2版.上海:华东理工大学出版社,2015.
[19] 王文海.仪器分析[M].北京:化学工业出版社,2015.
[20] 郭英凯.仪器分析[M].2版.北京:化学工业出版社,2015.
[21] 田丹碧.仪器分析[M].2版.北京:化学工业出版社,2015.
[22] 赵晓华,鲁梅.仪器分析[M].北京:中国轻工业出版社,2015.
[23] 魏福祥.现代仪器分析技术及应用[M].2版.北京:中国石化出版社,2015.
[24] 张永忠.仪器分析[M].2版.北京:中国农业出版社,2014.
[25] 袁存光,于剑峰.高等仪器分析[M].北京:石油工业出版社,2014.
[26] 赵美丽,徐晓安.仪器分析[M].北京:化学工业出版社,2014.
[27] 魏培海,曹国庆.仪器分析[M].3版.北京:高等教育出版社,2014.
[28] 苏少林.仪器分析[M].2版.北京:中国环境出版社,2014.
[29] 姚开安,赵登山.仪器分析[M].南京:南京大学出版社,2014.
[30] 李丽华,杨红兵.仪器分析[M].2版.武汉:华中科技大学出版社,2014.

[31] 梁力丽.仪器分析[M].武汉:武汉大学出版社,2014.
[32] 王元兰.仪器分析[M].北京:化学工业出版社,2014.
[33] 郭旭明,韩建国.仪器分析[M].北京:化学工业出版社,2014.
[34] 林新花.仪器分析[M].广州:华南理工大学出版社,2014.
[35] 王志勇,刘金泉.现代仪器分析[M].北京:化学工业出版社,2013.
[36] 于晓萍.仪器分析[M].北京:化学工业出版社,2013.
[37] 白玲,郭会时,刘文杰.仪器分析[M].北京:化学工业出版社,2013.
[38] 张纪梅.仪器分析[M].北京:中国纺织出版社,2013.
[39] 李继萍.仪器分析[M].北京:北京理工大学出版社,2013.
[40] 郭峰,牛春艳.现代仪器分析[M].北京:中国质检出版社,2013.
[41] 黄一石.仪器分析[M].3版.北京:化学工业出版社,2013.
[42] 高洪潮.仪器分析[M].北京:科学出版社,2013.
[43] 李淳,田景芝.现代仪器分析[M].北京:中国轻工业出版社,2013.